计算机科学与技术丛书

算法设计

（C++版）

王秋芬◎编著

清华大学出版社

北京

<h1 style="text-align:center">内 容 简 介</h1>

本书注重理论联系实践，系统介绍算法设计方法、分析技巧和 C++编程实战，本着"易理解，重实用"的指导思想，以算法设计策略为主线，沿着"算法思想—算法设计—构造实例—算法描述—算法分析—C++实战"的思路组织内容。全书共包括算法概述、贪心算法、分治算法、动态规划算法、回溯算法及分支限界算法、随机化算法、网络流算法和 NP 完全理论等 8 章内容。为突出本书的可读性、可用性及前沿性，每章增设了学习目标、阅读材料及习题解析，配套资源包括实验指导书、教学大纲、教学课件、经典案例源代码、微课视频等内容。

本书内容丰富、思路清晰、实例讲解详细、图例直观形象、源码完整，适合作为计算机及其相关专业的本科生和研究生教材，也可供工程技术人员和自学读者学习参考，还适合作为参加 ACM 程序设计大赛的爱好者的参考书或培训教材。

图书在版编目(CIP)数据

算法设计：C++版/王秋芬编著.—北京：清华大学出版社，2023.11
（计算机科学与技术丛书）
ISBN 978-7-302-63699-1

Ⅰ．①算…　Ⅱ．①王…　Ⅲ．①算法设计　②C++语言－程序设计　Ⅳ．①TP301.6　②TP312.8

中国国家版本馆 CIP 数据核字(2023)第 102182 号

策划编辑：盛东亮
责任编辑：钟志芳
封面设计：李召霞
责任校对：时翠兰
责任印制：沈　露

出版发行：清华大学出版社
　　　　　网　　　址：https://www.tup.com.cn，https://www.wqxuetang.com
　　　　　地　　　址：北京清华大学学研大厦 A 座　　　邮　　　编：100084
　　　　　社 总 机：010-83470000　　　　　　　　　　邮　　　购：010-62786544
　　　　　投稿与读者服务：010-62776969，c-service@tup.tsinghua.edu.cn
　　　　　质量反馈：010-62772015，zhiliang@tup.tsinghua.edu.cn
　　　　　课件下载：https://www.tup.com.cn，010-83470236
印 装 者：三河市龙大印装有限公司
经　　销：全国新华书店
开　　本：186mm×240mm　　　印　　张：21.25　　　　　　字　　数：479 千字
版　　次：2023 年 12 月第 1 版　　　　　　　　　　　　　印　　次：2023 年 12 月第 1 次印刷
印　　数：1～1500
定　　价：60.00 元

产品编号：101600-01

前 言
PREFACE

关于本书

根据作者多年教学经验及实践,充分考虑教学难度和授课学时安排,本书在《算法设计与分析——基于 C++编程语言的描述》的基础上,删减了穷举搜索、深度优先搜索、宽度优先搜索和线性规划问题等内容,整合精简了数论算法和计算几何算法。本书本着"易理解,重实用"的指导思想,以掌握算法设计与分析的基本概念和方法、拓展学生专业知识结构为宗旨,按照"算法思想—算法设计—构造实例—算法描述—算法分析—C++实战"的思路组织内容,详细讲述了多种经典算法设计策略。纵观全书,这里并没有创造出任何新的算法,因为作者仅仅是希望通过对经典算法的讲解,把算法设计中基础且重要的内容用更清晰的思路、更直观的形式展现给读者。

本书结构

本书以算法策略为知识单元,共 8 章内容,其中第 1 章介绍算法的基础知识,第 2~7 章介绍经典的算法设计策略,第 8 章简单介绍了 NP 完全理论。具体结构安排如下:

第 1 章算法概述,主要介绍了算法的基本概念与描述方式、算法设计的一般过程、算法分析方法及递归等。

第 2~5 章介绍经典的算法设计策略:贪心算法、分治算法、动态规划算法、回溯算法及分支限界算法。每种算法设计策略均按照算法思想、算法设计、构造实例、算法描述、算法分析、C++实战的思路来组织。

第 6 章随机化算法,讲述了四种类型的随机化算法,并结合实例讲述了每种类型随机化算法的特点。

第 7 章网络流算法,着重讲述网络流的基本概念及理论、求最大网络流的增广路算法、求最小费用最大流的消圈算法。

第 8 章 NP 完全理论,简单介绍了 NP 完全理论和近似算法,以引起读者进一步学习和研究的兴趣。

本书特点

本书侧重于算法步骤的设计、实例构造和编程实战,注重算法与数据结构的结合,以及算法时间效率分析。其特色在于针对每种算法设计策略,按照算法思想设计了详细的算法步骤,构造了具体实例展现算法的执行过程,最后给出算法描述和编程实现的完整源代码。

本书内容精炼,算法设计步骤清晰,实例构造详尽,算法描述清楚,源码完整,阅读材料丰富,易教、易学,适合高等学校计算机及其相关专业的学生、编程爱好者、各类想从事计算机编程工作的专业或非专业人士阅读。通过本书,读者一方面可以学习到基本的算法设计策略和分析方法;另一方面,还可以对当今流行算法和算法界的大师有所了解。

本书配套资源丰富,包括教学大纲、教学课件、微课视频、程序代码、实验指导、测试题库等。

授课方法

1. 线上线下混合式教学

利用随书提供的微课视频和测试题库,教师可以布置线上学习任务,检测线上学习效果。线下课堂基于线上学习的情况,有针对性地答疑解惑,采用参与式学习策略,比如问题驱动、任务驱动等教学方法,教师引导,学生充分思考、讨论,寻求问题答案,完成课堂任务。

2. 注重运用前驱课程基本知识、基本原理

"算法"课程与"数学""程序设计基础""数据结构"等前驱课程紧密联系。在讲授本课程时,针对要解决的问题:①要求学生审清题意,明确问题给定的已知数据、约束条件和求解目标;②运用数学知识,引入数学符号表达已知数据、约束条件及求解目标,构建数学模型;③训练计算思维,要求学生思考、讨论数学模型中的符号如何存储到计算机中,即采用什么数据结构存储数学模型中涉及的各种符号;④选择贪心、分治、动态规划、搜索等一种或多种算法设计策略;⑤分组任务,要求各小组根据选定的数据结构和算法策略设计求解问题的算法步骤,然后各组分享各自的设计成果,最后教师总结、追问引发更深层的思考;⑥课下任务,以作业的形式,借助实践教学平台(如头歌)或刷题平台(如洛谷、力扣),选用各自擅长的程序设计语言,将课堂上设计的算法翻译成程序,完成实战训练。

3. 注重创新意识、创新精神、创新思维的训练

"算法"课程应注重应用创新和技术创新,在分析问题求解的思想、方法的基础上,从数据结构、算法设计策略、编程语言、具体操作等方面分析现有方法的优势与不足,发挥现有方法本身的优势,举一反三,创新应用;针对现有方法自身的不足,开动脑筋,不断创新、创造,寻求其他更好的求解方法,让学生认识到人人可以创新,时时可以创新,处处可以创新。

4. 思政育人、价值塑造

"算法"课程中讲解的策略、思想、方法是人类智慧的结晶,蕴含着丰富的科学思想、技术创新、中华优秀传统文化。教师传道授业解惑时,通过算法名师、技术革新、工程伦理、前沿技术等揭示算法本身的思政属性,把知识传授、能力培养、价值塑造映射到教学的每个环节,实现"课程承载思政,思政寓于课程"的有机统一。通过潜移默化、循循善诱的方式,在不经意中实现"润物细无声"的育人目标。"算法"课程思政育人体系如下,仅供授课教师参考。

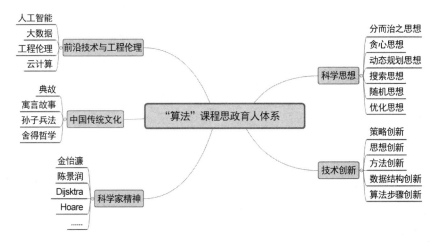

另外,要说明一下,书中出现的 log 均是以 2 为底的对数。

在此,谨向清华大学出版社负责本书编辑出版工作的全体人员和每位曾经关心和支持本书编写工作的各方面专家表示衷心的感谢。

由于编者水平有限,书稿虽几经修改,但仍难免有疏漏或不妥之处,欢迎广大读者和专家批评指正。

编　者

2023 年 12 月

知识结构
CONTENT STRUCTURE

算法定义、特性、描述方式、设计过程
时间复杂度、空间复杂度分析方法
递归及其时间、空间复杂度分析方法
算法概述

随机化算法的类型及特点
随机数发生器
数值随机化算法 ── 估算π值
               ── 计算定积分
蒙特卡洛算法 ── 素数测试
               ── 主元素问题
拉斯维加斯算法 ── 整数因子分解问题
                  ── n 皇后问题
舍伍德算法 ── 随机快速排序
             ── 线性时间选择问题
随机化算法

贪心算法的基本思想、基本要素、解题步骤
及算法设计模式
会场安排问题
单源最短路径问题
哈夫曼编码
Prim算法
Kruskal算法 ── 最小生成树
贪心算法

最大网络流及增广路算法
最大网络流的变换与应用
最小费用最大流及消圈算法
最小费用最大流的变换与应用
网络流算法

分治算法的基本思想和解题步骤
二分查找
循环赛日程表
合并排序
快速排序
最接近点对问题
分治算法

算法设计（C++版）

易解问题和难解问题
P类问题和NP类问题
NP完全问题
NP完全问题的近似算法 ── 顶点覆盖问题
                            ── 装箱问题
                            ── 旅行商问题
                            ── 集合覆盖问题
NP完全理论

动态规划算法的基本思想、解题步骤和基本要素
矩阵连乘问题
凸多边形最优三角剖分问题
最长公共子序列问题
加工顺序问题
0-1背包问题
最优二叉查找树
动态规划算法

回溯算法框架及思想（n 皇后问题）
0-1背包问题
最大团问题 ── 子集树模型
旅行商问题
加工顺序问题 ── 排列树模型
图的 m 可着色问题
最小重量机器设计问题 ── 满 m 叉树模型
回溯算法

算法界十大名师简介
遗传算法
禁忌搜索算法
模拟退火算法
蚁群算法
粒子群优化算法
捕食搜索算法
DNA计算
拓展知识

分支限界算法的基本思想
0-1背包问题
旅行商问题
布线问题
分支限界算法

目 录

CONTENTS

视频目录
VIDEO CONTENTS

视 频 名 称	时长/分	位　置
算法的基本概念	15	1.1节
算法设计的一般过程	31	1.2节
算法分析概念及时间、空间复杂性	10	1.3.1节
算法渐进复杂性	15	1.3.4节
多项式时间定理证明及 O 的运算性质	12	1.3.4节
算法的运行时间 $T(n)$ 建立的依据	20	1.3.4节
算法所占用的空间 $S(n)$ 建立的依据	7	1.3.4节
最大公约数	19	1.4.4节
贪心算法的基本思想、基本要素	15	2.1节
会场安排问题	12	2.2节
会场安排问题算法的正确性证明	11	2.2节
最优装载问题算法的正确性证明	7	2.2节
单源最短路径问题算法	16	2.3节
哈夫曼编码算法	18	2.4节
哈夫曼编码贪心算法的正确性证明	20	2.4节
哈夫曼编码 C++ 实战	13	2.4节
最小生成树 Prim 算法	22	2.5.1节
最小生成树 Kruskal 算法	13	2.5.2节
分治算法的基本思想及二分查找	17	3.1节
循环赛日程表问题	7	3.3节
合并排序	16	3.4节
快速排序	21	3.5节
最接近点对问题	24	3.6节
动态规划的基本思想、解题步骤、基本要素	30	4.1.1节
矩阵连乘问题	16	4.2节
凸多边形最优三角剖分	27	4.3节
最长公共子序列问题	25	4.4节
加工顺序问题1	27	4.5节
加工顺序问题2	9	4.5节
0-1 背包问题	22	4.6节

续表

视 频 名 称	时长/分	位　　置
0-1 背包问题的跳跃点算法	22	4.6 节
最优二叉查找树的概念	14	4.7 节
最优二叉查找树	17	4.7 节
回溯算法的算法框架及思想	27	5.1.1 节
子集树的概念及算法设计模式	12	5.1.2 节
0-1 背包问题	14	5.1.2 节
0-1 背包问题改进回溯法	17	5.1.2 节
最大团问题	13	5.1.2 节
排列树模型及算法设计模式	13	5.1.3 节
批处理作业调度问题	20	5.1.3 节
旅行商问题	17	5.1.3 节
满 m 叉树模型及图的 m 着色问题	20	5.1.4 节
最小机器重量设计问题	14	5.1.4 节
分支限界算法及 0-1 背包问题	28	5.2.1 节
旅行商问题分支限界算法	17	5.2.3 节
布线问题分支限界算法	17	5.2.4 节
随机化算法概述及随机数发生器	16	6.1 节
数值随机化算法	8	6.2 节
蒙特卡洛算法	37	6.3 节
拉斯维加斯算法	29	6.4 节
舍伍德算法	8	6.5 节
最大网络流的基本概念	18	7.1.1 节
增广路算法	12	7.1.2 节
最大网络流的变换与应用	15	7.1.3 节
最小费用最大流消圈算法	15	7.2.2 节
P 类问题和 NP 类问题	16	8.2 节
NP 完全问题	11	8.3 节
NP 完全问题的近似算法	17	8.4 节

第1章

算 法 概 述

学习目标

☑ 充分理解并掌握算法的相关概念,能够分析一段代码是否具备算法的特征;

☑ 理解算法设计的一般过程;

☑ 能够运用算法复杂性分析方法正确估算算法的时间复杂度和空间复杂度;

☑ 能够运用面向对象程序设计语言 C++描述算法;

☑ 掌握递归的概念,能够辨别递归的停止条件和递归方程。

有两种思想,像珠宝商放在天鹅绒上的宝石一样熠熠生辉,一个是微积分,另一个就是算法。微积分以及在微积分基础上建立起来的数学分析体系造就了现代科学,而算法则造就了现代世界。

——David Berlinski 之 *THE ADVENT OF THE ALGORITHM*

计算机行业是一个肥沃且充满勃勃生机的生态圈,不断孕育着一代又一代的新技术、新概念,毫无疑问,那些处于科技浪尖的技术自然成为开发者的宠儿。纵观计算机行业的发展历程,不难发现无论该行业的浪潮多么朝夕莫测,计算机和软件发展背后的根基却岿然屹立、经年不变,算法便是其根基之一,它对计算机行业的发展起着不可估量的作用。因此,算法在计算机专业教育中占有很重要的地位。对算法的学习和研究主要包括算法设计、算法描述、算法的正确性证明、算法分析和验证等几方面。

另外,算法的设计与分析是计算机专业教育的核心问题,掌握算法的设计策略和算法分析的基本方法是对一个软件工作者的基本要求,为此,本书主要对这两方面进行研究。设计策略是指面对一个问题,如何设计一个正确有效的算法;算法分析是指对于一个已设计的算法,如何评价其优劣。二者相互依存,设计出的算法需要进行分析和评价,对算法的分析和评价反过来又将推动算法设计的改进。

1.1 算法的基本概念

1.1.1 学习算法的重要性

在学习任何一门知识之前都要先搞清楚学习该知识的理由,即学习它有何重要性。那么,为何要学习算法呢? 当然,理由有很多,这里仅给出几个。

(1) 算法与日常生活息息相关。在日常生活中,人们都在自觉不自觉地使用算法。例如人们到商场购买物品,会首先确定购买哪些物品及需要多少钱,准备好所需的钱,然后确定到哪些商场选购,确定去商场的路线;完成购物后,若物品的质量好,该如何反馈,若对物品不满意,又该如何处理等。

(2) 算法是程序设计的根基。计算机技术的发展可谓日新月异,新的开发语言不断出现,编程工具不断更新,今天学会的知识可能明天就过时了,但是不管如何变化,基本的算法策略却不会有太大改变。熟练掌握基本的算法策略,在解决遇到的问题时就可以做到有的放矢。

(3) 学习算法能够提高分析问题的能力。学习算法可以锻炼人们的思维,提高人们分析问题的能力,对日后的学习、生活、工作也会产生深远的影响。

(4) 算法是推动计算机行业发展的关键。计算机的功能越强大,人们越想尝试着用它来解决更为复杂的问题,而更复杂的问题则需要更大的计算量。现代计算技术使计算机的硬件性能得到了很大的提高,但这仅仅是为计算更复杂的问题提供了有效工具,算法的研究是使该工具的性能得以充分发挥的关键。

(5) 研究算法是件快乐的事情。算法本身就具有很强的趣味性,当沉浸其中时,会发现算法的运行速度、构思都有不可言喻的美感。

1.1.2 算法的定义及特性

算法的历史可以追溯到 9 世纪的古波斯。最初它仅表示"阿拉伯数字的运算法则"。后来,它被赋予更一般的含义,即所谓的一组确定的、有效的、有限的解决问题的步骤。这是算法的最初定义。注意,这个定义里面没有包括"正确"一词。

推动算法传播的是生活在美索不达米亚的 Al Khwarizmi。他于 9 世纪以阿拉姆语著述了一本教科书。该书列举了加、减、乘、除、求平方根和计算圆周率数值的方法。这些计算方法的特点是:简单、没有歧义、机械、有效和正确,这就是算法。注意,这个定义加上了"正确"一词。几百年后,当十进制记数法在欧洲被广泛使用时,"算法"(Algorithm)这个单词被人们创造出来以纪念 Al Khwarizmi 先生。当代著名计算机科学家 D. E. Knuth 在他撰写的 *The Art of Computer Programming* 一书中写道:"一个算法就是一个有穷规则的集合,其中的规则规定了一个解决某一特定类型问题的运算序列。"

由上所述可推知,任何解决问题的过程都是由一定的步骤组成的,通常把解决问题的确定方法和有限步骤称为算法。对于计算机科学来说,算法指的是对特定问题求解步骤的一种描述,是若干条指令的有穷序列,并且它具有以下特性:

(1) 输入。有零个或多个输入,由外界提供或算法本身产生。

(2) 输出。有一个或多个输出。算法是为解决问题而设计的,其最终目的就是获得问题的解,没有输出的算法是无意义的。

(3) 确定性。组成算法的每条指令必须有确定的含义,必须无歧义。在任何条件下,对于相同的输入只能得到相同的输出结果。

（4）有限性。算法中每条指令的执行次数都是有限的,执行每条指令的时间也是有限的。也就是说,在执行若干条指令之后,算法将结束。

（5）可行性。一个算法是可行的,即算法中描述的操作都可以通过已经实现的基本运算执行有限次后实现。换句话说,要求算法中有待实现的运算都是基本的,每种运算至少在原理上能由人用纸和笔在有限的时间内完成。

1.1.3　算法的描述方式

算法的设计者在构思和设计一个算法之后,必须清楚准确地将所设计的求解步骤记录下来,这就是算法描述。

算法可以使用各种不同的方式来描述,常用的描述方式有自然语言、图形、程序设计语言和伪代码等。下面以欧几里得算法为例逐一介绍它们的具体操作方法。

欧几里得算法的功能是:求两个非负整数 a 和 b 的最大公约数。通常采用辗转相除法来实现该功能,其过程为:当 b 不为 0 时,辗转用操作 $r=a\%b$,$a=b$,$b=r$,消去相同的因子,直到 b 为 0 时,a 的值即为所求的解。

1. 自然语言

自然语言也就是人们日常进行交流的语言,如汉语、英语等。其最大的优点是简单、通俗易懂,缺点是不够严谨、烦琐且不能被计算机直接执行。

欧几里得算法用自然语言描述的步骤如下:

（1）输入 a 和 b。

（2）判断 b 是否为 0,如果不为 0,转步骤（3）;否则转步骤（4）。

（3）a 对 b 取余,其结果赋值给 r,b 赋值给 a,r 赋值给 b,转步骤（2）。

（4）输出 a,算法结束。

2. 图形

常用来描述算法的图形工具主要包括流程图、N-S 图和 PAD 图。其优点是直观形象、简洁明了,缺点是画起来费事、不易修改且不能被计算机直接执行。下面以流程图为例简单介绍一下该算法描述方式。

欧几里得算法的流程图如图 1-1 所示。

3. 程序设计语言

程序设计语言通常是一个能完整、准确和规则地表达人们的意图,并用以指挥或控制计算机工作的"符号系统"。该方式的优点是描述的算法能在计算机上直接执行。缺点是抽象性差、不易理解且有严格的格式要求和语法限制等,这给用户带来了一定的不便。但是对于从事计算机研究的专业人士,熟练掌握一门程序设计语言是最基本的条件。

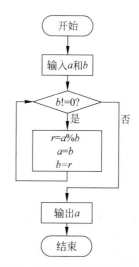

图 1-1　欧几里得算法的流程图

本书采用程序设计语言 C++来描述算法。选用该语言的理由有两点：一是它全面兼容 C 语言，保持了 C 语言的简洁、高效、良好的可读性和可移植性等特点，并对 C 语言的类型系统进行了改革和扩充，因此比 C 语言更安全，其编译系统能检查出更多的类型错误；二是支持面向对象的方法。

欧几里得算法用 C++语言描述如下：

```cpp
class OJLD{
    int a,b;              //a 和 b 是私有数据成员
  public:
    OJLD( int m,int n)    //OJLD 是带两个整型参数的构造函数
      {a = m;b = n;}
    void zzf()            //zzf 是类的成员函数,用于计算 a 和 b 的最大公约数
      {
      int r;
      while(b!= 0)
        {r = a % b;a = b;b = r;}
      cout <<"a 与 b 的最大公约数是:"<< a << endl;
      }
};                        //类 OJLD 的定义结束
```

4．伪代码

为了解决理解与执行之间的矛盾，人们常常使用一种称为伪代码语言的描述方式来对算法进行描述。伪代码是介于自然语言与程序设计语言之间的一种文字和符号结合的算法描述工具，它忽略了程序设计语言中一些严格的语法规则与描述细节，因此它比程序设计语言更容易描述和被人理解；它比自然语言更接近程序设计语言，因而较容易转换为能被计算机直接执行的程序。因此，对于计算机专业的初学者或非计算机人士来说，使用伪代码来描述算法是一个不错的选择。

欧几里得算法用伪代码描述如下：

```
Begin{算法开始}
    Step1: input a,b;
    Step2: if (b 不等于 0) 执行 Step3,否则执行 Step4;
    Step3: r = a % b,a = b,b = r,转 Step2;
    Step4: output a;
End{算法结束}
```

1.2　算法设计的一般过程

算法是解决问题的方案，由于实际问题千奇百怪，因而制定出的解决方案也将千差万别。所以，算法的设计过程是一个灵活且充满智慧的过程，它要求设计者针对具体的问题设

计出适合该问题的解决方案,可以说,这是一个智者的创造过程。

那么,在设计算法的时候,一般应遵循哪些步骤?

1. 充分理解要解决的问题

这一步是至关重要的。如果设计者没有充分理解所要解决的问题,毫无疑问,设计出的算法一定是漏洞百出。在设计算法的时候,一定要先搞清楚算法要求处理的问题、实现的功能、预期获得的结果等。这是设计算法的切入点,也是设计者必备的技能。

2. 数学模型拟制

简单地说,数学模型就是对实际问题的一种数学表达,是数学理论与实际问题相结合的一门科学。它将现实问题归结为相应的数学问题,并在此基础上利用数学概念、方法和理论进行深入分析和研究,从而从定性或定量的角度来刻画实际问题,并为解决现实问题提供精确数据和可靠指导。

算法设计时,首先要根据问题的描述,建立符合要求的数学模型,并设计相关的约束条件等。

3. 算法详细设计

算法详细设计指的是把算法具体化,即设计出算法的详细规格说明。这种规格说明的作用类似于其他工程领域中工程师经常使用的工程蓝图。

在算法详细设计阶段,要选择算法的设计策略,并确定合理的数据结构。显然,算法设计策略的选择关乎全局;同样,数据结构的选择对于算法的设计和分析也很重要,如果选择不当,将影响算法的性能。

4. 算法描述

根据前三部分的工作,采用描述工具将算法的具体过程描述出来。

5. 算法思路的正确性验证

通过对一系列与算法的工作对象有关的引理、定理和公式进行证明,来验证算法所选择的设计策略及设计思路是否正确。

6. 算法分析

简单来讲,算法分析是对算法的效率进行分析,主要分析时间效率和空间效率。其中,时间效率显示算法运行的速度有多快,空间效率显示算法运行时需要的存储空间有多大。相比而言,人们关注更多的是算法的时间效率。

7. 算法的计算机实现和测试

采用某种程序设计语言来实现算法,并在计算机上进行运行和测试,其目的有两个:①对算法实现代码的正确性进行验证;②对所要解决的问题进行求解,这也是算法设计的最终目的。

8. 文档资料的编制

撰写算法的整个设计过程,并存档。

1.3　算法分析

1.3.1　算法分析的概念

算法的复杂性指的是算法在运行过程中所需要的计算机资源的量,算法分析就是对该量的多少进行分析。所需资源的量越多,表明该算法的复杂性越高,反之,算法的复杂性越低。计算机的资源最重要的是运行算法时所需的时间、存储程序和数据所需的空间。因而,算法分析是对时间复杂性和空间复杂性进行分析。

算法分析对算法的设计、选用和改进有着重要的指导意义和实用价值:①对于任意给定的问题,设计出复杂性尽可能低的算法是在设计时考虑的一个重要目标;②当给定的问题已有多种算法时,选择复杂性最低者是在选用算法时应遵循的一个重要原则;③算法分析有助于对算法进行改进。

在算法的学习过程中,必须学会对算法进行分析,以确定或判断算法的优劣。本书主要关注算法的时间复杂性分析。

1.3.2　时间复杂性

时间复杂性是对算法运行时间长短的度量。度量的方法通常有两种:事后统计法和事前分析估算法。

1. 事后统计法

因为很多计算机内部都有计时功能,有的甚至可以精确到毫秒,所以采用不同算法设计出的程序可通过一组或若干组相同的统计数据分辨优劣。

但该方法有两种缺陷:一是必须先运行依据算法编写的程序;二是所得时间的统计量依赖于计算机的硬件、软件等环境因素,有时会掩盖算法本身的优劣。因此,人们常常不采用该方法进行时间复杂性分析。

2. 事前分析估算法

与算法的运行时间相关的因素通常有问题的规模、算法的输入序列、算法选用的设计策略、编写程序的语言、编译程序产生的机器代码的质量及计算机执行指令的速度等。

显然,在各种因素都不能确定的情况下,将很难估算出算法的运行时间,可见使用运行算法的绝对时间来衡量算法的效率是不现实的。如果撇开这些与计算机硬、软件有关的因素,一个特定算法的运行时间将只依赖于问题的规模(通常用正整数 n 表示)和它的输入序列 I。因此,算法的运行时间可表示为二者的函数,记为 $T(n,I)$。

通常情况下,人们只考虑3种情况下的时间复杂性,即最坏情况、最好情况和平均情况,并分别记为 $T_{max}(n)$、$T_{min}(n)$ 和 $T_{avg}(n)$。设 D_n 是问题规模为 n 的算法的所有合法输入序列集合;I^0 是使算法的时间效率达到最差的合法输入序列集合;I^1 是使算法的时间效率达到最好的合法输入序列集合;$P(I)$ 是算法在应用中出现输入序列 I 的概率。在数学上有

$$T_{\max}(n) = \max_{I \in D_n} T(n, I) = T(n, I^0)$$

$$T_{\min}(n) = \min_{I \in D_n} T(n, I) = T(n, I^1)$$

$$T_{\mathrm{avg}}(n) = \sum_{I \in D_n} T(n, I) P(I)$$

由此,针对特定的输入序列,算法的时间复杂性只与问题的规模 n 有关。一个不争的事实是:几乎所有的算法,规模越大,所需的运行时间就越长。当 n 不断变化时,运行时间也会不断变化,故人们通常将算法的运行时间记为 $T(n)$。

1.3.3 空间复杂性

空间复杂性是对一个算法在运行过程中所占用存储空间大小的度量,一般记为 $S(n)$。其中, n 是问题规模。

通常,与算法运行时所占用的存储空间相关的因素有:①存储算法本身所占用的存储空间;②算法的输入输出数据所占用的存储空间;③算法在运行过程中所需的辅助变量占用的存储空间,即辅助空间或临时空间。其中,存储算法本身所占用的存储空间与算法书写的长短成正比,要压缩这方面的存储空间,就必须编写出较短的算法。算法的输入输出数据所占用的存储空间是由要解决的问题决定的,是通过参数表由调用函数传递而来的,它不随算法的不同而改变。算法在运行过程中所需的辅助空间随算法的不同而异,有的算法只需要占用少量的辅助空间,且该辅助空间不随问题规模的大小而改变,称这种算法是"就地"进行的,是节省存储空间的算法。

可见,一个算法的空间复杂性分析要从多方面综合考虑,要精确地表示它并非易事。在不同的文献资料中,对算法的空间复杂性分析有不同的处理方法,但通常只考虑因素③。在有些算法中,辅助空间的数量与所处理的数据量有关,而有些却无关。后一种是较理想的情况,在设计算法时,应注意空间复杂性的大小。

微课视频

1.3.4 算法渐进复杂性

随着经济的发展、社会的进步和科学研究的深入,人们需要用计算机解决的问题越来越复杂,规模也越来越大。对解决这类问题的算法进行分析时,如果精打细算,即把所有的相关因素及元运算都考虑进去,那么由于问题的规模很大且结构复杂,算法分析的工作量之大、步骤之繁将令人难以承受。

微课视频

为此,对于规模充分大、结构又十分复杂的这类问题的解决算法,人们提出了其复杂性分析应简化的问题。

1. 算法渐进复杂性的引入

假设算法 A 的运行时间表达式为

$$T_1(n) = 30n^4 + 20n^3 + 40n^2 + 46n + 100 \tag{1-1}$$

微课视频

算法 B 的运行时间表达式为

微课视频

$$T_2(n) = 1000n^3 + 50n^2 + 78n + 10 \tag{1-2}$$

显然,当问题的规模足够大的时候,例如 $n = 100$ 万,算法的运行时间将主要取决于时间表达式的第一项,其他项的执行时间只有第一项的几十万分之一,可以忽略不计。随着 n 的增大,第一项的常数对算法的执行时间也变得不重要了。

于是,算法 A 的运行时间可以记为 $T_1^*(n) \approx n^4$,称 n^4 为 $T_1^*(n)$ 的阶。

同理,算法 B 的运行时间可以记为 $T_2^*(n) \approx n^3$,称 n^3 为 $T_2^*(n)$ 的阶。

由上述分析可以得出一个结论:随着问题规模的增大,算法时间复杂性主要取决于运行时间表达式的阶。如果要比较两个算法的效率,只需比较它们的阶就可以了。

定义 1 设算法的运行时间为 $T(n)$,如果存在 $T^*(n)$,使得

$$\lim_{n \to \infty} \frac{T(n) - T^*(n)}{T(n)} = 0$$

则称 $T^*(n)$ 为算法渐进时间复杂性。

可见,问题规模充分大时,$T(n)$ 和 $T^*(n)$ 近似相等。因此,在算法分析中,对算法时间复杂性和算法渐进时间复杂性往往不加区分,并常用后者来对一个算法时间复杂性进行衡量,从而简化了大规模问题的时间复杂性分析。

2. 渐进意义下的记号

与简化的复杂性相匹配,引入了渐近意义下的记号 O、o、Ω、w、Θ。下面讨论 O、Ω、Θ 三个记号。设 $T(n)$、$f(n)$ 和 $g(n)$ 是正数集上的正函数,其中 n 是问题规模。

(1) 渐近上界记号:O(big-oh)。

定义 2 若存在两个正常数 c 和 n_0,使得当 $n \geqslant n_0$ 时,都有 $T(n) \leqslant cf(n)$,则称 $T(n) = O(f(n))$,即 $f(n)$ 是 $T(n)$ 的上界。换句话说,在 n 满足一定条件的范围内,函数 $T(n)$ 的阶不高于函数 $f(n)$ 的阶。

【例 1-1】 用 O 表示 $T(n) = 10n + 4$ 的阶。

存在 $c = 11, n_0 = 4$,使得当 $n \geqslant n_0$ 都有

$$T(n) = 10n + 4 \leqslant 10n + n = 11n$$

令 $f(n) = n$,可得

$$T(n) \leqslant cf(n)$$

即 $T(n) = O(f(n)) = O(n)$。

应该指出,根据符号 O 的定义,用它评估算法的复杂性得到的只是问题规模充分大时的一个上界。这个上界的阶越低,则评估就越精确,结果就越有价值。如果有一个新的算法,其运行时间的上界低于以往解同一问题的所有其他算法的上界,则认为建立了一个解该问题所需时间的新上界。

常见的几类时间复杂性有:

$O(1)$:常数阶时间复杂性。它的基本运算执行的次数是固定的,总的时间由一个常数来限界,此类时间复杂性的算法运行时间效率最高。

$O(n)$、$O(n^2)$、$O(n^3)$、……:多项式阶时间复杂性。大部分算法的时间复杂性是多项

式阶的,通常称这类算法为多项式时间算法。$O(n)$ 称为 1 阶时间复杂性,$O(n^2)$ 称为 2 阶时间复杂性,$O(n^3)$ 称为 3 阶时间复杂性……。

$O(2^n)$、$O(n!)$ 和 $O(n^n)$:指数阶时间复杂性。这类算法的运行效率最低,这种复杂性的算法根本不实用。如果一个算法的时间复杂性是指数阶的,通常称这个算法为指数时间算法。

$O(n\log n)$ 和 $O(\log n)$:对数阶时间复杂性。

以上几种复杂性的关系为

$$O(1) < O(\log n) < O(n) < O(n\log n) < O(n^2) < O(n^3) < O(2^n) < O(n!) < O(n^n)$$

其中,指数阶时间复杂性最常见的是 $O(2^n)$,当 n 取值很大时,指数时间算法和多项式时间算法所需运行时间的差距将非常悬殊。因为,对于任意的 $m \geq 0$,总可以找到 $n_0(n_0 > 0)$,当 $n \geq n_0$ 时,有 $2^n \geq n^m$。因此,只要有人能将现有指数时间算法中的任何一个算法化简为多项式时间算法,就取得了一个伟大的成就。

另外,按照 O 的定义,容易证明如下运算规则成立,这些规则对后面的算法分析是非常有用的。

① $O(f) + O(g) = O(\max(f,g))$。

② $O(f) + O(g) = O(f+g)$。

③ $O(f)O(g) = O(fg)$。

④ 如果 $g(n) = O(f(n))$,则 $O(f) + O(g) = O(f)$。

⑤ $O(Cf(n)) = O(f(n))$,其中 C 是一个正的常数。

⑥ $f = O(f)$。

规则①的证明:

设 $F(n) = O(f)$。按照符号 O 的定义,存在正常数 c_1 和 n_1,使得当 $n \geq n_1$ 时,都有 $F(n) \leq c_1 f$。

类似地,设 $G(n) = O(g)$。按照符号 O 的定义,存在正常数 c_2 和 n_2,使得当 $n \geq n_2$ 时,都有 $G(n) \leq c_2 g$。

令 $c_3 = \max\{c_1, c_2\}$,$n_3 = \max\{n_1, n_2\}$,$h(n) = \max\{f,g\}$,则使得当 $n \geq n_3$ 时,有

$$F(n) \leq c_1 f \leq c_1 h(n) \leq c_3 h(n)$$

类似地,有

$$G(n) \leq c_2 g \leq c_2 h(n) \leq c_3 h(n)$$

因此

$$
\begin{aligned}
O(f) + O(g) &= F(n) + G(n) \\
&\leq c_3 h(n) + c_3 h(n) \\
&= 2c_3 h(n)
\end{aligned}
$$

即,存在 $c = 2c_3$,n_3,使得 $n \geq n_3$ 时,有 $O(f) + O(g) \leq ch(n)$ 恒成立,因此

$$
\begin{aligned}
O(f) + O(g) &= O(h(n)) \\
&= O(\max(f,g))
\end{aligned}
$$

其余规则的证明与此类似,感兴趣的读者可自行进行证明。

（2）渐近下界记号：Ω(big-omega)。

定义 3 若存在两个正常数 c 和 n_0，使得当 $n \geqslant n_0$ 时，都有 $T(n) \geqslant cf(n)$，则称 $T(n) = \Omega(f(n))$，即 $f(n)$ 是 $T(n)$ 的下界。换句话说，在 n 满足一定条件的范围内，函数 $T(n)$ 的阶不低于函数 $f(n)$ 的阶。它的概念与 O 的概念是相对的。

【例 1-2】 用 Ω 表示 $T(n) = 30n^4 + 20n^3 + 40n^2 + 46n + 100$ 的阶。

存在 $c = 30, n_0 = 1$，使得当 $n \geqslant n_0$ 都有

$$T(n) \geqslant 30n^4$$

令 $f(n) = n^4$，可得

$$T(n) \geqslant cf(n)$$

即 $T(n) = \Omega(f(n)) = \Omega(n^4)$。

同样，用 Ω 评估算法的复杂性，得到的只是该复杂性的一个下界。这个下界的阶越高，则评估就越精确，结果就越有价值。如果有一个新的算法，其运行时间的下界低于以往解同一问题的所有其他算法的下界，就认为建立了一个解该问题所需时间的新下界。

（3）渐近精确界记号：Θ(big-theta)。

定义 4 若存在 3 个正常数 c_1、c_2 和 n_0，使得当 $n \geqslant n_0$ 时，都有 $c_2 f(n) \leqslant T(n) \leqslant c_1 f(n)$，则称 $T(n) = \Theta f(n)$。Θ 意味着在 n 满足一定条件的范围内，函数 $T(n)$ 和 $f(n)$ 的阶相同。由此可见，Θ 用来表示算法的精确阶。

【例 1-3】 用 Θ 表示 $T(n) = 20n^2 + 8n + 10$ 的阶。

① 存在 $c_1 = 29, n_0 = 10$，使得当 $n \geqslant n_0$ 时都有

$$T(n) \leqslant 20n^2 + 8n + n = 20n^2 + 9n \leqslant 20n^2 + 9n^2 = 29n^2$$

令 $f(n) = n^2$，可得

$$T(n) \leqslant c_1 f(n)$$

即 $T(n) = O(f(n)) = O(n^2)$。

② 存在 $c_2 = 20, n_0 = 10$，使得当 $n \geqslant n_0$ 时都有

$$T(n) \geqslant 20n^2$$

令 $f(n) = n^2$，可得

$$T(n) \geqslant c_2 f(n)$$

即 $T(n) = \Omega(f(n)) = \Omega(n^2)$。

③ 由此可见，存在 $c_1 = 29$、$c_2 = 20$ 和 $n_0 = 10$，使得当 $n \geqslant n_0$ 时，有

$$c_2 f(n) \leqslant T(n) \leqslant c_1 f(n)$$

令 $f(n) = n^2$，可得 $T(n) = \Theta f(n) = \Theta(n^2)$。

定理 1 若 $T(n) = a_m n^m + a_{m-1} n^{m-1} + \cdots + a_1 n + a_0 (a_i > 0, 0 \leqslant i \leqslant m)$ 是关于 n 的一个 m 次多项式，则 $T(n) = O(n^m)$，且 $T(n) = \Omega(n^m)$，因此有 $T(n) = \Theta(n^m)$。

证明：

① 根据 O 的定义，取 $n_0 = 1$，当 $n \geqslant n_0$ 时，有

$$T(n) = \left(a_m + \frac{a_{m-1}}{n} + \cdots + \frac{a_1}{n^{m-1}} + \frac{a_0}{n^m} \right) n^m$$

$$\leqslant (a_m + a_{m-1} + \cdots + a_1 + a_0) n^m$$

令

$$c_1 = a_m + a_{m-1} + \cdots + a_1 + a_0$$

则有 $T(n) \leqslant c_1 n^m$，由此可得 $T(n) = O(n^m)$。

② 根据 Ω 的定义，取 $n_0 = 1$，当 $n \geqslant n_0$ 时，有

$$T(n) \geqslant a_m n^m$$

令

$$c_2 = a_m$$

则有 $T(n) \geqslant c_2 n^m$，由此可得 $T(n) = \Omega(n^m)$。

③ 根据 Θ 的定义，取 c_1、c_2 和 n_0，当 $n \geqslant n_0$ 时，有

$$c_2 n^m \leqslant T(n) \leqslant c_1 n^m$$

至此可证明 $T(n) = \Theta(n^m)$。

3. 算法的运行时间 $T(n)$ 建立的依据

由 1.3.2 节所述可知，要想精确地表示出算法的运行时间是很困难的。考虑到算法分析的主要目的是比较求解同一个问题的不同算法的效率。因此，在算法分析中只是对算法的运行时间进行粗略估计，得出其增长趋势即可，而不必精确计算出具体的运行时间。

（1）非递归算法中 $T(n)$ 建立的依据。

为了求出算法的时间复杂性，通常需要遵循以下步骤：

① 选择某种能够用来衡量算法运行时间的依据。

② 依照该依据求出运行时间 $T(n)$ 的表达式。

③ 采用渐进符号表示 $T(n)$。

④ 获得算法的渐进时间复杂性，进行进一步的比较和分析。

其中，步骤①是最关键的，它是其他步骤能够进行的前提。通常衡量算法运行时间的依据是基本语句，所谓基本语句是指对算法的运行时间贡献最大的原操作语句。

当算法的时间复杂性只依赖问题规模时，基本语句选择的标准是：必须能够明显地反映出该语句操作随着问题规模的增大而变化的情况，其重复执行的次数与算法的运行时间成正比，多数情况下是算法最深层循环内的语句中的原操作；对算法的运行时间贡献最大，在解决问题时就越占有支配地位。这时，可以采用该基本语句的执行次数来作为运行时间 $T(n)$ 建立的依据，即用其执行次数对运行时间 $T(n)$ 进行度量。

【例 1-4】 求出一个整型数组中元素的最大值。

算法描述如下：

```
int arrayMax(int a[], int n)
{
```

```
    int max = a[0];
    for(int i = 1;i < n;i++)
        if (a[i]> max)
            max = a[i];
    return max;
}
```

在该算法中,问题规模就是数组 a 中的元素个数。显然,执行次数随问题规模的增大而变化,且对算法的运行时间贡献最大的语句是 if(a[i]>max),因此将该语句作为基本语句。显然,每执行一次循环,该语句就执行一次,循环变量 i 从 1 变化到 $n-1$,因而该语句共执行了 $n-1$ 次,由此可得 $T(n)=n-1=O(n)$。

当算法的时间复杂性既依赖问题规模又依赖输入序列时,例如插入、排序、查找等算法,如果要合理全面地对这类算法的复杂性进行分析,则要从最好、最坏和平均情况三方面进行讨论。

【例 1-5】 在一个整型数组中顺序查找与给定整数值 K 相等的元素(假设数组中至多有一个元素的值为 K)。

算法描述如下:

```
int find( int a[ ],int n,int K)
{
    int i;
    for(i = 0;i < n;i++)
        if(a[i] == K)
            break;
    return i;
}
```

在该算法中,问题的规模由数组中的元素个数决定。显然,对算法的运行时间贡献最大的语句是 if(a[i]==K),因此将该语句作为基本语句。但是该语句的执行次数不但依赖问题的规模,还依赖输入数据的初始状态。

如果 $a[0]$ 的元素为 K,该语句的执行次数为 1,这是最好情况,即 $T_{min}(n)=O(1)$。如果数组 $a[n-1]$ 的元素为 K,则该语句的执行次数为 n,这是最坏情况,即 $T_{max}(n)=O(n)$。如果数组 a 中的元素呈等概率分布,则该语句的执行次数为 $\frac{n+1}{2}$,这是平均情况,即 $T_{avg}(n)=O\left(\frac{n+1}{2}\right)=O(n)$。

这 3 种情况下的时间复杂性分别从不同角度反映了算法的时间效率,各有各的优点,各有各的局限性。一般来说,最好情况不能用来衡量算法的时间复杂性,因为它发生的概率太小了。实践表明可操作性最好且最有实际价值的是最坏情况下的时间复杂性,它至少使人们知道算法的运行时间最坏能坏到什么程度。如果输入数据呈等概率分布,要以平均情况来作为运行时间的衡量。

（2）递归算法中 $T(n)$ 建立的依据。

对于递归算法的时间复杂性分析方法将在1.4.5节讲述。

4. 算法所占用的空间 $S(n)$ 建立的依据

在渐进意义下所定义的复杂性的阶、上界与下界等概念，也同样适用于算法空间复杂性的分析。如1.3.3节所述，本书讨论算法的空间复杂性只考虑算法在运行过程中所需要的辅助空间。

【例1-6】 用插入法升序排列数组 s 中的 n 个元素。

算法描述如下：

```
void insert_sort(int n, int s[])
  {   int a, i, j;
      for(i = 1; i < n; i++)
        {
          a = s[i];
          j = i − 1;
          while(j >= 0 && s[j] > a)
            {
              s[j + 1] = s[j];
              j −− ;
            }
          s[j + 1] = a;
        }
  }
```

在算法 insert_sort 中，为参数表中的形参变量 n 和 s 所分配的存储空间，是属于为输入输出数据分配的空间。那么，该算法所需的辅助空间只包含为 a、i 和 j 分配的空间，显然 insert_sort 算法的空间复杂性是常数阶，即 $S(n) = O(1)$。

另外，若一个算法为递归算法，其空间复杂性是为实现递归所分配的堆栈空间的大小，具体分析方法将在1.4.5节讲述。

1.3.5　算法复杂性的权衡考虑

对于一个算法，其时间复杂性和空间复杂性往往是相互影响的。当追求一个较好的时间复杂性时，可能导致算法占用较多的存储空间，使空间复杂性的性能变差；反之，当一味追求一个较好的空间复杂性时，可能导致算法占用较长的运行时间，使时间复杂性的性能变差。

另外，算法的所有性能之间都存在着或多或少的相互影响。因此，当设计一个算法（特别是大型算法）时，要综合考虑算法的各项性能，例如算法的使用频率、算法处理的数据量的大小、算法描述语言的特性及运行算法的机器系统环境等各方面因素，才能够设计出比较好的算法。

1.4 递归

递归技术是设计和描述算法的一种强有力的工具,它在算法设计与分析中起着非常重要的作用,采用递归技术编写出的程序通常比较简洁且易于理解,并且在证明算法的正确性方面要比相应的非递归形式容易得多。因此在实际的编程中,人们常采用该技术来解决某些复杂的计算问题。有些数据结构(如二叉树)本身就具有递归特性;此外还有一类问题,其本身没有明显的递归结构,但用递归程序求解比其他方法更容易编写程序,如八皇后问题、汉诺塔问题等。鉴于该技术的优点和重要性,在介绍其他算法设计方法之前先对其进行讨论。

1.4.1 认知递归

子程序(或函数)直接调用自己或通过一系列调用语句间接调用自己,称为递归。直接或间接调用自己的算法称为递归算法。递归算法的基本思想就是"自己调用自己",体现了"以此类推""重复同样的步骤"这样的理念。实际上,递归是把一个不能或不好解决的大问题转化为一个或几个小问题,再把这些小问题进一步分解成更小的小问题,直至每个小问题都可以直接解决。

通常,采用递归算法来求解问题的一般步骤如下:

(1) 分析问题、寻找递归关系。找出大规模问题和小规模问题的关系。换句话说,如果一个问题能用递归算法解决,它必须可以向下分解为若干个性质相同的规模较小的问题。

(2) 找出停止条件,该停止条件用来控制递归何时终止,在设计递归算法时需要给出明确的结束条件。

(3) 设计递归算法、确定参数,即构建递归体。

递归算法的运行过程包含两个阶段:递推和回归。递推指的是将原问题不断分解为新的子问题,逐渐从未知向已知推进,最终达到已知的条件,即递归结束的条件。回归指的是从已知的条件出发,按照递推的逆过程,逐一求值回归,最后达到递推的开始处,即求得问题的解。

1.4.2 n 的阶乘

计算 $n!$ 的公式可以定义为

$$n! = \begin{cases} 1, & n = 0 \\ n(n-1)!, & n > 0 \end{cases}$$

显然,这是一个以递归技术定义的公式,在描述阶乘算法时又用到阶乘这一概念,因而很自然想到使用递归来解决该问题,递归的停止条件是 $n=0$。

递归算法描述如下:

```
long long fun( int n)
    {
```

```
if(n < 0)
    cout << "Illegal number !"<< endl;
else if(n == 0)
        return 1;
else
        return n * fun(n-1);
}
```

以 $n=3$ 为例,fun(3)的运行过程如图 1-2 所示。

可见,fun()在运行中不断调用自身从而降低规模,当规模降为 0 时,即递推到 fun(0),此时满足停止条件则停止递推,开始回归(返回调用算法)并进行计算,直到递推开始处,即求得 fun(3)的值。

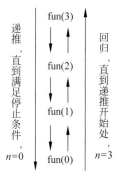

图 1-2 fun(3)的运行过程示意图

1.4.3 排列问题

1. 问题描述

有 n 个元素,它们的编号为 $1,2,\cdots,n$,排列问题的目的是生成这 n 个元素的全排列。采用一个具有 n 个存储单元的数组 A 来存放所生成的排列,假定初始时 n 个元素已按编号次序由小到大存放在数组 A 中,即数组中存放的是元素的编号。

2. 算法设计思路

为解决该问题,首先要进行认真思考,以便找出生成元素全排列算法的内在规律性,即分析出递归关系,还需找到算法的停止条件,进而推导出递归关系式,最终设计出递归函数,即构建递归体。

具体设计过程如下:

(1) 将规模为 n 的排列问题转化为规模为 $n-1$ 的排列问题。

步骤 1:数组的首元素定为 1,即排列的第一个元素为 1,还需要生成后面 $n-1$ 个元素的全排列。

步骤 2:将数组的第一个元素和第二个元素互换,使得数组的首元素为 2,即排列的第一个元素为 2,还需要生成后面 $n-1$ 个元素的全排列。

……

步骤 n:将数组的第一个元素和第 n 个元素互换,使得数组的首元素为 n,即排列的第一个元素为 n,还需要生成后面 $n-1$ 个元素的全排列。

(2) 将规模为 $n-1$ 的排列问题转化为规模为 $n-2$ 的排列问题。

对于上述 n 个步骤,每一步均要按以下步骤进行操作,以步骤 1 为例进行讲述。

步骤 1-1:数组的第二个元素为 2,即排列的第二个元素为 2,还需要生成后面 $n-2$ 个元素的全排列。

步骤 1-2:数组的第二个元素和第三个元素互换,使得数组的第二个元素为 3,即排列的第二个元素为 3,还需要生成后面 $n-2$ 个元素的全排列。

......

步骤 1-$(n-1)$：数组的第二个元素和第 n 个元素互换，使得数组的第二个元素为 n，即排列的第二个元素为 n，还需要生成后面 $n-2$ 个元素的全排列。

同理，将问题的规模一级一级降至 1，1 个元素的排列是它本身，此时到达递推的停止条件。数组中的元素即为 1 个排列，然后进行回归依次得到其他的排列。

3. 算法描述

从上述算法的设计过程可以看出，使用递归技术来解决全排列问题是很容易的。

假定排列算法 perm(A,k,n) 的功能是：生成数组 A 后面 k 个元素的排列。当 $k=1$ 时，只有一个元素，已构成一个排列。当 $1<k\leqslant n$，可由算法 perm($A,k-1,n$) 生成数组 A 后面 $k-1$ 个元素的排列，为完成数组 A 后面 k 个元素的排列，需要逐一将数组第 $n-k$ 个元素与数组中第 $n-k\sim n-1$ 个元素互换，每互换一次，就执行一次 perm($A,k-1,n$)。该问题的算法描述如下：

```cpp
void perm(int A[ ], int k, int n)      //参数 k 是当前递归层需完成排列的元素个数
   {
     int i;
     if(k == 1)                         //已构成一个排列,将其输出
         for(i = 0; i < n; i++){
             cout << A[i]<<;
         cout << endl;}
     else
         for(i = n-k; i < n; i++)
           {
             swap(A[i],A[n-k]);         //swap 为完成元素互换的函数
             perm(A,k-1,n);
             swap(A[i],A[n-k]);
           }
   }
```

1.4.4 最大公约数

微课视频

1. 欧几里得算法

1) 欧几里得定理

定理 2 任意给定两个整数 a,b，不妨假设 $a\geqslant b$。它们的最大公约数用 gcd(a,b) 表示，则 gcd(a,b)=gcd($b,a \bmod b$)，其中 $a \bmod b$ 表示 a 被 b 除所得的余数。

证明：整数 a 可以表示成 $a=kb+r$，其中 k,r 是整数，$0\leqslant r<|b|$，$r=a \bmod b$。

假设 d 是 a,b 的一个公约数，由 $r=a-kb$ 知，d 也是 r 的约数，又因 d 是 b 的约数，$r=a \bmod b$，故 d 是 b 和 $a \bmod b$ 的公约数。

同理，假设 d' 是 b 和 $a \bmod b$ 的公约数，由于 $a=kb+r=kb+a \bmod b$，故 d' 是 a 的约数，因此 d' 也是 a 和 b 的公约数。故 a 和 b 的公约数与 b 和 $a \bmod b$ 的公约数是一样的，其

最大公约数也必然相等，证毕。

欧几里得递归定义式如下：

$$\gcd(a,b)=\begin{cases}a, & b=0\\ \gcd(b,a \bmod b), & b>0\end{cases}$$

2）欧几里得算法描述

```
int gcd( int a, int b)
  {
    if(b== 0)
       return a;
    return gcd(b, a % b);
}
```

欧几里得算法是计算两个整数的最大公约数的传统算法，无论从理论还是从效率上都是很好的算法。但是，如果所给定的整数超出了计算机的表示能力，则计算过程就需要由用户专门设计。例如，为了计算两个超过 64 位的整数的模，用户也许不得不采用类似于多位数除法手算过程中的试商法，这个过程不但复杂，而且会消耗很多时间。然而在现代密码算法中较多采用这种多位数的模运算，这就迫切需要摈弃除法和取模运算。1961 年由 J. Stein 提出的 Stein 算法解决了上述问题。

2. Stein 算法

1）Stein 算法基于的结论

Stein 算法也是用来计算两个整数的最大公约数，该算法基于以下两条结论：

（1）$\gcd(a,0)=a$。

（2）$\gcd(ka,kb)=k\gcd(a,b)$。

它只有整数的移位和加减法两种运算。

2）算法的求解步骤

设置变量 c 用来保存 a 和 b 的最大公约数。

步骤 1：初始时，令 $c=1$。

步骤 2：如果 $a=0$，$c=b\times c$；如果 $b=0$，$c=a\times c$；算法结束。

步骤 3：令 $a_1=a$，$b_1=b$。

步骤 4：判断 a 和 b 的奇偶性。

如果 a 和 b 都是偶数，则 $a=a/2$，$b=b/2$，$c=2\times c$；

如果 a 是偶数，b 不是偶数，则 $a=a/2$；

如果 b 是偶数，a 不是偶数，则 $b=b/2$；

如果 a 和 b 都不是偶数，则 $a=|a_1-b_1|$，$b=\min(a_1,b_1)$；

转步骤 2。

3）算法描述

```
int stein(int a, int b)
  {
     if(a==0) return b;
     if(b==0) return a;
     if(a%2==0 && b%2==0)
           return 2*stein(a>>1, b>>1);
     else if(a%2==0)
              return stein(a>>1, b);
          else if(b%2==0)
                   return stein(a, b>>1);
                else
                   return stein(abs(a-b), min(a, b));
  }
```

1.4.5　递归算法的复杂性分析

1. 递归算法的时间复杂性分析

一般而言,计算一个递归算法的时间复杂性可以遵循以下步骤:

(1) 决定采用哪个(或哪些)参数作为输入规模的度量。

(2) 找出对算法的运行时间贡献最大的语句作为基本语句。

(3) 检查一下,对于相同规模的不同输入,基本语句的执行次数是否不同。如果不同,则需要从最好、最坏及平均三种情况进行讨论。

(4) 对于选定的基本语句的执行次数建立一个递推关系式,并确定停止条件。

(5) 通过计算该递推关系式得到算法的渐进时间复杂性。

计算递推关系式的方法有很多,最常用的便是后向代入法。该方法是从 n 出发,利用递推关系,把 n 表示成 $n-1$ 的函数关系,而 $n-1$ 可以表示成 $n-2$ 的函数关系,以此类推,直到停止条件为止。一般可以得到一个连加的形式,求解该连加式的值就可以得到渐进意义下的时间复杂性。

【例 1-7】 以 1.4.3 节的排列问题为例,讨论如何分析递归算法的时间复杂性。

不难发现,当 $k=1$ 时,已构成一个排列,第一个 for 循环需要执行 n 次操作将排列输出;当 $k=n$ 时,第二个 for 循环的循环体,对 $\mathrm{perm}(A,k-1,n)$ 执行 n 次调用。因此,排列算法 perm 的时间复杂性递归定义式为:

$$T(n) = \begin{cases} O(1), & n=1 \\ nT(n-1)+nO(1), & n>1 \end{cases}$$

采用后向代入法计算可得到通项公式,计算过程如下:

$$T(n) = nT(n-1)+nO(1)$$
$$= n(n-1)T(n-2)+n(n-1)O(1)+nO(1)$$

$$= n(n-1)(n-2)T(n-3) + n(n-1)(n-2)O(1) + n(n-1)O(1) + nO(1)$$
$$= \cdots$$
$$= n(n-1)(n-2)\cdots2T(1) + n(n-1)(n-2)\cdots2O(1) + \cdots + nO(1)$$
$$= O(n!) + O(n(n-1)\cdots2) + \cdots + O(n)$$

所以,全排列算法 perm 的时间复杂性为 $\Omega(n!)$。

2. 递归算法的空间复杂性分析

递归算法的空间复杂性指的是算法的递归深度,即算法在执行过程中所需的用于存储"调用记录"的递归栈的空间大小。

上述计算 $T(n)$ 的过程共执行了 n 次递推,可见 perm 算法的递归深度为 n,由此可得,perm 算法所需的递归栈的空间为 $O(n)$。

另外,人们也常常采用构建递归树的方法对递归算法进行复杂性分析。这种方法较为方便且直观形象,多年的实践也证明了它是一个较好的分析工具。实际上,递归树的思想是用树来反映递归函数调用的次序,根结点代表主程序,其他结点代表所调用的子函数。算法运行时所需要的空间与递归树的高度紧密相关——成正比,而树中的结点数则反映了执行算法的关键步骤所需的时间。

拓展知识:算法界十大名师简介

1. 伟大的智者——Don E. Knuth(唐纳德·E.克努特)

Don E. Knuth 生于 1938 年,是算法和程序设计技术的先驱。一般来说,程序员都应该知道此人。

Don E. Knuth 被公认是美国最聪明的人之一。在他上大学的时候,常编写各种各样的编译器来挣钱,只要是他参加的编程比赛,第一名非他莫属。他也是世上少有的编程超过 40 年的程序员之一。他除了是技术与科学上的泰斗外,更是无可非议的写作高手,技术文章堪称一绝,文风细腻,讲解透彻,思路清晰而且没有学究气,估计这也是其经典著作《计算机程序设计艺术》被誉为算法中"真正"的圣经的原因之一。连 Bill Gates 都说:"如果能做对书里所有的习题,就直接来微软上班吧!"在该著作中,像 KMPlayer 和 LR(K)等令人不可思议的算法比比皆是。

Don E. Knuth 一生中获得的奖项和荣誉不计其数,包括图灵奖、美国国家科学金奖、美国数学学会斯蒂尔奖(AMS Steel Prize)及发明先进技术荣获的极受尊重的京都奖(KyotoPrize)等;他写过 19 部书和 160 余篇论文,每一篇著作都能用影响深远来形容。

2. 首席算法官——Udi Manber(乌迪·曼博)

读者一定感到奇怪,世界上还有如此奇怪的职位? 但是对于 Amazon 乃至 Google 公司来说,这一点毫不奇怪。Udi Manber,这位前 Amazon 的"首席算法官",现在是 Google 负

责工程事务的副总裁,著名的美国计算机科学家。

他主要研究 WWW 的应用程序、搜索以及隐藏在这背后的算法设计,并与其他人共同开发了 Agrep、Glimpse 和 Harvest 等 UNIX 上的搜索软件。1998 年,Udi 成为 Yahoo! 的首席科学家。2002 年,Amazon 创造性地给了 Udi "首席算法官"的职位,和 Udi 为 Amazon 的 "Search Inside the Book" 搜索项目所做的工作相得益彰。其著作 *Introduction to Algorithms——A Creative Approach* 被大家称道。

Udi Manber 提出了一种搜索引擎质量评估标准——UDI test,其主要思想是:评价搜索引擎的质量主要看用户的体验,由普通用户在没有任何暗示的情况下对两个搜索引擎的结果进行等级评分,并且在这种评分中引入用户信心指数,最后通过对大量评分的统计来得到两个搜索引擎的质量评分。用作 UDI test 的关键词一般需要庞大的数量,这些关键词通常是从检索日志中随机提取得到,非常具有代表性。UDI test 的优点在于在评测搜索引擎质量时引入用户体验作为重要的评测参数,使得测试效果更加有效。

3. 谦逊的长者——Edsger Wybe Dijkstra(艾兹格·W.迪杰斯特拉)

Edsger Wybe Dijkstra 出生于 1930 年的荷兰阿姆斯特丹,2002 年逝世。他在算法、操作系统、分布式处理等许多方面都有极高的造诣,他的一生绝对称得上是令人惊叹。除了科学研究之外,他最喜欢做的事情就是教学,被人称作"一天教学 24 小时"的教授。

他在祖国荷兰获得数学和物理学学士、理论物理博士学位。2000 年退休前,一直是美国 Texas 大学的计算机科学和数学教授。1959 年年仅 29 岁的他,凭借自身的天赋加上 6 年的程序员经验,发明了图论中的最短路径算法(Dijkstra 算法),并因此而闻名于世;他提出了"goto 有害论"和信号量及 PV 原语,解决了"哲学家聚餐"问题,同时设计开发了 THE 操作系统。1972 年因为 ALGOL 第二代编程语言而获得图灵奖,他在获得图灵奖时的演讲 *The Humble Programmer* 令人肃然起敬,在获得计算机科学中至高无上的奖项时,Edsger Wybe Dijkstra 仍然称自己不过是一个普通的程序员,这是何等谦逊? 如此胸襟举世之中几人可比! 其经典著作 *Go To Statement Considered Harmful*(EWD215)至今仍被人们广为传颂。

Edsger Wybe Dijkstra 经典言论:

(1) 编程的艺术就是处理复杂性的艺术。

(2) 优秀的程序员很清楚自己的能力是有限的,所以他对待编程任务的态度是完全谦卑的,特别是,他们会像逃避瘟疫那样逃避"聪明的技巧"。——1972 年图灵奖演讲。

(3) 计算机科学是应用数学最难的一个分支,所以如果你是一个蹩脚的数学家,最好留在原地,继续当你的数学家。

(4) 我们所使用的工具深刻地影响我们的思考习惯,从而也影响了我们的思考能力。

（5）实际上如果一个程序员先学了 BASIC,那就很难教会他好的编程技术了：作为一个程序员,他们的神经已经错乱了,而且无法康复。

（6）就语言的使用问题：根本不可能用一把钝斧子削好铅笔,而换成 10 把钝斧子会使事情变成大灾难。

（7）简单是可靠的先决条件。

他与 Don E. Knuth 并称为这个时代最伟大的计算机科学家。在与癌症进行了多年的斗争之后,伟大的荷兰计算机科学家 Edsger Wybe Dijkstra 于 2002 年 8 月 6 日在荷兰纽南自己的家中与世长辞,享年 72 岁。

4. 运筹学大师——George Dantizig

George Dantizig 可谓是由父亲一手培养出的天才。George 的父亲是俄国人,曾在法国师从著名的科学家 Henri Poincare。他曾经这样回忆自己的父亲：“在我还是个中学生时,他就让我做几千道几何题……,解决这些问题的大脑训练是父亲给我的最好礼物。这些几何题,在发展我分析能力的过程中,起了最重要的作用。”

George 在加州大学伯克利分校学习的时候,有一天上课迟到,只看到黑板上写着两个问题,他只当是课堂作业,随即将问题抄下来并做出解答。6 个月后,这门课的老师——著名的统计学家 Jerzy Neyman 帮助他把答案整理了一下,发表为论文,George 这才发现自己解决了统计学领域中一直悬而未决的两个难题。

后来,George 在运筹学领域中的建树极高,获得了包括“冯·诺依曼理论奖”在内的诸多奖项。他在 *Linear Programming and Extensions* 一书中研究了线性编程模型,为计算机语言的发展做出了不可磨灭的贡献。

5. 推动时代前进的人——James Cooley

James Cooley 生于 1926 年,美国数学家,哥伦比亚大学的数学博士。

闻名于世的快速傅里叶变换(FFT)就是他创造的,该创造可谓意义极其重大。FFT 的数学意义不仅在于使大家明白了傅里叶(Fourier)变换计算起来是多么容易,而且使得数字信号处理技术取得了突破性的进展,为现在的网络通信、图形图像处理等领域的发展与前进奠定了基础。傅里叶变换的意义在于将电能变为工业的命脉,而 FFT 的意义更是在于推动了整个社会信息化的进程。

在 1992 年退休之前,James Cooley 一直在 IBM 研究中心从事数字信号处理的研究,同时他还是 IEEE 数字信号处理委员会的成员。1980 年获得 ASSP's Meritorious Service Award,1984 年获得 ASSP Society Award 以及 IEEE Centennial Medal。

6. FORTRAN 之父——John W.Backus(约翰·巴库斯)

John W. Backus 可谓是一个回头浪子。早年,Backus 在宾夕法尼亚州著名的 Hill 中学求学的时候,因为讨厌学习,导致成绩一塌糊涂。18 岁时,他在父亲的要求下到弗吉尼亚大学学习化学,但他每周只上一堂音乐欣赏课,最终被学校开除；随后参过军,在哈弗福德医

学院学习,他度过了一段混沌岁月。不过还好,战后 Backus 进入纽约哥伦比亚大学学习数学,在 1950 年毕业前,他偶然来到麦迪逊大街的 IBM 计算机中心参观。事情凑巧,和讲解员聊天的时候,Backus 谈到自己正在找工作,在讲解员的不断鼓励下,他和中心一位主管进行了面谈,不那么正式地被主管提问了一些数学题,最终成为一名 IBM 的程序员。

在 IBM,Backus 的才华得到了施展,发明了人类历史上第一个高级语言——FORTRAN。接着,又提出了规范描述编程语言——巴克斯·诺尔范式 BNF。这位当年的“差生”终于被整个计算机界肯定——美国计算机协会于 1977 年授予 John W. Backus 图灵奖,他在颁奖典礼上发表的演说题目是“*Can Programming Be Liberated From the von Neumann Style?*”(程序设计能脱离冯·诺依曼风格吗?)

7. 实践探索先锋——Jon Bentley(乔恩·本特利)

Jon Bentley 于 1974 年获得了斯坦福大学的学士学位,1976 年获得北卡罗来纳大学的硕士和博士学位。毕业后在卡耐基梅隆大学教授了 6 年计算机科学课程,1982 年进入贝尔实验室。2001 年退休后加入了现在的 Avaya 实验室,他还曾作为访问学者在西点军校和普林斯顿大学工作。他的研究领域包括编程技术、算法设计、软件工具和界面设计等。

Jon Bentley 写过三本编程书,其中最著名的就是涵盖从算法理论到软件工程各种主题的 *Programming Pearls*(《编程珠玑》),这其实是他发表过的文章的合集。在这些文章里,Jon 从工程实现的角度出发,利用他的洞察力和创造力为那些困难的恼人的问题提供了独特而巧妙的解决方案,这些解决方案犹如一颗颗闪闪发亮的珍珠。

8. Pascal 之父——Nicklaus Wirth(尼克劳斯·沃思)

凭借一句话获得图灵奖的 Pascal 之父——Nicklaus Wirth,让他获得图灵奖的这句话就是他提出的著名公式:“算法＋数据结构＝程序”,这个公式对计算机科学的影响程度足以类似物理学中爱因斯坦的“$E=mc^2$”——一个公式展示出了程序的本质。

Nicklaus Wirth 于 1934 年出生于瑞士,1963 年在加州大学伯克利分校取得博士学位。取得博士学位后,直接被以高门槛著称的斯坦福大学聘到刚成立的计算机科学系工作。在斯坦福大学成功地开发出 Algol W 及 PL360 后,爱国心极强的他于 1967 年回到祖国瑞士,第二年在他的母校苏黎世工学院创建与实现了 Pascal 语言——当时世界上极受欢迎的语言之一。后来他的学生 Philipe Kahn 和 Anders Hejlsberg(Delphi 之父)创办了 Borland 公司,该公司靠 Turbo Pascal 起家,并很快将 Borland 发展成为全球最大的开发公司,这一切都归功于 Pascal 语言的魅力。Pascal 已经影响了整整几代的程序员,Nicklaus Wirth 的思想还将继续为现在和以后的程序员指引前进的方向。

9. 算法的讲解者——Robert Sedgewick

Robert Sedgewick 在斯坦福大学获得博士学位,是普林斯顿大学的计算机科学教授,还是 Adobe Systems 的一名主管,也曾作为访问学者在 Xerox PARC、IDA 和 INRIA 工作。其著作包括 *Algorithm in C*、*Algorithm in C++*、*Algorithm in Java* 等系列书,都再版多次。很多读过他著作的程序员这样说:"没有人能够将算法和数据结构解释得比 Robert Sedgewick 更清楚易懂了!"。

目前 Robert 正在研究算法设计、数据结构、算法分析等方面的基础理论。他善于通过数学方法评估和预测算法性能,设法发现算法和数据结构的通用机制,例如使用逼近方法寻找更快速更高效的算法。另外,他还将算法和图形学结合起来,例如使用可视化方法评估算法效率,算法的图形化模拟,用于出版物的高质量算法表现方法等。

10. 计算机领域的爵士——Tony Hoare

Tony Hoare 于 1934 年出生于英国,1959 年毕业于俄罗斯莫斯科国立大学,获得语言机器翻译专业博士学位。1960 年发布了使他闻名于世的快速排序算法(Quick Sort),这个算法也是当前世界上使用极其广泛的算法之一。

Tony Hoare 在取得博士学位后,就职于 Elliott Brothers,领导了 Algol 60 第一个商用编译器的设计与开发,由于其出色的成绩,最终成为该公司首席科学家。从 1977 年开始,Tony Hoare 任职于牛津大学,投身于计算系统精确性的研究、设计及开发。因其对 Algol 60 程序设计语言理论、互动式系统及 APL 的贡献,1980 年被美国计算机协会授予图灵奖。1999 年在牛津大学退休后,Tony Hoare 被微软剑桥研究院聘请担任高级程序员,从事微软剑桥研究院研究生成果的工业化应用的工作,以及协助其他研究人员进行服务于软件产业及用户的长期基础研究项目。2000 年因为其在计算机科学与教育上做出的贡献被封为爵士。

本章习题

1-1　谈谈对算法的理解。

1-2　给出描述时钟类算法的 C++形式。

1-3　算法设计的一般过程是什么?

1-4　算法分析的概念在实际分析中考虑的侧重点是什么?

1-5　渐进意义的算法复杂性分析有何意义?符号的含义是什么?

1-6　请对冒泡排序算法进行描述,并对其复杂性进行分析。

1-7　给出求解汉诺塔问题的算法描述,并对其复杂性进行分析。

## 第 2 章

贪 心 算 法

学习目标

☑ 理解贪心算法的概念；

☑ 掌握贪心算法的基本思想和要素；

☑ 理解贪心算法的正确性证明方法；

☑ 通过对实例的学习，能够运用贪心算法的设计策略及解题步骤设计贪心算法，编写程序求解实际问题。

A greedy algorithm always makes the choice that looks best at the moment. That is, it makes a locally optimal choice in the hope that this choice will lead to a globally optimal solution.

——《算法导论》

在众多的算法设计策略中，贪心算法可以算得上是最接近人们日常思维的一种解题策略，它以简单、直接和高效而受到重视。尽管该方法并不是从整体最优方面考虑问题，而是从某种意义上的局部最优角度做出选择，但对于范围相当广泛的许多实际问题，它通常都能产生整体最优解，如单源最短路径问题、最小生成树等。在一些情况下，即使采用贪心算法不能得到整体最优解，其最终结果也是最优解的很好近似解。正是基于此，该算法在对 NP 完全问题的求解中发挥着越来越重要的作用。另外，近年来贪心算法在各级各类信息学竞赛、ACM 程序设计竞赛中经常出现，竞赛中的一些题目常常需要选手经过细致的思考后得出高效的贪心算法。为此，学习该算法具有很强的实际意义和学术价值。

2.1 贪心算法概述

微课视频

2.1.1 贪心算法的基本思想

贪心算法是一种稳扎稳打的算法，它从问题的某个初始解出发，在每个阶段都根据贪心策略做出当前最优的决策，逐步逼近给定的目标，尽可能快地求得更好的解。当达到算法中的某一步不能再继续前进时，算法终止。贪心算法可以理解为以逐步的局部最优，达到最终的全局最优。

从算法的思想中，很容易得出以下结论：

（1）贪心算法的精神是"今朝有酒今朝醉"。每个阶段面临选择时，贪心算法都做出对眼前最有利的选择，不考虑该选择对将来是否有不良影响。

（2）每个阶段的决策一旦做出，就不可更改，该算法不允许回溯。

（3）贪心算法根据贪心策略逐步构造问题的解。如果所选的贪心策略不同，则得到的贪心算法就不同，贪心解的质量当然也不同。因此，该算法的好坏关键在于正确地选择贪心策略。

贪心策略是依靠经验或直觉确定一个最优解的决策。该策略一定要精心确定，且在使用之前最好对它的可行性进行数学证明，只有证明其能产生问题的最优解后再使用，不要被表面上看似正确的贪心策略所迷惑。

（4）贪心算法具有高效性和不稳定性，因为它可以非常迅速地获得一个解，但这个解不一定是最优解，即便不是最优解，也一定是最优解的近似解。

2.1.2 贪心算法的基本要素

何时能、何时应该采用贪心算法呢？一般认为，凡是经过数学归纳法证明可以采用贪心算法的情况都应该采用它，因为它具有高效性。可惜的是，它需要证明后才能真正运用到问题的求解中。

那么能采用贪心算法的问题具有怎样的性质呢？这个问题很难给予肯定的回答。但是，从许多可以用贪心算法求解的问题中，可以看到这些问题一般都具有两个重要的性质：最优子结构性质和贪心选择性质。换句话说，如果一个问题具有这两大性质，那么使用贪心算法对其求解总能求得最优解。

1．最优子结构性质

当一个问题的最优解一定包含其子问题的最优解时，称此问题具有最优子结构性质。换句话说，一个问题能够分解成各个子问题解决，通过各个子问题的最优解能递推到原问题的最优解。那么原问题的最优解一定包含各个子问题的最优解，这是能够采用贪心算法求解问题的关键。因为贪心算法求解问题的流程是依序研究每个子问题，然后综合得出最后结果。而且，只有拥有最优子结构性质才能保证贪心法得到的解是最优解。

在分析问题是否具有最优子结构性质时，通常先设出问题的最优解，给出子问题的解一定是最优的结论。然后，采用反证法证明"子问题的解一定是最优的"结论成立。证明思路是：设原问题的最优解导出的子问题的解不是最优的，然后在这个假设下可以构造出比原问题的最优解更好的解，从而导致矛盾。

2．贪心选择性质

贪心选择性质是指所求问题的整体最优解可以通过一系列局部最优的选择获得，即通过一系列的逐步局部最优选择使得最终的选择方案是全局最优的。其中每次所做的选择，可以依赖于以前的选择，但不依赖于将来所做的选择。

可见,贪心选择性质所做的是一个非线性的子问题处理流程,即一个子问题并不依赖于另一个子问题,但是子问题间有严格的顺序性。

在实际应用中,什么问题具有什么样的贪心选择性质是不确定的,需要具体问题具体分析。对于一个具体问题,要确定它是否具有贪心选择性质,必须证明每一步所做的贪心选择能够最终导致问题的一个整体最优解。首先考察问题的一个整体最优解,并证明可修改这个最优解,使其以贪心选择开始。且做了贪心选择后,原问题简化为一个规模更小的类似子问题。然后,用数学归纳法证明,通过每一步做贪心选择,最终可得到问题的一个整体最优解。其中,证明贪心选择后的问题简化为规模更小的类似子问题的关键在于利用该问题的最优子结构性质。

2.1.3　贪心算法的解题步骤及算法设计模式

利用贪心算法求解问题的过程通常包含以下 3 个步骤:

(1) 分解:将原问题分解为若干个相互独立的阶段。

(2) 解决:对于每个阶段,依据贪心策略进行贪心选择,求出局部的最优解。

(3) 合并:将各个阶段的解合并为原问题的一个可行解。

依据该步骤,设计出的贪心算法的算法设计模式如下:

```
Greedy(A,n)
{
  //A[0:n-1]包含 n 个输入,即 A 是问题的输入集合
  将解集合 solution 初始化为空;
  for(i = 0; i < n; i++)              //原问题分解为 n 个阶段
  {
     x = select(A);                   //依据贪心策略做贪心选择,求得局部最优解
     if (x 可以包含在 solution)        //判断解集合 solution 在加入 x 后是否满足约束条件
         solution = union(solution,x); //部分局部最优解进行合并
  }
  return(解向量 solution);            //n 个阶段完成后,得到原问题的最优解
}
```

贪心算法是在少量运算的基础上做出贪心选择而不急于考虑以后的情况,一步一步地进行解的扩充,每一步均是建立在局部最优解的基础上。

微课视频

微课视频

2.2　会场安排问题

会场安排问题来源于实际,事实上无论任何与时间分配有关的问题都要考虑安排问题,来达到占用公共资源最少且花费时间最短的要求。类似会场安排问题的情况较为普遍,例如公司会议安排(要求开会的时间不能冲突而会议室又有限,如何安排最佳的顺序来开会)、学校课程安排及体育场场地分配问题等。贪心算法为这类问题提供了一个简单且有效的方

微课视频

法,使尽可能多的参与者可以使用公共资源。

1. 问题描述

设有 n 个会议的集合 $C=\{1,2,\cdots,n\}$,其中每个会议都要求使用同一个资源(如会议室),而在同一时间内只能有一个会议使用该资源。每个会议 i 都提供要求使用该资源的起始时间 b_i 和结束时间 e_i,且 $b_i<e_i$。如果选择了会议 i 使用会议室,则它在半开区间 $[b_i,e_i)$ 内占用该资源。如果 $[b_i,e_i)$ 与 $[b_j,e_j)$ 不相交,则称会议 i 与会议 j 是相容的。也就是说,当 $b_i\geqslant e_j$ 或 $b_j\geqslant e_i$ 时,会议 i 与会议 j 相容。会场安排问题要求在所给的会议集合中选出最大的相容活动子集,即尽可能地选择更多的会议使用资源。

2. 贪心策略

贪心算法求解会场安排问题的关键是如何设计贪心策略,使得算法在依照该策略的前提下按照一定的顺序来选择相容会议,以便安排尽量多的会议。根据给定的会议开始时间和结束时间,会场安排问题至少有 3 种看似合理的贪心策略可供选择。

(1)每次从剩下未安排的会议中选择具有最早开始时间且不会与已安排的会议重叠的会议安排。这样可以增大资源的利用率。

(2)每次从剩下未安排的会议中选择使用时间最短且不会与已安排的会议重叠的会议安排。这样看似可以安排更多的会议。

(3)每次从剩下未安排的会议中选择具有最早结束时间且不会与已安排的会议重叠的会议安排。这样可以使下一个会议尽早开始。

到底选用哪一种贪心策略呢?选择策略(1),如果选择的会议开始时间最早,但使用时间无限长,这样只能安排 1 个会议来使用资源;选择策略(2),如果选择的会议的开始时间最晚,那么也只能安排 1 个会议来使用资源;由策略(1)和策略(2),人们容易想到一种更好的策略:"选择开始时间最早且使用时间最短的会议"。根据"会议结束时间=会议开始时间+使用资源时间"可知,该策略便是策略(3)。直观上,按这种策略选择相容会议可以给未安排的会议留下尽可能多的时间。也就是说,该算法的贪心选择的意义是使剩余的可安排时间段极大化,以便安排尽可能多的相容会议。

3. 算法的设计和描述

根据问题描述和所选用的贪心策略,对贪心算法求解会场安排问题的 venue_arrangement 算法设计思路如下:

(1)初始化。将 n 个会议的编号、开始时间、结束时间存储在数组 events 中且按照结束时间的非减序排序,采用集合 A 来存储问题的解,即所选择的会议集合,会议 i 如果在集合 A 中,当且仅当 $A[i]=$ true。

(2)根据贪心策略,首先选择排在首位的结束时间最早的会议,即令 $A[$ events[0].id $]=$ true。

(3)依次扫描每一个会议,如果会议 i 的开始时间不小于最后一个选入集合 A 中的会议的结束时间,即会议 i 与 A 中会议相容,则将会议 i 加入集合 A 中;否则,放弃会议 i,继续检查下一个会议与集合 A 中会议的相容性。

设会议 i 的起始时间 b_i 和结束时间 e_i 的数据类型为自定义结构体类型 Events；则会场安排问题的 venue_arrangement 算法描述如下：

```
void venue_arrangement(int n, Events events[], bool A[])
  {
  events 中元素按非减序排列;
  int i, j;
  A[events[0].id] = true;                   //初始化选择会议的集合 A,即只包含会议 1
  j = 0; i = 1;                             //从会议 i 开始寻找与会议 j 相容的会议
  while(i < n)
    {if (events[i].start_time >= events[j].end_time){A[events[i].id] = true; j = i;}
     else A[events[i].id] = false;
     i++;}
  }
```

【例 2-1】 设有 11 个会议等待安排，试用贪心算法找出满足目标要求的会议集合。这些会议按结束时间的非减序排列，如表 2-1 所示。

表 2-1 11 个会议按结束时间的非减序排列表

会议 i	1	2	3	4	5	6	7	8	9	10	11
开始时间 b_i	1	3	0	5	3	5	6	8	8	2	12
结束时间 e_i	4	5	6	7	8	9	10	11	12	13	14

根据贪心策略可知，算法每次从剩下未安排的会议中选择具有最早的完成时间且不会与已安排的会议重叠的会议安排。具体的求解过程如图 2-1 所示。

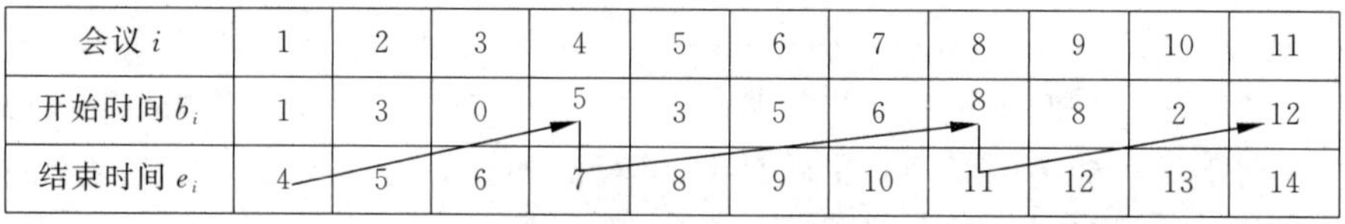

会议 i	1	2	3	4	5	6	7	8	9	10	11
开始时间 b_i	1	3	0	5	3	5	6	8	8	2	12
结束时间 e_i	4	5	6	7	8	9	10	11	12	13	14

图 2-1 会议安排问题的贪心法求解过程示意图

因为会议 1 具有最早的完成时间，因此 venue_arrangement 算法首先选择会议 1 加入解集合 A。由于 $b_2 < e_1$、$b_3 < e_1$，显然会议 2 和会议 3 与会议 1 不相容，所以放弃它们；继续向后扫描，由于 $b_4 > e_1$，可见会议 4 与会议 1 相容，且在剩下未安排会议中具有最早完成时间，符合贪心策略，因此将会议 4 加入解集合 A。然后在剩下未安排会议中选择具有最早完成时间且与会议 4 相容的会议。以此类推，最终选定的解集合 A 为{1,0,0,1,0,0,0,0,1,0,0,1}，即选定的会议集合为{1,4,8,11}。

4. 算法分析

从 venue_arrangement 算法的描述中可以看出，该算法的时间主要消耗在将各个活动按结束时间从小到大进行排列操作。若采用快速排序算法进行排序，算法的时间复杂性为 $O(n\log n)$。显然该算法的空间复杂性是常数阶，即 $S(n) = O(1)$。

5. 算法的正确性证明

前面已经介绍过,使用贪心算法并不能保证最终的解就是最优解。但对于会场安排问题,venue_arrangement 算法却总能求得问题的最优解,即它最终所确定的相容活动集合 A 的规模最大。

贪心算法的正确性证明需要从贪心选择性质和最优子结构性质两方面进行。因此,venue_arrangement 算法的正确性证明只需要证明会场安排问题具有贪心选择性质和最优子结构性质即可。下面采用数学归纳法对该算法的正确性进行证明。

(1)贪心选择性质。

贪心选择性质的证明即证明会场安排问题存在一个以贪心选择开始的最优解。设 $C=\{1,2,\cdots,n\}$ 是所给会议按照结束时间由小到大排列的集合。由于 C 中的会议是按结束时间的非减序排列,故会议 1 具有最早结束时间。因此,该问题的最优解首先选择会议 1。

设 C^* 是所给的会场安排问题的一个最优解,且 C^* 中会议也按结束时间的非减序排列,C^* 中的第一个会议是会议 k。若 $k=1$,则 C^* 就是一个以贪心选择开始的最优解。若 $k>1$,则设 $C'=C^*-\{k\}\bigcup\{1\}$。由于 $e_1\leqslant e_k$,且 $C^*-\{k\}$ 中的会议是互为相容的且它们的开始时间均大于或等于 e_k,故 $C^*-\{k\}$ 中的会议的开始时间一定大于或等于 e_1,所以 C' 中的会议也是互为相容的。又由于 C' 中会议个数与 C^* 中会议个数相同且 C^* 是最优的,故 C' 也是最优的。即 C' 是一个以贪心算法选择活动 1 开始的最优会议安排。因此,证明了总存在一个以贪心选择开始的最优会议安排方案。

(2)最优子结构性质。

进一步,在做了贪心选择,即选择了会议 1 后,原问题就简化为对 C 中所有与会议 1 相容的会议进行会议安排的子问题。即若 A 是原问题的一个最优解,则 $A'=A-\{1\}$ 是会议安排问题 $C_1=\{i\in C|b_i\geqslant e_1\}$ 的一个最优解。

证明(反证法):假设 A' 不是会场安排问题 C_1 的一个最优解。设 A_1 是会场安排问题 C_1 的一个最优解,那么 $|A_1|>|A'|$。令 $A_2=A_1\bigcup\{1\}$,由于 A_1 中的会议的开始时间均大于或等于 e_1,故 A_2 是会议安排问题 C 的一个解。又因为 $|A_2=A_1\bigcup\{1\}|>|A'\bigcup\{1\}=A|$,所以 A 不是会场安排问题 C 的最优解。这与 A 是原问题的最优解矛盾,所以 A' 是会场安排问题 C 的一个最优解。

6. C++实战

会场安排问题的相关代码如下。

```cpp
# include < iostream >
# include < ctime >
# include < string >
# include < algorithm >
using namespace std;
//定义会议结构体数据
struct Events{
    int id;                    //会议编号
```

```cpp
    long start_time;        //会议开始时间,格式为年月日时分(年为4位数字,月、日、时、分分别
                            //为2位数字),如202201231229,表示2022年1月23日12点29分
    long end_time;          //会议结束时间,格式为年月日时分(年为4位数字,月、日、时、分分别
                            //为2位数字),如202201231229,表示2022年1月23日12点29分
};
//定义结构体数组元素按照结束时间升序排列
bool cmp(Events a, struct Events b)
{
    return a.end_time < b.end_time;
                                    //升序排列,如果改为return a.end_time > b.end_time,则为降序
}
//会议安排问题的贪心算法
void venue_arrangement(int n, Events events[], bool A[])
{
    sort(events, events + n, cmp);      //按照会议的结束时间升序排列
    int i, j;
    A[events[0].id] = true;             //初始化选择会议的集合A,即只包含结束时间最早的会议
    j = 0; i = 1;
    //从会议i开始寻找与会议j相容的会议
    while(i < n){
        if (events[i].start_time >= events[j].end_time){
            A[events[i].id] = true;
            j = i;
        }
        else
        A[events[i].id] = false;
        i++;
    }
}
int main()
{
    int n = 10;                 //会议个数
    Events events[n];           //用于存储会议数据的数组
    //输入会议数据
    for(int i = 0; i < n; i++){
        events[i].id = i + 1;
        cin >> events[i].start_time;
        cin >> events[i].end_time;
    }
    bool a[n];                  //数组a记录会场安排问题的解向量
    //贪心选择
    venue_arrangement(n, events, a);
    //输出会议安排的结果
    for(int i = 0; i < n; i++){
        if(a[i])
            cout << events[i].id <<"                    "<< events[i].start_time <<" "<<
events[i].end_time << endl;
    }
}
```

2.3 单源最短路径问题

1. 问题描述

给定一个有向带权图 $G=(V,E)$,其中每条边的权是一个非负实数。另外,给定 V 中的一个顶点,称为源点。现在要计算从源点到所有其他各个顶点的最短路径长度,这里的路径长度是指路径上经过的所有边上的权值之和。这个问题通常称为单源最短路径问题。

2. Dijkstra 算法思想及算法设计

(1) Dijkstra 算法思想。

对于一个具体的单源最短路径问题,如何求得该最短路径呢? 一个传奇人物的出现使得该问题迎刃而解,他就是迪杰斯特拉(Dijkstra)。他提出按各个顶点与源点之间路径长度的递增次序,生成源点到各个顶点的最短路径的方法,即先求出长度最短的一条路径,再参照它求出长度次短的一条路径,以此类推,直到从源点到其他各个顶点的最短路径全部求出为止,该算法俗称 Dijkstra 算法。Dijkstra 对于他的算法是这样说的:"这是我自己提出的第一个图问题,并且解决了它。令人惊奇的是我当时并没有发表。但这在那个时代是不足为奇的,因为那时,算法基本上不被当作一种科学研究的主题。"

(2) Dijkstra 算法设计。

假定源点为 u。顶点集合 V 被划分为两部分:集合 S 和 $V-S$,其中 S 中的顶点到源点的最短路径的长度已经确定,集合 $V-S$ 中所包含的顶点到源点的最短路径的长度待定,称从源点出发只经过 S 中的点到达 $V-S$ 中的点的路径为特殊路径。Dijkstra 算法采用的贪心策略是选择特殊路径长度最短的路径,将其相连的 $V-S$ 中的顶点加入集合 S 中。

Dijkstra 算法的求解步骤设计如下:

步骤 1:设计合适的数据结构。设置带权邻接矩阵 C,即如果 $<u,x>\in E$,令 $C[u][x]=$ $<u,x>$ 的权值,否则,$C[u][x]=\infty$;采用一维数组 dist 来记录从源点到其他顶点的最短路径长度,例如 dist$[x]$ 表示源点到顶点 x 的路径长度;采用一维数组 p 来记录最短路径。

步骤 2:初始化。令集合 $S=\{u\}$,对于集合 $V-S$ 中的所有顶点 x,设置 dist$[x]=$ $C[u][x]$(注意,x 只是一个符号,它可以表示集合 $V-S$ 中的任一个顶点);如果顶点 i 与源点相邻,设置 $p[i]=u$,否则 $p[i]=-1$。

步骤 3:在集合 $V-S$ 中依照贪心策略来寻找使得 dist$[x]$ 具有最小值的顶点 t,即 dist$[t]=$ $\min\{$dist$[x]|x\in(V-S)\}$,满足该公式的顶点 t 就是集合 $V-S$ 中距离源点 u 最近的顶点。

步骤 4:将顶点 t 加入集合 S 中,同时更新集合 $V-S$。

步骤 5:如果集合 $V-S$ 为空,算法结束;否则,转到步骤 6。

步骤 6:对集合 $V-S$ 中的所有与顶点 t 相邻的顶点 x,如果 dist$[x]>$dist$[t]+C[t][x]$,则 dist$[x]=$dist$[t]+C[t][x]$ 并设置 $p[x]=t$。转到步骤 3。

由此,可求得从源点 u 到图 G 的其余各个顶点的最短路径及其长度。

3．单源最短路径问题的构造实例

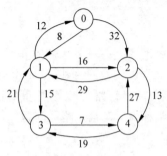

图 2-2　有向带权图

【**例 2-2**】　在如图 2-2 所示的有向带权图中,求源点 0 到其余顶点的最短路径及最短路径长度。

根据算法思想和求解步骤,很容易得出算法的执行过程:初始时,设置集合 $S=\{0\}$,对所有与源点 0 相邻的顶点 1 和 2,设置 $p[1]=p[2]=0$,而与源点 0 不相邻的顶点 3 和 4,则设置 $p[3]=p[4]=-1$。然后在集合 $V-S$ 的各个顶点中,由于 dist[1]最小,可见距离源点 0 最近的顶点为顶点 1,因此将 1 加入集合 S,并将其从集合 $V-S$ 中删去,同时更新所有与顶点 1 相邻的顶点到源点 0 的最短路径长度,其中 dist[2]=24、dist[3]=23,因此 p[2]=1,p[3]=1。接下来,再次从 $V-S$ 的各个顶点中,找出距离源点 0 最近的顶点,容易看出 dist[3]最小,因此,将顶点 3 加入集合 S,同时将其从 $V-S$ 中删去,并更新所有与顶点 3 相邻的顶点到源点 0 的最短路径长度,其中 dist[4]=30,设置 p[4]=3;继续从 $V-S$ 的各个顶点中,找出距离源点 0 最近的顶点,易得 dist[2]最小,因此,将顶点 2 加入集合 S,并从 $V-S$ 中删去,并更新所有与顶点 2 相邻的顶点到源点 0 的最短路径长度。由于 $V-S$ 中只剩下顶点 4,则将其加入集合 S,并从 $V-S$ 中删去,算法结束。执行过程中各量的变化情况分别如表 2-2 和表 2-3 所示。

表 2-2　Dijkstra 算法的求解过程

步　骤	S	V-S	dist[1]	dist[2]	dist[3]	dist[4]	t
初始	{0}	{1,2,3,4}	8	32	∞	∞	1
1	{0,1}	{2,3,4}	—	24	23	∞	3
2	{0,1,3}	{2,4}	—	24	—	30	2
3	{0,1,3,2}	{4}	—	—	—	30	4
4	{0,1,3,2,4}	{}					

表 2-3　前驱数组 p 变化情况表

步　骤	数组 p 的下标 i				
	0	1	2	3	4
初始	−1	0	0	−1	−1
1	−1	0	1	1	−1
2	−1	0	1	1	3
3	−1	0	1	1	3
4	−1	0	1	1	3

注:表 2-3 中的列表示顶点编号;行表示求解步骤;表中数据表示为 $p[i]$(其中 i 为顶点编号)。

对于例 2-2,经 Dijkstra 算法计算后,数组 dist 记录了源点到其他各顶点的最短路径长度,其中 dist[1]=8,dist[2]=24,dist[3]=23,dist[4]=30;数组 p 记录了最短路径,$p[1]=0,p[2]=1,p[3]=1,p[4]=3$。如果要找出从源点 0 到顶点 4 的最短路径,可以从

数组 p 得到顶点 4 的前驱顶点为 3,而顶点 3 的前驱顶点为 1,顶点 1 的前驱顶点为 0。于是从源点 0 到顶点 4 的最短路径为 0,1,3,4。同理,可找出从源点 0 到顶点 3 的最短路径为 0,1,3,源点 0 到顶点 2 的最短路径为 0,1,2,源点 0 到顶点 1 的最短路径为 0,1。

4. Dijkstra 算法描述

n:顶点个数;u:源点;$C[n][n]$:带权邻接矩阵;dist[]:记录某顶点与源点 u 的最短路径长度;$p[]$:记录某顶点到源点的最短路径上的该顶点的前驱顶点。

```
void Dijkstra(int n, int u, float dist[], int p[], int C[n][n])
  {
  bool s[n];               //如果 s[i]等于 true,说明顶点 i 已加入集合 S; 否则,顶点 i 属于集合 V-S
  for(int i = 1; i <= n; i++)
    {
      dist[i] = C[u][i];          //初始化源点 u 到其他各顶点的最短路径长度
      s[i] = false;
      if (dist[i] == ∞)
        p[i] = -1;            //满足条件,说明顶点 i 与源点 u 不相邻,设置 p[i] = -1
      else
        p[i] = u;            //说明顶点 i 与源点 u 相邻,设置 p[i] = u
    }                      //for 循环结束
  dist[u] = 0;
  s[u] = true;              //初始时,集合 S 中只有一个元素: 源点 u
  for(i = 1; i <= n; i++)
    {
      int temp = ∞;
      int t = u;
      for(int j = 1; j <= n; j++)     //在集合 V-S 中寻找距离源点 u 最近的顶点 t
        if((!s[j])&&(dist[j] < temp))
            {
                t = j;
                temp = dist[j];
            }
      if(t == u) break;        //找不到 t,跳出循环
      s[t] = true;            //否则,将 t 加入集合 S
      for(j = 1; j <= n; j++)        //更新与 t 相邻接的顶点到源点 u 的距离
        if((!s[j])&&(C[t][j] < ∞))
          if (dist[j] > (dist[t] + C[t][j]))
              {
                  dist[j] = dist[t] + C[t][j];
                  p[j] = t;
              }
    }
  }
```

5. 算法分析

从算法的描述中,不难发现语句 if((!s[j])&&(dist[j] < temp))对算法的运行时间贡献最大,因此选择将该语句作为基本语句。当外层循环标号为 1 时,该语句在内层循环的控

制下,共执行 n 次,外层循环从 $1\sim n$,因此,该语句的执行次数为 $n\times n=n^2$,算法的时间复杂性为 $O(n^2)$。

实现该算法所需的辅助空间包含为数组 s 和变量 i、j、t 和 temp 所分配的空间,因此,Dijkstra 算法的空间复杂性为 $O(n)$。

6. 算法的正确性证明

Dijkstra 算法的正确性证明,即证明该算法满足贪心选择性质和最优子结构性质。

(1) 贪心选择性质。

Dijkstra 算法是应用贪心算法设计策略的又一个典型例子。它所做的贪心选择是从集合 $V-S$ 中选择具有最短路径的顶点 t,从而确定从源点 u 到 t 的最短路径长度 dist$[t]$。这种贪心选择为什么能得到最优解呢?换句话说,为什么从源点到 t 没有更短的其他路径呢?

事实上,假设存在一条从源点 u 到 t 且长度比 dist$[t]$ 更短的路,设这条路径初次走出 S 之外到达的顶点为 $x\in V-S$,然后徘徊于 S 内外若干次,最后离开 S 到达 t。

在这条路径上,分别记 $d(u,x)$,$d(x,t)$ 和 $d(u,t)$ 为源点 u 到顶点 x、顶点 x 到顶点 t 和源点 u 到顶点 t 的路径长度,那么,依据假设容易得出:

$$\text{dist}[x]\leqslant d(u,x)$$
$$d(u,x)+d(x,t)=d(u,t)<\text{dist}[t]$$

利用边权的非负性,可知 $d(x,t)\geqslant 0$,从而推得 dist$[x]<$dist$[t]$。此与前提矛盾,从而证明了 dist$[t]$ 是从源点到顶点 t 的最短路径长度。

(2) 最优子结构性质。

要完成 Dijkstra 算法正确性的证明,还必须证明最优子结构性质,即算法中确定的 dist$[t]$ 确实是当前从源点到顶点 t 的最短路径长度。为此,只要考察算法在添加 t 到 S 中后,dist$[t]$ 的值所起的变化就行了。将添加 t 之前的 S 称为老 S。当添加了 t 之后,可能出现一条到顶点 j 的新的特殊路径。如果这条新路径是先经过老 S 到达顶点 t,然后从 t 经一条边直接到达顶点 j,则这条路径的最短长度是 dist$[t]+\boldsymbol{C}[t][j]$。这时,如果 dist$[t]+\boldsymbol{C}[t][j]<$dist$[j]$,则算法中用 dist$[t]+\boldsymbol{C}[t][j]$ 作为 dist$[j]$ 的新值。如果这条新路径经过老 S 到达 t 后,不是从 t 经一条边直接到达 j,而是先回到老 S 中某个顶点 x,最后才到达顶点 j,那么由于 x 在老 S 中,因此 x 比 t 先加入 S,故从源点到 x 的路径长度比从源点到 t,再从 t 到 x 的路径长度小。于是当前 dist$[j]$ 的值小于从源点经 x 到 j 的路径长度,也小于从源点经 t 和 x,最后到达 j 的路径长度。因此,在算法中不必考虑这种路径。可见,无论算法中 dist$[t]$ 的值是否有变化,它总是关于当前顶点集 S 到顶点 t 的最短路径长度。

7. C++实战

相关代码如下。

```
# include < iostream >
# include < ctime >
# include < string >
# include < algorithm >
```

```cpp
#include <cfloat>
#define INF DBL_MAX         //最大的双精度浮点数,在cfloat或float.h中定义
#define N 5
using namespace std;
//Dijkstra函数用于找从源点到其他各个顶点的最短路径
void Dijkstra(int n,int u,double dist[],int p[],double C[][N])
{
    bool s[n];                  //如果s[i]为true,说明顶点i已加入集合S;否则,顶点i属于集合V-S
    for(int i=0;i<n;i++){
        dist[i]=C[u][i]; //初始化源点u到其他各个顶点的最短路径长度
        s[i]=false;
        if (dist[i]==INF)
            p[i]=-1;    //满足条件,说明顶点i与源点u不相邻,设置p[i]=-1
        else
            p[i]=u;     //说明顶点i与源点u相邻,设置p[i]=u
    }//for 循环结束
    dist[u]=0;
    s[u]=true;                  //初始时,集合S中只有一个元素:源点u
    for(int i=0;i<n;i++){
        int temp=INF;
        int t=u;
        for(int j=0;j<n;j++)                //在集合V-S中寻找距离源点u最近的顶点t
            if((!s[j])&&(dist[j]<temp)) {
                t=j;
                temp=dist[j];
            }
        if(t==u) break;                     //找不到t,跳出循环
        s[t]=true;                          //否则,将t加入集合S
        for(int j=0;j<n;j++)                //更新与t相邻接的顶点到源点u的距离
            if((!s[j])&&(C[t][j]<INF))
                if (dist[j]>(dist[t]+C[t][j])){
                    dist[j]=dist[t]+C[t][j];
                    p[j]=t;
                }
    }
}
//用递归的方法输出最短路径
print_shortest_path(int u,int v,int pre[]){
    if(pre[v]!=u)
        print_shortest_path(u,pre[v],pre);
    cout << pre[v]<<" ->";

}
int main(){
    int u=0;                                //源点
    double c[N][N]={{INF,8,32,INF,INF},{12,INF,16,15,INF},{INF,29,INF,13},{INF,21,
INF,INF,7},{INF,INF,27,19,INF}};            //存储给定有向带权图的邻接矩阵
    double dist[N];                         //记录最短路径长度
    int pre[N];                             //通过记录前驱点来记录最短路径
    Dijkstra(N,u,dist,pre,c);               //找从源点到其他各个顶点的最短路径
```

```
//输出从源点到其他各个顶点的最短路径
for(int i = 0;i < N;i++){
    if(i!= u){
        print_shortest_path(u,i,pre);
        cout << i << endl;
    }
    cout << endl;
}
```

微课视频

微课视频

微课视频

2.4 哈夫曼编码

哈夫曼编码是一种编码方式,属于可变字长编码(VLC)的一种,该编码方式是数学家 D. A. Huffman 于 1952 年提出的,是用字符在文件中出现的频率表来建立一个用 0,1 串表示各字符的最优表示方式,有时称之为最佳编码,一般叫作 Huffman 编码。

哈夫曼编码是广泛用于数据文件压缩的十分有效的编码方法,其压缩率通常为 20% ~ 90%,常用的 JPEG 图片格式就是采用哈夫曼编码压缩的。

1. 哈夫曼编码问题的引出

解决远距离通信及大容量存储问题时,经常涉及字符的编码和信息的压缩问题。一般来说,较短的编码能够提高通信的效率且节省磁盘存储空间。通常的编码方法有固定长度编码和不等长度编码两种。

(1) 固定长度编码方法。

假设所有字符的编码都等长,则表示 n 个不同的字符需要 $[\log_2 n]$ 位,ASCII 码就是固定长度的编码。如果每个字符的使用频率相等的话,固定长度编码是空间效率最高的方法。但在信息的实际处理过程中,每个字符的使用频率有着很大的差异,现在的计算机键盘中的键的不规则排列,就是源于这种差异。

(2) 不等长度编码方法。

不等长编码方法是今天广泛使用的文件压缩技术,其思想是:利用字符的使用频率编码,使得经常使用的字符编码较短,不常使用的字符编码较长。这种方法既能节省磁盘空间,又能提高运算与通信速度。

但采用不等长编码方法要注意一个问题:任何一个字符的编码都不能是其他字符编码的前缀(即前缀码特性),否则译码时将产生二义性。那么如何来设计前缀编码呢?我们自然地想到利用二叉树进行设计。具体做法是:约定在二叉树中用叶子结点表示字符,从根结点到叶子结点的路径中,左分支表示"0",右分支表示"1"。那么,从根结点到叶子结点的路径分支所组成的字符串作为该叶子结点字符的编码,可以证明这样的编码一定是前缀编码,这棵二叉树即为编码树。

剩下的问题是怎样保证这样的编码树所得到的编码总长度最小?哈夫曼提出了解决该

问题的方法,由此产生的编码方案称为哈夫曼算法。

2. 哈夫曼算法的构造思想及设计

(1)算法的构造思想。

该算法的基本思想是以字符的使用频率作为权构建一棵哈夫曼树,然后利用哈夫曼树对字符进行编码,俗称哈夫曼编码。具体来讲,是将所要编码的字符作为叶子结点,该字符在文件中的使用频率作为叶子结点的权值,以自底向上的方式、通过执行 $n-1$ 次的"合并"运算后构造出最终所要求的树,即哈夫曼树,它的核心思想是让权值大的叶子离根最近。

那么,在执行合并运算的过程中,哈夫曼算法采取的贪心策略是每次从树的集合中取出双亲为0且权值最小的两棵树作为左、右子树,构造一棵新树,新树根结点的权值为其左右孩子结点权值之和,将新树插入树的集合中。依照该贪心策略,执行 $n-1$ 次合并后最终可构造出哈夫曼树。

(2)算法的设计。

根据算法的构造思想所设计的哈夫曼算法求解步骤如下:

步骤1:确定合适的数据结构。由于哈夫曼树中没有度为1的结点,则一棵有 n 个叶子结点的哈夫曼树共有 $2n-1$ 个结点;构成哈夫曼树后,为求编码需从叶子结点出发走一条从叶子到根的路径;而译码则需从根出发走一条从根到叶子的路径。对每个结点而言,既需要知道双亲的信息,又需要知道孩子结点的信息,因此数据结构的选择要考虑这方面的情况。

步骤2:初始化。构造 n 棵结点为 n 个字符的单结点树集合 $F = \{T_1, T_2, \cdots, T_n\}$,每棵树中只有一个带权的根结点,权值为该字符的使用频率。

步骤3:如果 F 中只剩下一棵树,则哈夫曼树构造成功,转到步骤6;否则,从集合 F 中取出双亲为0且权值最小的两棵树 T_i 和 T_j,将它们合并成一棵新树 Z_k,新树以 T_i 为左孩子,T_j 为右孩子(反之也可以)。新树 Z_k 的根结点的权值为 T_i 与 T_j 的权值之和。

步骤4:从集合 F 中删去 T_i、T_j,加入 Z_k。

步骤5:重复步骤3和步骤4。

步骤6:从叶子结点到根结点逆向求出每个字符的哈夫曼编码(约定左分支表示字符"0",右分支表示字符"1"),则从根结点到叶子结点路径上的分支字符组成的字符串即为叶子字符的哈夫曼编码。算法结束。

3. 哈夫曼算法的构造实例

【**例2-3**】 已知某系统在通信联络中只可能出现8种字符,分别为a,b,c,d,e,f,g,h,其使用频率分别为 0.05,0.29,0.07,0.08,0.14,0.23,0.03,0.11,试设计哈夫曼编码。

设权 $w = (5, 29, 7, 8, 14, 23, 3, 11)$,$n = 8$,按哈夫曼算法的设计步骤构造一棵哈夫曼编码树,具体过程如下:

(1)构造8棵结点为8种字符的单结点树,每棵树中只有一个带权的根结点,权值为该字符的使用频率,如图2-3所示。

(2)从树的集合中取出两棵双亲为0且权值最小的树,并将它们作为左、右子树合并成

图 2-3　8 棵单结点树的集合

一棵新树,在树的集合中删去所选的两棵树,并将新树加入集合。

即从 8 棵树的集合中选出权值为 5 和 3 的两棵树,合并成根结点权值为 8 的新树,如图 2-4 所示,同时更新树的集合。此时,树的集合中共有 7 棵树,其根结点的权值分别为 8, 29,7,8,14,23,11。

按照步骤(2)的构造思想,以此类推,最终可构造出哈夫曼树。

(3) 在 7 棵树的集合中选取根结点权值为 7 和 8 的两棵树,合并成根结点权值为 15 的新树,如图 2-5 所示,更新树的集合。此时,树的集合中共有 6 棵树,其根结点的权值分别为 8,29,15,14,23,11。

(4) 从 6 棵树的集合中选取根结点权值为 8 和 11 的两棵树,合并成根结点权值为 19 的新树,如图 2-6 所示,更新树的集合。此时,树的集合中共有 5 棵树,其根结点的权值分别为 19, 29,15,14,23。

图 2-4　构造的一棵根结点　　图 2-5　根结点权值为　　图 2-6　根结点权值为
　　　　权值为 8 的新树　　　　　　　15 的新树　　　　　　　19 的新树

(5) 从 5 棵树的集合中选取根结点权值为 15 和 14 的两棵树,合并成根结点权值为 29 的新树,如图 2-7 所示,更新树的集合。此时,树的集合中共有 4 棵树,其根结点的权值分别为 19,29,29,23。

(6) 从 4 棵树的集合中选取根结点权值为 19 和 23 的两棵树,合并成根结点权值为 42 的新树,如图 2-8 所示,并更新树的集合。此时,树的集合中共有 3 棵树,其根结点的权值分别为 42,29,29。

(7) 从 3 棵树的集合中选取根结点权值为 29 的两棵树,合并成根结点权值为 58 的新树,如图 2-9 所示,并更新树的集合。此时,树的集合中共有两棵树,根结点的权值分别为 42,58。

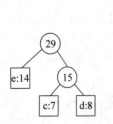
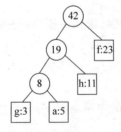
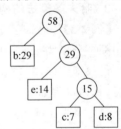

图 2-7　根结点权值为 29 的新树　　图 2-8　根结点权值为 42 的新树　　图 2-9　根结点权值为 58 的新树

（8）将树的集合中的两棵树合并成根结点权值为 100 的一棵树，即为哈夫曼树，如图 2-10 所示。

（9）构造哈夫曼编码树。

依据约定：左分支表示字符"0"，右分支表示字符"1"，获得的哈夫曼编码树如图 2-11 所示。

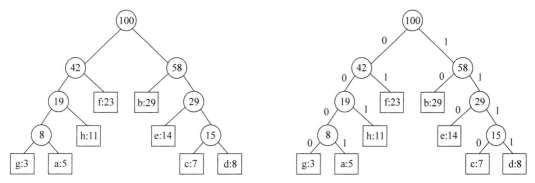

图 2-10　哈夫曼树　　　　　　　　　　图 2-11　哈夫曼编码树

由于从根结点到叶子结点路径上的分支字符组成的字符串即为叶子字符的哈夫曼编码，所以各个字符的哈夫曼编码分别为 g：0000；a：0001；h：001；f：01；b：10；e：110；c：1110；d：1111。

4．算法描述及分析

（1）算法所采用的数据结构。

---

① 哈夫曼树中结点的存储结构。

考虑到有 n 个叶子结点的哈夫曼树共有 2n−1 个结点，并且需要进行 n−1 次合并操作。为了便于选取根结点权值最小的二叉树以及进行合并操作，树中每个结点的存储结构如下：

struct HtNode{

double weight;

int parent,lchild,rchild;};

其中，weight 域表示结点的权值，即为该字符的使用频率；parent 域表示结点的双亲结点在数组中的下标；lchild 域表示结点的左孩子结点在数组中的下标；rchild 域表示结点的右孩子结点在数组中的下标。

② 哈夫曼树的存储结构。

```
struct HtTree{
        struct HtNode ht[MaxNode];        //MaxNode 表示哈夫曼树中结点的总个数
        int root;                          //树根结点在数组中的下标
                };
typedef struct HtTree * PHtTree;
```

③ 字符及其编码的存储结构。

```
struct Huffman_code{
    char c;                               //待编码的字符
    char * code;                          //字符的编码
}
```

（2）线性结构上实现的哈夫曼树算法。

假设 n 个叶子结点的权值 weight 已存放在数组 double $w[n]$ 中。

```
PHtTree Huffman(int n,double w[n])          //构造具有 n 个叶子结点的哈夫曼树
{
 PHtTree pht;
 int i,j,p1,p2;                             // p1,p2 用于记录权值最小的两棵树在数组中的位置
 double min1,min2;                          // min1,min2 用于记录两个最小的权值
 if(n<=1) return;
 pht = (PHtTree)malloc(sizeof(struct HtTree));    //动态分配哈夫曼树的空间
 pht->ht = (struct HtNode*)malloc(sizeof(struct HtNode)*(2*n-1));
 for( i=0;i<2*n-1;i++)                      //初始化,设置 ht 数组的初始值
    {
    pht->ht[i].parent = -1;
    if(i<n)
       pht->ht[i].weight = w[i];
    else
       pht->ht[i].weight = -1;
    }
    for(i=0;i<n-1;i++)                      //执行 n-1 次合并操作,即构造哈夫曼树的 n-1 个内部结点
       {
          p1 = p2 = 0;
          min1 = min2 = ∞;                  //相关变量赋初值
          for(j=0;j<n+i;j++)                //在 ht 中选择权值最小的两个结点
          if (pht->ht[j].parent == -1)
              if(pht->ht[j].weight<min1)    //查找权值最小的结点,用 p1 记录其下标
                {
                   min2 = min1;
                   min1 = pht->ht[j].weight;
                   p2 = p1;
                   p1 = j;
                }
              else if(pht->ht[j].weigth<min2)   //查找权值次小的结点,用 p2 记录其下标
                {
                   min2 = pht->ht[j].weight;
                   p2 = j;
                }
       pht->ht[p1].parent = n+i;            //将 ht[p1]和 ht[p2]进行合并,其双亲是 i
       pht->ht[p2].parent = n+i;
       pht->ht[n+i].weight = min1+min2;
       pht->ht[n+i].lchild = p1;
       pht->ht[n+i].rchild = p2;
       }
    return pht;                             //返回哈夫曼树指针
}
```

（3）哈夫曼编码算法描述。

注：从叶子结点到根结点逆向求每个字符的哈夫曼编码算法。

```
void HuffmanCode(Huffman_code HC[], int n, PHtTree pht)
 {
   char c[n];                              //每个字符的编码最大长度不会超过 n
   c[n-1] = '\0';                          //第 n-1 单元存储编码串的结束符
   for(i = 1;i <= n;i++)                   //逐个对 n 个字符求其哈夫曼编码
     { start = n-1;
       for(int k = i,f = pht -> ht[i].parent;f! = -1;k = f,f = pht -> ht[k].parent)
                                           //k,f 是两个工作指针,f 指向 k 的父亲
           if(pht -> ht[f].lchild == k)
               c[ -- start] = '0';
           else
               c[ -- start] = 1;
       HC[i].code = (char * )malloc((n - start) * sizeof(char));   //为第 i 个字符编码分配空间
       strcpy(HC[i].code,&c[start]);
     }
 }
```

译码的过程是：从根出发,依照字符"0"或"1"确定找左孩子或右孩子,直至叶子结点,便可求得该编码串相应的字符。具体算法请读者自行考虑并设计。

(4) 算法分析。

从 Huffman 算法描述中可以看出,语句 if (pht−>ht[j].parent==−1)为基本语句,当外层循环标号 $i=0$ 时,该语句执行 n 次,当 $i=1$ 时,该语句执行 $n+1$ 次,以此类推,当 $i=n-2$ 时,该语句执行 $n+n-2$ 次。因此该语句共执行的次数为 $n+(n+1)+\cdots+(n+(n-2))=(n-1)\times(3n-2)/2$。因此,算法的时间复杂性为 $O(n^2)$。HuffmanCode 算法的基本语句为 if(pht−>ht[f].lchild==k),该语句最多执行 n^2 次,其复杂性为 $O(n^2)$。

5. C++实战

相关代码如下。

```
# include < iostream >
# include < cstring >
# include < cfloat >
# define INF DBL_MAX                       //最大的双精度浮点数,在 cfloat 或 float.h 中定义
using namespace std;
//定义树结构中结点的存储结构
struct HtNode{
     double weight;                        //weight 域表示结点的权值,即为该字符的使用频率
     int parent;                           //parent 域表示结点的双亲结点在数组中的下标
     int lchild;                           //lchild 域表示结点的左孩子结点在数组中的下标
     int rchild;                           //rchild 域表示结点的右孩子结点在数组中的下标
};
//定义哈夫曼树的存储结构
struct HtTree{
     HtNode * ht;                          //MaxNode 表示哈夫曼树中结点的总个数
     int root;                             //树根结点在数组中的下标
```

```cpp
};
//字符及其编码的存储结构
struct Huffman_code{
    char c;                         //待编码的字符
    char * code;                    //字符的编码
};
typedef HtTree * PHtTree;
//构造哈夫曼树
PHtTree Huffman(int n,double w[])    //构造具有 n 个叶子结点的哈夫曼树
{
    PHtTree pht;
    int i,j,p1,p2;                  //p1,p2 用于分别记录权值较小的两棵树在数组中的位置
    double min1,min2;               //min1,min2 用于分别记录两个较小的权值
    if(n<=1)
        return NULL;
    pht = new HtTree;               //动态分配哈夫曼树的空间
    pht->ht = new HtNode[2*n-1];
    for(i=0;i<2*n-1;i++)            //初始化,设置 ht 数组的初始值
    {
        pht->ht[i].parent = -1;
        if(i<n)
            pht->ht[i].weight = w[i];
        else
            pht->ht[i].weight = -1;
    }
    for(i=0;i<n-1;i++)              //执行 n-1 次合并操作,即构造哈夫曼树的 n-1 个内部结点
    {
        p1 = p2 = 0;
        min1 = min2 = INF;          //相关变量赋初值
        for(j=0;j<n+i;j++)          //在 ht 中选择权值较小的两个结点
            if (pht->ht[j].parent == -1)
                if(pht->ht[j].weight < min1)     //查找权值最小的结点,用 p1 记录其下标
                {
                    min2 = min1;
                    min1 = pht->ht[j].weight;
                    p2 = p1;
                    p1 = j;
                }
                else if(pht->ht[j].weight < min2)    //查找权值次小的结点,p2 记录其下标
                {
                    min2 = pht->ht[j].weight;
                    p2 = j;
                }
        pht->ht[p1].parent = n+i;          //将 ht[p1]和 ht[p2]进行合并,其双亲是 i
        pht->ht[p2].parent = n+i;
        pht->ht[n+i].weight = min1+min2;   //两个子树的频率之和作为新树的频率
        pht->ht[n+i].lchild = p1;          //新树的左孩子
        pht->ht[n+i].rchild = p2;          //新树的右孩子
    }
    return pht;                             //返回哈夫曼树指针
```

```
    }

void HuffmanCode(Huffman_code HC[ ], int n, PHtTree pht)
{
        char c[n];                              //每个字符的编码最大长度不会超过 n
        c[n-1] = '\0';                          //n-1 单元存储编码串的结束符
        for (int i = 0;i < n;i++)               //逐个对 n 个字符求其哈夫曼编码
        {
            int start = n-1;
            for(int k = i,f = pht->ht[i].parent;f!= -1;k = f,f = pht->ht[k].parent)
                                                //k,f 是两个工作指针,f 指向 k 的父亲
            if(pht->ht[f].lchild == k)
                c[ --start] = '0';
            else
                c[ --start] = '1';
            HC[i].code = new char[n-start];
            strcpy(HC[i].code,&c[start]);       //strcpy 在头文件 cstring 中定义
        }
}
int main(){
        int n = 8;                              //字符个数
        double w[n];                            //字符权值
        Huffman_code HC[n];                     //字符及编码数组
        cout <<"请输入字符及其出现的频率: "<< endl;
        for(int i = 0;i < n;i++){
            cin >> HC[i].c;                     //输入字符
            cin >> w[i];                        //输入字符频率
        }
        PHtTree pht = Huffman(n,w);             //构造哈夫曼树
        HuffmanCode(HC,n,pht);                  //构造哈夫曼编码
        //输出每个字符的编码
        for(int i = 0;i < n;i++){
            cout << HC[i].c <<" "<< HC[i].code << endl;
        }
        delete [] pht->ht;
        delete [] pht;
        for(int i = 0;i < n;i++)
            delete [] HC[i].code;
}
```

6. 算法的改进

Huffman 算法耗时主要集中在从树的集合中取出两棵根权值最小的树,因此算法改进以此入手,选用优先队列实现该操作。

(1) 改进算法中所采用的数据结构。

① 哈夫曼树中结点的存储结构。

```
typedef struct HtNode{
    char c;                     //字符
```

```
    double weight;          //weight 域表示结点的权值,即该字符的使用频率
    HtNode * lchild;        //lchild 域表示结点的左孩子结点在数组中的下标
    HtNode * rchild;        //rchild 域表示结点的右孩子结点在数组中的下标
}HtNode, * PHtTree;
```
② 哈夫曼编码的存储结构。
```
struct Huffman_code{
    char c;                 //待编码的字符
    char * code;            //字符的编码
```

(2) 采用优先队列实现的哈夫曼改进算法描述如下:

```
//定义小顶堆
struct Comp{
    bool operator()(PHtTree a, PHtTree b){
    return a -> weight > b -> weight;
    }
}
//构造哈夫曼树
PHtTree Huffman(int n, char ch[], double w[])    //构造具有 n 个叶子结点的哈夫曼树
{
    priority_queue < PHtTree, vector < PHtTree >, Cmp > pht;
    for(int i = 0; i < n; i++)                   //初始化,设置 ht 数组的初始值
    {
        PHtTree node = new HtNode;
        node -> c = ch[i];
        node -> weight = w[i];
        node -> lchild = NULL;
        node -> rchild = NULL;
        pht.push(node);
    }
    for(int i = 0; i < n - 1; i++)               //构造哈夫曼树,每循环一次构造出一个内部结点
    {
        //取出第一个频率最小的结点
        PHtTree p1 = new HtNode;
        PHtTree temp1 = pht.top();
        p1 -> c = temp1 -> c;
        p1 -> weight = temp1 -> weight;
        p1 -> lchild = temp1 -> lchild;
        p1 -> rchild = temp1 -> rchild;
        pht.pop();
        //取出第二个频率较小的结点
        PHtTree p2 = new HtNode;
        PHtTree temp2 = pht.top();
        p2 -> c = temp2 -> c;
        p2 -> weight = pht.top() -> weight;
        p2 -> lchild = temp2 -> lchild;
        p2 -> rchild = temp2 -> rchild;
        pht.pop();
        //创造一棵新树,新树的频率为两棵子树的频率之和,左子树为 p1,右子树为 p2
```

```
        PHtTree new_node = new HtNode;
        new_node->c = '0';
        new_node->weight = p1->weight + p2->weight;
        new_node->lchild = p1;
        new_node->rchild = p2;
        pht.push(new_node);                    //将新构造的结点插入优先队列 pq 中
    }
    return pht.top();                          //根结点
}
```

（3）算法分析。

改进算法采用优先队列实现哈夫曼树中结点的存储和操作，那么初始化创建优先队列需要 $O(n)$ 的时间，由于优先队列的 pop() 和 push() 运算均需 $O(\log n)$ 时间，$n-1$ 次的合并操作总共需要 $O(n\log n)$ 的时间，因此，关于 n 个字符的哈夫曼算法的时间复杂性为 $O(n\log n)$。

（4）改进算法 C++ 实战。

相关代码如下。

```
# include < iostream >
# include < queue >
using namespace std;
//定义树结构中结点的存储结构
typedef struct HtNode{
    char c;                          //字符
    double weight;                   // weight 域表示结点的权值,即为该字符的使用频率
    HtNode * lchild;                 //lchild 域表示结点的左孩子结点在数组中的下标
    HtNode * rchild;                 //rchild 域表示结点的右孩子结点在数组中的下标
}HtNode, * PHtTree;
//定义哈夫曼编码的存储结构
struct Huffman_code{
    char c;                          //待编码的字符
    char * code;                     //字符的编码
};
struct Cmp{
    bool operator()(PHtTree a, PHtTree b){
    return a->weight > b->weight;
    }
};
//构造哈夫曼树
PHtTree Huffman(int n,char ch[],double w[])     //构造具有 n 个叶子结点的哈夫曼树
{
    priority_queue < PHtTree, vector < PHtTree >, Cmp > pht;
    for(int i = 0; i < n; i++)                  //初始化,设置 ht 数组的初始值
    {
        PHtTree node = new HtNode;
        node->c = ch[i];
        node->weight = w[i];
```

```
                node -> lchild  =  NULL;
                node -> rchild  =  NULL;
                pht.push(node);
        }
        for(int i = 0;i < n - 1;i++)              //构造哈夫曼树,每循环一次构造出一个内部结点
        {
                //取出第一个频率最小的结点
                PHtTree p1 =  new HtNode;
                PHtTree temp1  =  pht.top();
                p1 -> c  =  temp1 - > c;
                p1 -> weight  =  temp1 -> weight;
                p1 -> lchild  =  temp1 -> lchild;
                p1 -> rchild  =  temp1 -> rchild;
                pht.pop();
                //取出第二个频率较小的结点
                PHtTree p2  =  new HtNode;
                PHtTree temp2  =  pht.top();
                p2 -> c  =  temp2 - > c;
                p2 -> weight  =  pht.top() - > weight;
                p2 -> lchild  =  temp2 -> lchild;
                p2 -> rchild  =  temp2 -> rchild;
                pht.pop();
                //创造一棵新树,新树的频率为两棵子树的频率之和,左子树为 p1,右子树为 p2
                PHtTree new_node  =  new HtNode;
                new_node -> c  =  '0';
                new_node -> weight  =  p1 -> weight  +  p2 -> weight;
                new_node -> lchild  =  p1;
                new_node -> rchild  =  p2;
                pht.push(new_node);              //将新构造的结点插入优先队列 pq 中
        }
        return pht.top();                        //根结点
}
int k = 0;                                       //记录搜索到的叶子结点,将其编码记录到 HC[j].code 中
int i = 0;                                       //记录搜索的深度,同时将路径上的编码记录到 c[i]中
//构造哈夫曼编码
void HuffmanCode(Huffman_code HC[], char c[],PHtTree root)
{
        //深度优先搜索的方法获取编码
        if(root!= NULL){
                if(root -> lchild!= NULL){       //搜索左子树
                        c[i++] = '0';            //左分支编码为 0
                        HuffmanCode(HC,c,root -> lchild);
                        i -- ;
                }
                if(root -> rchild!= NULL){       //搜索右子树
                        c[i++] = '1';            //右分支编码为 1
                        HuffmanCode(HC,c,root -> rchild);
                        i -- ;
                }
                if(root -> lchild == NULL && root -> rchild == NULL){              //搜索到叶子结点
```

```
                HC[k].c = root->c;          //记录叶子结点的字符
                HC[k].code = new char[i+1]; //为第i个字符编码分配空间
                //记录叶子结点的编码
                for(int j = 0;j <= i;j++)
                    HC[k].code[j] = c[j];
                k++;
                c[i] = '\0';                 //字符编码的结束符
            }
        }
    }

    int main(){
        int n = 8;                                  //字符个数
        double w[n] = {5,29,7,8,14,23,3,11};        //字符权值
        char ch[n] = {'a','b','c','d','e','f','g','h'}; //存储字符
        char c[n];                                  //存储一个字符的编码
        Huffman_code HC[n];                         //字符及编码数组
        PHtTree root = Huffman(n,ch,w);             //构造哈夫曼树
        PHtTree current = root;
        HuffmanCode(HC,c,current);                  //构造哈夫曼编码
        //输出每个字符的编码
        for(int i = 0;i < n;i++){
            int j = 0;
            cout << HC[i].c <<" ";
            while(HC[i].code[j]!= '\0'){
                cout << HC[i].code[j];
                j++;
            }
            cout << endl;
        }
    }
```

2.5　最小生成树

　　假设要在 n 个城市之间建立通信网络,则连通 n 个城市至少需要 $n-1$ 条线路。n 个城市之间,最多可能设置 $n(n-1)/2$ 条线路。这时,自然会考虑一个问题:如何在这些可能的线路中选择 $n-1$ 条,使得在最节省费用的前提下建立该通信网络?

　　该问题用无向连通带权图 $G=(V,E)$ 来表示通信网络,图的顶点表示城市,顶点与顶点之间的边表示城市之间的通信线路,边的权值表示线路的费用。对于 n 个顶点的连通网可以建立许多包含 $n-1$ 条通信线路且各个城市互相连通的通信网,该通信网称为图 G 的一棵生成树。现在要选择一棵使得总的耗费最少的生成树,这就是构造连通网的最小费用生成树问题。一棵生成树的费用就是树上各边的权值之和。

　　怎样找出这棵最小生成树呢? 最直观的方法是将所有情况都枚举出来之后,通过排序比较找出。但是可以预料这种方法所需要的时间是非常长的,而且由于没有一个固定的标

准,很难用代码来实现枚举。

在这样的情况下,Prim 算法和 Kruskal 算法就应运而生了,它们是使用贪心法设计策略的典型算法,并且最终都会产生一个最优解。这两大算法主要利用了最小生成树的一条很重要的性质来进行问题的求解。该性质是:假设 $G=(V,E)$ 是一个连通网,U 是顶点集 V 中的一个非空子集。若(u,v)是一条具有最小权值的边,其中 $u \in U, v \in V-U$,则必存在一棵包含边(u,v)的最小生成树。

2.5.1　Prim 算法

微课视频

该算法是 R. C. Prim 在 1957 年提出的,不过他并不完全是最早提出这个算法的人,早在 1930 年,捷克人 V. Jarnik 就在文章中提出了该算法,因此有人把这个算法也叫作 Prim-Jarnik 算法。该算法因其简单有效,至今仍被人们津津乐道。

1. 算法的基本思想

设 $G=(V,E)$ 是无向连通带权图,$V=\{1,2,\cdots,n\}$;设最小生成树为 $T=(U,\mathrm{TE})$,算法结束时 $U=V,\mathrm{TE} \subseteq E$。构造最小生成树 T 的 Prim 算法思想是:首先,令 $U=\{u_0\},u_0 \in V$,$\mathrm{TE}=\{\}$。然后,只要 U 是 V 的真子集,就做如下贪心选择:选取满足条件 $i \in U, j \in V-U$,且边(i,j)是连接 U 和 $V-U$ 的所有边中的最短边,即该边的权值最小。然后,将顶点 j 加入集合 U,边(i,j)加入集合 TE。继续上面的贪心选择,一直进行到 $U=V$ 为止,此时,选取到的所有边恰好构成 G 的一棵最小生成树 T。需要注意的是,贪心选择这一步骤在算法中应执行多次,每执行一次,集合 TE 和 U 都将发生变化,即分别增加一条边和一个顶点。因此,TE 和 U 是两个动态的集合,这一点在理解算法时要密切注意。

2. 算法设计

从算法的基本思想可以看出,实现 Prim 算法的关键是如何找到连接 U 和 $V-U$ 的所有边中的最短边?要实现这一点,必须知道 $V-U$ 中的每一个顶点与它所连接的 U 中的每一个顶点的边的信息,该信息可通过设置两个数组 closest 和 lowcost 来体现。其中,closest$[j]$ 表示 $V-U$ 中的顶点 j 在集合 U 中的最近邻接顶点,lowcost$[j]$ 表示 $V-U$ 中的顶点 j 到 U 中的所有顶点的最短边的权值,即边$(j,\mathrm{closest}[j])$的权值。

算法的求解步骤设计如下:

步骤 1:确定合适的数据结构。设置带权邻接矩阵 $\boldsymbol{C}$,如果图 G 中存在边(u,x),令 $\boldsymbol{C}[u][x]=$边(u,x)上的权值,否则,$\boldsymbol{C}[u][x]=\infty$;bool 数组 $s[]$,如果 $s[i]=\mathrm{true}$,说明顶点 i 已加入集合 U;设置两个数组 closest$[]$和 lowcost$[]$。

步骤 2:初始化。令集合 $U=\{u_0\},u_0 \in V,\mathrm{TE}=\{\}$,并初始化数组 closest、lowcost 和 s。

步骤 3:在集合 $V-U$ 中寻找使得 lowcost 具有最小值的顶点 t,即 lowcost$[t]=$ min$\{\mathrm{lowcost}[x]|x \in (V-U)\}$,满足该公式的顶点 t 就是集合 $V-U$ 中连接集合 U 中的所有顶点中最近的邻接顶点。

步骤 4:将顶点 t 加入集合 U,边$(t,\mathrm{closest}[t])$加入集合 TE。

步骤 5:如果集合 $V=U$,算法结束,否则,转到步骤 6。

步骤 6：对集合 $V-U$ 中的所有顶点 k，更新其 lowcost 和 closest。用下面的语句更新：
if($C[t][k]<$lowcost$[k]$)｛lowcost$[k]=C[t][k]$；closest$[k]=t$；｝，转到步骤 3。

按照上述步骤，最终可求得一棵各边上的权值之和最小的生成树。

3. Prim 算法的构造实例

【例 2-4】 按 Prim 算法对如图 2-12 所示的无向连通带权图构造一棵最小生成树。

假定初始顶点为顶点 v_1，即设定最小生成树 T 的顶点集合 $U=\{v_1\}$；t 为集合 $V-U$ 中距离集合 U 最近的顶点。构造过程如下：

（1）构造过程中各个辅助变量如表 2-4 所示。

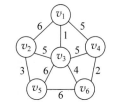

图 2-12 无向连通带权图

表 2-4 辅助变量值

辅助变量	U	$V-U$	顶点编号					t
			v_2	v_3	v_4	v_5	v_6	
closest	$\{v_1\}$	$\{v_2,v_3,v_4,v_5,v_6\}$	v_1	v_1	v_1	v_1	v_1	v_3
lowcost			6	1	5	∞	∞	
closest	$\{v_1,v_3\}$	$\{v_2,v_4,v_5,v_6\}$	v_3	—	v_1	v_3	v_3	v_6
lowcost			5	—	5	6	4	
closest	$\{v_1,v_3,v_6\}$	$\{v_2,v_4,v_5\}$	v_3	—	v_6	v_3	—	v_4
lowcost			5	—	2	6	—	
closest	$\{v_1,v_3,v_4,v_6\}$	$\{v_2,v_5\}$	v_3	—	—	v_3	—	v_2
lowcost			5	—	—	6	—	
closest	$\{v_1,v_2,v_3,v_4,v_6\}$	$\{v_5\}$	—	—	—	v_2	—	v_5
lowcost			—	—	—	3	—	
closest	$\{v_1,v_2,v_3,v_4,v_5,v_6\}$	$\{\}$	—	—	—	—	—	
lowcost			—	—	—	—	—	

（2）构造过程的图示法。

按照 Prim 算法思想及设计步骤，构造最小生成树的过程如图 2-13 所示。

4. 算法描述

算法描述如下：

```
void Prim( int n, int u0, Edge edge[ ], int C[n][n])    //顶点个数 n，开始顶点 u0，带权邻接矩阵 C[n][n]
  {                                                      //如果 s[i] = true，说明顶点 i 已加入最小生成树
                                                         //的顶点集合 U；否则顶点 i 属于集合 V−U
    bool s[n];
    int closest[n];
    double lowcost[n];
    s[u0] = true;                                        //初始时，集合 U 中只有一个元素，即顶点 u0
    for( int i = 0; i < n; i++)
      if( i! = u0)
```

```
        {
          lowcost[i] = C[u0][i];
          closest[i] = u0;
          s[i] = false;
        }
for (i = 0;i < n; i++)              //在集合 V−U中寻找距离集合 U 最近的顶点并且
                                   //更新 lowcost 和 closest
    {
      double temp = ∞ ;
      int t = u0;
      for(int j = 0;j < n;j++)        //在集合 V−U中寻找距离集合 U 最近的顶点 t
        if((!s[j])&&(lowcost[j]< temp))
          {
            t = j;
            temp = lowcost[j];
          }
      if(t == u0)
        break;                    //找不到 t,跳出循环
      s[t] = true;                //否则,将 t 加入集合 U
      edge[i].u = closest[t];
      edge[i].v = t;
      edge[i].weight = C[t][closest[t]];
      for(j = 0;j < n; j++)          //更新 lowcost 和 closest
        if((!s[j])&&(C[t][j]< lowcost[j])
          {
            lowcost[j] = C[t][j];
            closest[j] = t;
          }
    }
  }
```

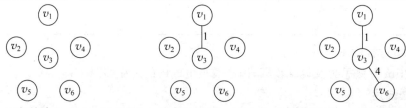

(a) 初始时,*U*={*v*₁}   (b) 由于lowcost={(*v*₂,*v*₁)6,(*v*₃,*v*₁)1,(*v*₄,*v*₁)5,   (c) 由于lowcost={(*v*₂,*v*₃)5,(*v*₄,*v*₁)5,
(*v*₅,*v*₁)∞,(*v*₆,*v*₁)∞},因此 *U*={*v*₁,*v*₃}   (*v*₅,*v*₃)6,(*v*₆,*v*₃)4},因此 *U*={*v*₁,*v*₃,*v*₆}

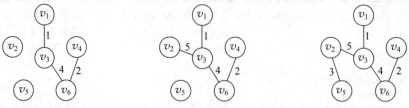

(d) 由于lowcost={(*v*₂,*v*₃)5,   (e) 由于lowcost={(*v*₂,*v*₃)5,(*v*₅,*v*₃)6},   (f) 由于lowcost={(*v*₅,*v*₂)3}
(*v*₄,*v*₆)2,(*v*₅,*v*₃)6},因此*U*={*v*₁,*v*₃,*v*₆,*v*₄}   因此 *U*={*v*₁,*v*₃,*v*₆,*v*₄,*v*₂}   因此*U*={*v*₁,*v*₃,*v*₆,*v*₄,*v*₂,*v*₅},结束

图 2-13　Prim 算法构造最小生成树的过程示意图

5. 算法分析

从算法的描述可以看出,语句 if((!s[j])&&(lowcost[j]<temp)) 是算法的基本语句,该语句的执行次数为 n^2,由此可得 Prim 算法的时间复杂度为 $O(n^2)$。显然该复杂性与边数无关,因此,Prim 算法适合于求边稠密的网的最小生成树。

容易看出,Prim 算法和 Dijkstra 算法的用法非常相似,它们都是从余下的顶点集合中选择下一个顶点来构建一棵扩展树,但是千万不要把它们混淆了。由于解决的问题不同,计算的方式也有所不同,Dijkstra 算法需要比较路径的长度,因此必须把边的权值相加,而Prim 算法则直接比较给定的边的权值。

6. C++实战

相关代码如下。

```cpp
#include <iostream>
#include <cfloat>
#define INF DBL_MAX
#define N 6
using namespace std;
//定义边结构数据
struct Edge{
    int u;                          //顶点 u
    int v;                          //顶点 v
    double weight;                  //边(u,v)上的权
};
double Prim(int n,int u0,Edge edge[],double C[][N])
                                    //顶点个数 n、开始顶点 u0、带权邻接矩阵 C[n][N]
{   //如果 s[i] = true,说明顶点 i 已加入最小生成树的顶点集合 U; 否则顶点 i 属于集合 V-U
    bool s[n];
    int closest[n];
    double lowcost[n];
    double w = 0;
    s[u0] = 1;                      //初始时,集合 U 中只有一个元素,即顶点 u0
    for(int i = 0;i < n; i++)
        if(i!= u0){
            lowcost[i] = C[u0][i];
        closest[i] = u0;
        s[i] = false;
        }
    for (int i = 0;i < n; i++)      //在集合 V-U 中寻找距离集合 U 最近的顶点并且更新
                                    //lowcost 和 closest
    {
        double temp = INF;
        int t = u0;
        for(int j = 0;j < n;j++)    //在集合 V-U 中寻找距离集合 U 最近的顶点 t
            if((!s[j])&&(lowcost[j]<temp)) {
                t = j;
                temp = lowcost[j];
            }
```

```
            if(t == u0)
               break;                        //找不到 t,跳出循环
            s[t] = true;                      //否则,将 t 加入集合 U
            edge[i].u = closest[t];
            edge[i].v = t;
            edge[i].weight = C[t][closest[t]];
            w += C[t][closest[t]];
            for(int j = 0;j < n; j++)         //更新 lowcost 和 closest
               if((!s[j])&&(C[t][j]< lowcost[j])){
                   lowcost[j] = C[t][j];
                   closest[j] = t;
               }
         }
         return w;
}
int main(){
    double c[][N] = {{INF,6,1,5,INF,INF},{6,INF,5,INF,3,INF},{1,5,INF,5,6,4},{5,INF,5,
INF,INF,2},{INF,3,6,INF,INF,6},{INF,INF,4,2,6,INF}};
    Edge edge[N - 1];
    string vertex[N] = {"1","2","3","4","5","6"};
    double tree_weight = Prim(N,0,edge,c);
    for(int i = 0;i < N - 1;i++){

        cout <<"("<< vertex[edge[i].u]<<","<< vertex[edge[i].v]<<","<< edge[i].weight <<")"
<< endl;
    }
    cout <<"最小生成树的权为: "<< tree_weight << endl;
}
```

2.5.2　Kruskal 算法

微课视频

Kruskal 算法是由 J. B. Kruskal 在 1956 年发表的论文里面提出来的,是一个经典的算法。它从边的角度出发,每一次将图中的权值最小的边取出来,在不构成环的情况下,将该边加入最小生成树。重复这个过程,直到图中所有的顶点都加入最小生成树中,算法结束。

1. 算法的基本思想

设 $G = (V, E)$ 是无向连通带权图,$V = \{1, 2, \cdots, n\}$;设最小生成树 $T = (V, TE)$,该树的初始状态为只有 n 个顶点而无边的非连通图 $T = (V, \{\})$,Kruskal 算法将这 n 个顶点看成 n 个孤立的连通分支。它首先将所有的边按权从小到大排序。然后,只要 T 中的连通分支数目不为 1,就做如下的贪心选择:在边集 E 中选取权值最小的边 (i, j),如果将边 (i, j) 加入集合 TE 中不产生回路(或环),则将边 (i, j) 加入边集 TE 中,即用边 (i, j) 将这两个连通分支合并连接成一个连通分支;否则继续选择下一条最短边。在这两种情况下,把边 (i, j) 从集合 E 中删去。继续上面的贪心选择,直到 T 中所有顶点都在同一个连通分支上为止。此时,选取到的 $n-1$ 条边恰好构成 G 的一棵最小生成树 T。

2. 算法设计

Kruskal算法俗称避环法。可见,该算法的实现关键是要注意避开环路问题,算法的基本思想恰好说明了这一点。那么,怎样判断加入某条边后图 T 会不会出现回路呢?该算法对于手工计算十分方便,因为用肉眼可以很容易看到挑选哪些边能够避免构成回路,但使用计算机程序来实现时,还需要一种机制来进行判断。Kruskal算法用了一个非常聪明的方法,就是运用集合的性质进行判断:如果所选择加入的边的起点和终点都在 T 的集合里,那么就可以断定一定会形成回路。因为,根据集合的性质,如果两个点在一个集合里,就是包含的关系,那么反映到图上就一定是包含关系。

算法的求解步骤设计如下:

步骤1:初始化。将图 G 的边集 E 中的所有边按权从小到大排序,边集 TE＝{},把每个顶点都初始化为一个孤立的分支,即一个顶点对应一个集合。

步骤2:在 E 中寻找权值最小的边 (i,j)。

步骤3:如果顶点 i 和 j 位于两个不同的连通分支,则将边 (i,j) 加入边集 TE,并执行合并操作将两个连通分支进行合并。

步骤4:将边 (i,j) 从集合 E 中删去,即 $E=E-\{(i,j)\}$。

步骤5:如果连通分支数目不为1,转步骤2;否则,算法结束,生成最小生成树 T。

3. Kruskal算法的构造实例

【例 2-5】 用 Kruskal算法对如图 2-12 所示的无向连通带权图构造一棵最小生成树。

首先,将图的边集 E 中的所有边按权从小到大排序为 $1(v_1,v_3)$、$2(v_4,v_6)$、$3(v_2,v_5)$、$4(v_3,v_6)$、$5(v_1,v_4)$ 和 (v_2,v_3) 和 (v_3,v_4)、$6(v_1,v_2)$ 和 (v_3,v_5) 和 (v_5,v_6)。

具体构造过程如图 2-14 所示。依照 Kruskal算法思想和求解步骤可知,图 2-12 中边权为 1,2,3,4 的 4 条边满足要求,则在图 2-14(a)～图 2-14(d)中先后把它们加入边集 TE 中,

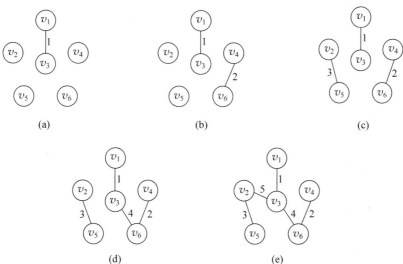

图 2-14 Kruskal算法构造最小生成树的过程示意图

边权为 5 的两条边 (v_1, v_4) 和 (v_3, v_4) 被舍去,因为它们依附的两个顶点在同一连通分支上,若把它们加入边集 TE 中,则会产生回路,而另一条边权为 5 的边 (v_2, v_3) 依附的两个顶点则在不同的连通分支上,则将其加入边集 TE 中,如图 2-14(e)所示。至此,一棵最小生成树就构造成功了。

4. 算法描述

从算法的基本思想和设计步骤可以看出,要实现 Kruskal 算法必须解决以下两个关键问题:①选取权值最小边的同时,要判断加入该条边后树中是否出现回路;②不同的连通分支如何进行合并。

为了便于解决这两大问题,必须了解每条边的信息。在 Kruskal 算法中所设计的每条边的结点信息存储结构如下:

```
struct Edge{
    double weight;              //边的权值
    int u,v;                    //u 为边的起点,v 为边的终点
};
```

Kruskal 算法描述如下:

```
void Kruskal(int n,Edge bian[],double C[][n])    //顶点个数 n、带权邻接矩阵 C[n][n]
{
  int nodeset[n];                                //顶点所属的集合
  int count = 0;bool flag[n];
  if(n>1) {
  for(int i = 0;i<n;i++)
   {
      nodeset[i] = i;flag[i] = false;
      for(int j = i + 1;j<n;j++)                 //将图中所有边存于数组 bian 中
        if(C[i][j]<∞)
          {
          bian[count].u = i;
          bian[count].v = j;
          bian[count].weight = C[i][j];
          count++;
          }
   }
  sort(bian,bian + count);                       //sort 函数将数组 bian 中的元素按
                                                 //weight 的大小进行排列
  count = 0; int edgeset = 0;                     //存储最小生成树中边的个数
  int w = 0;                                      //最小生成树的耗费
  while (edgeset <(n - 1))                        //不足 n - 1 条边
   {
    if(!flag[bian[count].u])&&(flag[bian[count].v]))    //u 未加入任何集合,v 已加入某个集合
      {
      w + = bian[count].weight; edgeset++;
      flag[bian[count].u] = true;                //将 u 加入某一集合
      nodeset[bian[count].u] = nodeset[bian[count].v];
      }
```

```
//记录 u 点所加入的集合
    else if ((flag[bian[count].u]) && (!flag[bian[count].v]))
        {
            w + = bian[count].weight; edgeset++; flag[bian[count].v] = true;
            nodeset[bian[count].v] = nodeset[bian[count].u];
        }
    else if((!flag[bian[count].u]) && (!flag[bian[count].v]))    //u、v 均未加入任何
                                                                  //集合
        {
            w + = bian[count].weight; edgeset++; flag[bian[count].u] = true;
            flag[bian[count].v] = true;nodeset[bian[count].u] = nodeset[bian[count].v];
        }
    else        //两端顶点都加入了某个集合,判断新加入的边是否使结点形成了环
        if(nodeset[bian[count].u]! = nodeset[bian[count].v])    //若无环
            {
                w + = bian[count].weight;edgeset++; int tmp = nodeset[bian[count].v];
                for(int i = 1; i <= n; i++)   //将两个集合中的元素合到一个集合中
                    if(nodeset[i] == tmp)  nodeset[i] = nodeset[bian[count].u];
            }
    count ++;
    }                                        //end while
}                                            //end Kruskal
```

5. 算法分析

假设无向连通带权图 G 中包含了 n 个顶点和 e 条边。

从算法的描述可以看出,Kruskal 算法为了提高贪心选择时查找最短边的效率,首先将图 G 中的边按权值从小到大排序,因此算法中耗时最大的语句是 sort(bian+1,bian+count);那么,将 e 条边按权值从小到大的顺序排列时,sort 函数所需的时间是 $O(eloge)$,由此可得,Kruskal 算法的时间复杂度为 $O(eloge)$。此外,如果图 G 是一个完全图,那么有 $e=n(n-1)/2$,则用顶点个数 n 来衡量算法所花费的时间为 $O(n^2logn)$;如果图 G 是一个平面图,即 $e=O(n)$,则算法花费的时间为 $O(nlogn)$。

此外,算法的辅助空间包含为数组 nodeset 和 flag 所分配的空间,其余辅助变量占用的空间为 $O(1)$,因此,算法的空间复杂度为 $O(n)$。

6. C++实战

相关代码如下。

```
# include < iostream >
# include < algorithm >
# include < cfloat >
# define INF DBL_MAX
# define N 6
using namespace std;
//定义边结构数据
struct Edge{
    int u;                              //顶点编号 u
```

```
        int v;                                  //顶点编号 v
        double weight;                          //边(u,v)上的权
};
//定义自定义数据类型排序的比较函数
bool cmp(Edge a,Edge b){
        return a.weight < b.weight;
}
double Kruskal(int n,Edge bian[],double C[][N])     //顶点个数 n、带权邻接矩阵 C[n][n]
{
        int nodeset[n];                         //顶点所属的集合
        int count = 0;
        bool flag[n];
        double w = 0;                           //最小生成树的耗费
        if(n > 1){
            for(int i = 0;i < n;i++)
            {
                nodeset[i] = i;
                flag[i] = false;
                for(int j = i + 1;j < n;j++)     //将图中所有边存于数组 bian 中
                if(C[i][j]< INF)
                {
                    bian[count].u = i;
                    bian[count].v = j;
                    bian[count].weight = C[i][j];
                    count++;
                }
            }
            sort(bian,bian + count,cmp);         //sort 函数将数组 bian 中的元素按 weight 的
                                                 //大小由小到大排列
            count = 0;
            int edgeset = 0;                     //存储最小生成树中边的条数
            while (edgeset <(n - 1))             //不足 n - 1 条边
            {
                if((!flag[bian[count].u])&&(flag[bian[count].v]))
                                                 //u 未加入任何集合,v 已加入某个集合
                {
                    w += bian[count].weight;
                    edgeset++;
                    flag[bian[count].u] = true;   //将 u 加入某个集合
                    nodeset[bian[count].u] = nodeset[bian[count].v];
                }
            //记录 u 点所加入的集合
                else if ((flag[bian[count].u]) && (!flag[bian[count].v]))
                {
                    w += bian[count].weight;
                    edgeset++;
                    flag[bian[count].v] = true;
                    nodeset[bian[count].v] = nodeset[bian[count].u];
                }
                else if((!flag[bian[count].u]) && (!flag[bian[count].v]))
```

```
                                //u、v 均未加入任何集合
    {
        w += bian[count].weight;
        edgeset++;
        flag[bian[count].u] = true;
        flag[bian[count].v] = true;
        nodeset[bian[count].u] = nodeset[bian[count].v];
    }
    else                        //两端顶点都加入了某个集合,判断新加入的边
                                //是否使结点形成了环
        if(nodeset[bian[count].u]!= nodeset[bian[count].v])        //若无环
        {
            w += bian[count].weight;
            edgeset++;
            int tmp = nodeset[bian[count].v];
            for(int i = 1;i <= n;i++) //将两个集合中的元素合到一个集合中
                if(nodeset[i] == tmp)
                    nodeset[i] = nodeset[bian[count].u];
        }
    count++;
    }//end while
    }//end if
    return w;
}//end Kruskal
int main(){
    double c[][N] = {{INF,6,1,5,INF,INF},{6,INF,5,INF,3,INF},{1,5,INF,5,6,4},{5,INF,5,
INF,INF,2},{INF,3,6,INF,INF,6},{INF,INF,4,2,6,INF}};
    int edge_count = N * (N-1)/2;
    Edge edge[edge_count];
    string vertex[N] = {"1","2","3","4","5","6"};
    double tree_weight = Kruskal(N,edge,c);
    for(int i = 0;i < N-1;i++){

        cout <<"("<< vertex[edge[i].u]<<","<< vertex[edge[i].v]<<","<< edge[i].weight <<")"
<< endl;
    }
    cout <<"最小生成树的权为: "<< tree_weight << endl;
}
```

2.5.3 两种算法的比较

设无向连通带权图 G 具有 n 个顶点和 e 条边。

（1）从算法的思想可以看出，如果图 G 中的边数较小时，可以采用 Kruskal 算法，因为 Kruskal 算法每次查找最短的边；边数较多时可以用 Prim 算法，因为它每次加一个顶点。可见，Kruskal 适用于稀疏图，而 Prim 适用于稠密图。

（2）从时间上讲，Prim 算法的时间复杂度为 $O(n^2)$，Kruskal 算法的时间复杂度为 $O(e\log e)$。

（3）从空间上讲，显然在 Prim 算法中，只需要很小的空间就可以完成算法，因为每次都

是从个别点开始出发进行扫描的，而且每次扫描也只扫描与当前顶点集对应的边。但在 Kruskal 算法中，因为时刻都得知道当前边集中权值最小的边在哪里，这就需要对所有的边进行排序，对于很大的图而言，Kruskal 算法需要占用比 Prim 算法大得多的空间。

拓展知识：遗传算法

遗传算法(Genetic Algorithm,GA)试图从解释自然系统中生物的复杂适应过程入手，采用生物进化的机制来构造人工系统模型。它是从达尔文进化论中得到灵感和启迪，借鉴自然选择和自然进化的原理，模拟生物在自然界中的进化过程所形成的一种优化求解方法。它最初由 J. Holland 教授和他的学生于 1975 年提出来，并且他们出版了颇有影响的专著 *Adaptation in Natural and Artificial Systems*。自此，遗传算法这个名称才逐渐为人所知，J. Holland 教授所提出的遗传算法通常称为基本遗传算法。

遗传算法自从被提出之后，经历了一个相对平衡的发展时期。但在进入 20 世纪 90 年代之后，遗传算法迎来了兴盛时期，无论是理论研究还是应用研究都成了十分热门的课题，尤其是遗传算法的应用研究显得格外活跃，原因在于该算法是一种自适应随机搜索方法，它对优化对象既不要求连续，也不要求可微，并具有极强的鲁棒性和内在的并行计算机制。因此，随着研究的不断深入，它的应用领域逐渐扩大，而且利用遗传算法进行优化和规则学习的能力也显著提高。此外，一些新的理论和方法在应用研究中也得到了迅速发展，这些无疑给遗传算法增添了新的活力。

多年的不懈研究证明，遗传算法特别适合于非凸空间中复杂的多极值优化和组合优化问题。它在机器学习、自动控制、机器人技术、电气自动化以及计算机和通信等领域已取得了非凡的成就。

1. 遗传算法的基本思想

遗传算法从代表问题的可能潜在解集的一个种群(population)出发，一个种群由一定数目的个体(individual)组成，个体实际上是染色体带有特征的实体。初始群体产生后，按照适者生存和优胜劣汰的法则，逐代演化产生越来越好的个体。在每一代，根据个体的适应度大小挑选个体，并借助于自然遗传学的遗传算子进行组合交叉和变异，产生出新的种群。整个过程类似于自然的进化，最后末代种群中的最优个体经过解码，可以作为问题的近似最优解。

遗传算法中使用适应度这个概念来度量种群中的个体在优化过程中有可能达到最优解的优良程度，度量个体适应度的函数称为适应度函数，该函数的定义一般与具体问题有关。

2. 遗传算法的求解步骤

从算法的基本思想可知，遗传算法是一种自适应寻优技术，可用来处理复杂的线性、非线性问题。但它的工作机理十分简单，主要采用了如选择、交叉、变异等自然进化操作。遗传算法的求解步骤如下：

步骤1：构造满足约束条件的染色体。由于遗传算法不能直接处理解空间中的解，所以必须通过编码将解表示成适当的染色体。实际问题的染色体有多种编码方式，染色体编码方式的选取应尽可能地符合问题约束，否则将影响计算效率。

步骤2：随机产生初始群体。初始群体是搜索开始时的一组染色体，其数量应适当选择。

步骤3：计算每个染色体的适应度。适应度是反映染色体优劣的唯一指标，遗传算法就是要寻找适应度最大的染色体。

步骤4：使用复制、交叉和变异算子产生子群体。这三个算子是遗传算法的基本算子，其中复制体现了优胜劣汰的自然规律；交叉体现了有性繁殖的思想；变异体现了进化过程中的基因突变。

步骤5：若满足终止条件，则输出搜索结果；否则返回步骤3。

上述算法中，适应度是对染色体（个体）进行评价的指标，是遗传算法进行优化所用的主要信息，它与个体的目标值存在一种对应关系；复制操作通常采用比例复制，即复制概率正比于个体的适应度；交叉操作通过交换两父代个体的部分信息构成后代个体，使得后代继承父代的有效模式，从而有助于产生优良个体；变异操作通过随机改变个体中某些基因而产生新个体，有助于增加种群的多样性，避免过早收敛。

将遗传算法应用于实际问题中，通常需做以下工作：

（1）寻求有效的编码方法，将问题的可能解直接或间接地编码成有限位字符串。

（2）产生一组问题的可行解。

（3）确定遗传算子的类型及模式，如复制、交叉、变异、重组、漂移等，并设计其模式。

（4）确定算子所涉及的参数，如种群规模 n、交叉概率 p_c、变异概率 p_m 等。

（5）根据编码方法和问题的实际需求，定义或设计一个适应度函数，以测量和评价各个解的性能优劣。

（6）确定算法的收敛判据。

（7）根据编码方法，设计译码方法。

3. 遗传算法的特点

遗传算法利用生物进化和遗传的思想实现优化过程，区别于传统优化算法，它具有以下特点：

（1）遗传算法对问题参数编码成"染色体"后进行进化操作，而不是针对参数本身，这使得遗传算法不受函数约束条件的限制，如连续性、可微性。

（2）遗传算法的搜索过程是从问题解的一个集合开始的，而不是从单个个体开始的，具有隐含并行搜索特性，从而大大减小了陷入局部极小的可能。

（3）遗传算法使用的遗传操作均是随机操作，同时遗传算法根据个体的适应度信息进行搜索，无需其他信息，如导数信息等。

（4）遗传算法具有全局搜索能力，最善于搜索复杂问题和非线性问题。

遗传算法的优越性主要表现在：

（1）算法进行全空间并行搜索，并将搜索重点集中于性能高的部分，即使所定义的适应函数是不连续的、非规则的或在有噪声的情况下，它也能以很大的概率找到整体最优解，不易陷入局部极小，从而能够提高效率。

（2）算法具有固有的并行性，通过对种群的遗传处理可处理大量的模式，并且容易并行实现。

4. 遗传算法的理论基础

遗传算法理论研究的主要内容有分析遗传算法的编码策略、全局收敛性和搜索效率的数学基础、遗传算法的结构研究、遗传算子及其他算法的综合及比较研究等。

（1）数学基础。

Holland 的模式理论（定义长度短、低阶并且适应度高于群体平均适应度的模式数量随代数的增加呈指数增长）奠定了遗传算法的数学基础，根据隐含并行性可得出每代处理的有效模式是 $O(n^3)$，其中 n 是种群规模。Bertoni 和 Dorigo 推广了该研究，获得 $n=2^{\beta l}$，其中，β 为大于 0 的任意值，l 为染色体长度。

模式定理中模式适应度难以计算和分析，Bethke 运用 Walsh 函数和模式转换发展了有效的分析工具，Holland 扩展了这种计算。后来 Frantz 首先觉察到了一种常使遗传算法从全局最优解发散出去的问题，称为遗传算法-欺骗问题。Goldberg 首先运用 Walsh 模式转换设计了最小遗传算法-欺骗问题，并进行了详细分析。

近年来，在遗传算法全局收敛分析方面取得了突破。Goldberg 和 Segrest 首先使用马尔可夫链分析了遗传算法，Eiben 等用马尔可夫链证明了保留最优个体的遗传算法的全局收敛性，Rudolph 用齐次有限马尔可夫链证明了带有复制、交叉、变异操作的标准遗传算法收敛不到全局最优解，不适合于静态函数优化问题，建议改变复制策略以达到全局收敛。Back 和 Muhlenberg 研究了达到全局最优解的遗传算法的时间复杂性问题。以上收敛性分析是基于简化了的遗传算法模型，复杂遗传算法的收敛性分析仍是困难的。

Holland 模式定理建议采用二进制编码。由于浮点数编码有精度高、便于大空间搜索的优点，浮点数编码越来越受到重视，Michalewicz 比较了两种编码的优缺点。Qi 和 Palmieri 对浮点数编码的遗传算法进行了严密的数学分析，用马尔可夫链建模，进行了全局收敛性分析，但其结果是基于群体无穷大这一假设的。另外，Kazz 还发展了用计算机程序来编码，开创了新的应用领域。

（2）算法结构研究。

算法结构研究包括在遗传算法的基本结构中插入迁移、显性、倒拉等其他高级遗传算子和启发式知识，以及针对复杂约束问题，研究遗传算法并行实现的结构等，如 Gretenstette 提出的同步主从式、半同步主从式、非同步分布及网络式结构形式。

（3）遗传算子。

遗传算子包括复制、交叉和变异，适应度尺度变换和最佳保留等策略可视为遗传复制的一部分，另外，还有许多用得较少、作用机理尚不明或没有普遍意义的高级遗传算子。这部分内容的研究在遗传算法理论研究中最为丰富多彩。

（4）遗传算法参数选择。

遗传算法中需要选择的参数主要有染色体长度、种群规模、交叉概率和变异概率等，这些参数对遗传算法性能影响很大。许多学者对此进行了研究，建议的最优参数范围是：$n = 20 \sim 200$，$p_c = 0.75 \sim 0.95$，$p_m = 0.005 \sim 0.01$。

（5）与其他算法的综合及比较研究。

由于遗传算法的结构是开放式的，与问题无关，所以容易和其他算法综合。例如 Lin 等把遗传算法和模拟退火进行综合，构成模拟遗传算法，在解决一些 NP 难题时显示了良好的性能，时间复杂性为 $O(n^3)$。

（6）遗传算法的应用研究。

遗传算法的应用研究总地来说可分为优化计算、机器学习和神经网络三大类。其中优化计算是遗传算法最直接的应用，应用面也最广，目前在运筹学、机械优化、电网设计、生产管理、结构优化、VLSI(Very Large Scale Integration Circuit，超大规模集成电路)设计等应用学科中都尝试着用遗传算法解决现实优化计算问题。

5. 遗传算法的典型应用及研究动向

上述内容表明：遗传算法提供了一种求解复杂系统问题的通用框架，即不依赖于问题的具体领域，对问题的种类有很强的鲁棒性，因此它被广泛应用于许多学科。下面介绍遗传算法的主要应用领域。

（1）函数优化。函数优化是遗传算法应用最早也是最经典的领域，也是进行遗传算法性能评价的常用算例。许多人构造出了各种各样复杂形式的测试函数：连续函数和离散函数、凸函数和凹函数、低维函数和高维函数、单峰函数和多峰函数等。对于一些非线性、多模型、多目标的函数优化问题，用其他优化方法较难求解，而遗传算法可以方便地得到较好的结果。

（2）组合优化。例如遗传算法在旅行商问题方面的应用，背包、装箱问题等。

（3）人工生命。遗传算法在人工生命及复杂系统的模拟设计等方面有很广阔的应用前景。

（4）机器学习。基于遗传算法的机器学习，在许多领域得到了应用。例如利用遗传算法调节神经网络的权值，还可用于神经网络的优化设计等。

此外，遗传算法在图像处理、自动控制、生产调度等方面也有广泛应用。

随着应用领域的不断扩展，遗传算法的研究出现了几个引人注目的新动向。

（1）基于遗传算法的机器学习。这一新的研究课题把遗传算法从历来离散的搜索空间的优化搜索算法扩展到具有独特的规则生成功能的崭新的机器学习算法，这对于解决人工智能中知识获取和知识优化精炼的瓶颈难题带来了希望。

（2）遗传算法正日益和神经网络、模糊推理及混沌理论等其他智能计算方法相互渗透和结合。这对开拓 21 世纪中新的智能计算技术将具有重要的意义。

（3）并行处理的遗传算法研究。这一研究不仅对遗传算法本身的发展，而且对于新一代智能计算机体系结构的研究都是十分重要的。

（4）遗传算法和人工生命研究领域的渗透。所谓人工生命即是用计算机模拟自然界丰富多彩的生命现象，其中生物的自适应、进化和免疫等现象是人工生命的重要研究对象，而遗传算法在这方面将会发挥一定的作用。

（5）遗传算法、进化规划及进化策略等进化计算理论日益结合。它们几乎是和遗传算法同时独立发展起来的，同遗传算法一样，它们也是模拟自然界生物进化机制的智能计算方法，既同遗传算法具有相同之处，也有各自的特点。目前，这三者之间的比较研究和彼此结合的探讨正形成热点。

本章习题

2-1　简述贪心算法的基本思想和求解步骤。

2-2　会场安排问题。假设要在足够多的会场里安排一批活动，并希望使用尽可能少的会场。设计一个有效的贪心算法进行安排。对于给定的 k 个待安排的活动，编程计算使用最少会场的时间表。

2-3　汽车加油问题。一辆汽车加满油后可行驶 n 千米。旅途中有若干加油站。设计一个有效算法，指出应在哪些加油站停靠加油，使沿途加油次数最少。

2-4　给定 n 位正整数 a，去掉其中任意 $k(k \leqslant n)$ 个数字后，剩下的数字按原次序排列组成一个新的正整数。对于给定的 n 位正整数 a 和正整数 k，设计一个算法找出剩下数字组成的新数最小的删数方案。

2-5　数列极差问题。在黑板上写了 $N(N<2000)$ 个正数组成的一个数列，进行如下操作：每一次擦去其中两个数（设为 a 和 b），然后在数列中加入一个数 $a \times b + 1$，如此下去直至黑板上只剩一个数。不同的操作方式最后得到的数中，最大的数记为 max，最小的数记为 min，则该数列的极差 M 定义为 $M = \max - \min$。设计一个算法求出该极差。

2-6　登山机器人问题。登山机器人是一个极富挑战性的高技术密集型科学研究项目，它为研究发展多智能体系统和多机器人之间的合作与对抗提供了生动的研究模型。登山机器人可以携带有限的能量。在登山过程中，登山机器人需要消耗一定能量，连续攀登的路程越长，其攀登速度就越慢。在对 n 种不同类型的机器人做性能测试时，测定出每个机器人连续攀登 1 米，2 米，…，k 米时所用的时间。现在要对这 n 个机器人做综合性能测试，举行机器人接力攀登演习。攀登的总高度为 m 米。规定每个机器人至少攀登 1 米，最多攀登 k 米，而且每个机器人攀登的高度必须是整数，即只能在整米处接力。安排每个机器人攀登适当的高度，使完成接力攀登用的时间最短。编写一个算法求出该攀登方案。

2-7　对图 2-15 分别用 Kruskal 算法和 Prim 算法求最小生成树。

2-8　设 $A_n = \{a_1, a_2, \cdots, a_n\}$ 是 n 种不同邮票的集合，面值也记为 a_i，且有 $a_1 > a_2 > \cdots > a_n = 1$。现有总数为 c 的邮资要用 A_n 的邮票来贴付，每种邮票用数不限，但要求贴的邮票数达到最少。试设计一种基于贪心法的算法，并讨论这样所产生的方案是否为最佳。

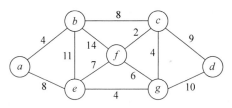

图 2-15 题 2-7 用图

2-9 n 个事件需共享同一资源,而这一资源同一时刻只能被一个事件所使用,每个事件有一起始时间和终止时间。如何恰当地选择事件可以使最多的事件能使用资源称为事件选择问题。试采用贪心法设计寻找最优解的方法,并证明。

2-10 设字符 $m_1, m_2, \cdots, m_{10}$ 的查阅频率依次为 0.05,0.01,0.01,0.10,0.03,0.17,0.02,0.24,0.31,0.06。试构造对应的哈夫曼(Huffman)编码,并画出相应的编码树,同时写出 $m_1, m_2, \cdots, m_{10}$ 的编码。

2-11 设有 n 个程序 $\{1,2,\cdots,n\}$ 要存放在长度为 L 的磁带上。程序 i 存放在磁带上的长度是 $l_i, 1 \leqslant i \leqslant n$,这 n 个程序的读取概率分别是 $p_1, p_2, \cdots, p_n$,且 $\sum_{i=1}^{n} p_i = 1$。如果将这 n 个程序按 $i_1, i_2, \cdots, i_n$ 的次序存放,则读取程序 i_r 所需的时间为 $t_r = c \times \sum_{k=1}^{r} P_{i_k} l_{i_k}$。这 n 个程序的平均读取时间为 $\sum_{r-1}^{n} t_r$。磁带最优存储问题要求确定这 n 个程序在磁带上的一个存储次序,使平均读取时间达到最小(假设取 $c=1$)。试设计一个解此问题的算法,并分析算法的正确性和计算复杂性。

## 第 3 章

分 治 算 法

学习目标

☑ 掌握分治算法的基本思想和求解步骤；

☑ 理解分治算法的精髓,即如何分？如何治？才能使得算法效率更高；

☑ 通过实例学习,能够运用分治策略设计解决实际问题的算法并编程实现。

凡治众如治寡,分数是也。

——《孙子兵法》

任何一个可以用计算机求解的问题所需的计算时间都与其规模有关：问题的规模越小,越容易直接求解,所需的计算时间也就越少。例如,对于 n 个元素的排序问题,当 $n=1$ 时,不需任何计算；$n=2$ 时,只要做一次比较即可排好序；$n=3$ 时只要做 3 次比较即可,当 n 较大时,问题就不那么容易处理了。可见,要想直接解决一个规模较大的问题,有时是很困难的。为了更好地解决这些规模较大的问题,分治算法应运而生。

在计算机科学中,分治算法是一种很重要的算法。它采取各个击破的技巧解决一个规模较大的问题,该技巧是很多高效算法的基础,如排序算法(快速排序、归并排序)、傅里叶变换(快速傅里叶变换)等。

微课视频

3.1 分治算法概述

3.1.1 分治算法的基本思想

分治算法字面上的解释是"分而治之",就是把一个复杂的问题分成两个或更多的相同子问题,再把子问题分成更小的子问题,直到最后各个子问题可以简单地直接求解,对各个子问题的解进行合并即得原问题的解。

可见,分治算法的基本思想是将一个难以直接解决的大问题,分解成一些规模较小的相同问题,以便各个击破,分而治之。

那么,何时能、何时应该采用分治算法解决问题呢？即分治算法所能解决的问题应该具备哪些特征？从许多可以用分治算法求解的问题中,总结出这些问题一般具有以下几个特征：

（1）问题的规模缩小到一定程度就可以容易地解决。

（2）问题可以分解为若干个规模较小的相同子问题。

（3）问题所分解出的各个子问题是相互独立的，即子问题之间不包含公共的子问题。

（4）问题分解出的子问题的解可以合并为原问题的解。

上述的第（1）条特征是绝大多数问题都可以满足的，因为问题的计算复杂性一般随着问题规模的增大而增加；第（2）条特征是应用分治算法的前提，它也是大多数问题可以满足的，此特征反映了递归思想的应用；第（3）条特征涉及分治算法的效率，如果各个子问题是不独立的，则分治算法要做许多不必要的工作——重复求解公共的子问题；第（4）条特征是关键，能否利用分治算法完全取决于问题是否具有第（4）条特征。

3.1.2　分治算法的解题步骤

通常，分治算法的求解过程都要遵循两大步骤：分解和治理。

步骤1：分解。

既然是分治算法，当然要对待求解问题进行分解，即将问题分解为若干个规模较小、相互独立、与原问题形式相同的子问题。

那么，究竟该如何合理地对问题进行分解呢？应把原问题分解为多少个子问题才较适宜？每个子问题是否规模相同才为适当？这些问题很难给予肯定的回答。人们从大量的实践中发现，在用分治法设计算法时，最好使子问题的规模大致相同，即将一个问题分为大小相等的 k 个子问题（通常 $k=2$），这种处理方法行之有效。这种使子问题规模大致相等的做法是出自一种平衡子问题的思想，它几乎总是比子问题规模不等的做法要好。也有 $k=1$ 的划分，这仍然是把问题划分为两部分，取其中的一部分，而丢弃另一部分，例如二分查找问题在采用分治算法求解时就是这样划分的。

步骤2：治理。

步骤2-1：求解各个子问题。若子问题规模较小而容易被解决则直接求解，否则再继续分解为更小的子问题，直到容易解决为止。

那么，如何对各个子问题进行求解呢？由于采用分治法求解的问题被分解为若干个规模较小的相同子问题，各个子问题的解法与原问题的解法是相同的。因此，很自然想到采取递归技术来对各个子问题进行求解。在这种情况下，反复应用分治手段，可以使子问题与原问题类型一致而规模不断缩小，最终使子问题缩小到很容易求解的规模，这导致递归过程的产生。分治与递归就像一对孪生兄弟，经常同时应用在算法设计之中，并由此产生许多高效算法。有时候，递归处理也可以采用循环来实现。

步骤2-2：合并。它是将已求得的各个子问题的解合并为原问题的解。

合并这一步对分治算法的算法性能至关重要，算法的有效性在很大程度上依赖于合并步的实现，因情况的不同合并的代价也有所不同。

下面通过几个实例具体讲述分治算法求解问题的具体过程。

3.2　二分查找

1. 问题描述

二分查找又称为折半查找,它要求待查找的数据元素必须是按关键字大小有序排列的。问题描述:给定已排好序的 n 个元素 $s_1,s_2,\cdots,s_n$,现要在这 n 个元素中找出一特定元素 x。

首先较容易想到使用顺序查找方法,逐个比较 $s_1,s_2,\cdots,s_n$,直至找出元素 x 或搜索整个序列后确定 x 不在其中。显然,该方法没有很好地利用 n 个元素已排好序这个条件。因此,在最坏情况下,顺序查找方法需要 n 次比较。

2. 算法思想及设计

该算法的思想是:假定元素序列已经由小到大排好序,将有序序列分成规模大致相等的两部分,然后取中间元素与特定查找元素 x 进行比较,如果 x 等于中间元素,则算法终止;如果 x 小于中间元素,则在序列的左半部继续查找,即在序列的左半部重复分解和治理操作;否则,在序列的右半部继续查找,即在序列的右半部重复分解和治理操作。可见,二分查找算法重复利用了元素间的次序关系。

算法的求解步骤设计如下:

步骤1:确定合适的数据结构。设置数组 $s[n]$ 来存放 n 个已排好序的元素;变量 low 和 high 分别表示查找范围在数组中的下界和上界;middle 表示查找范围的中间位置;x 为特定元素。

步骤2:初始化。令 low=0,即指示 s 中第一个元素;high=$n-1$,即指示 s 中最后一个元素。

步骤3:middle=(low+high)/2,即指示查找范围的中间元素。

步骤4:判定 low≤high 是否成立,如果成立,转步骤5;否则,算法结束。

步骤5:判断 x 与 $s[middle]$ 的关系。如果 x 等于 $s[middle]$,算法结束;如果 $x>s[middle]$,则令 low=middle+1;否则令 high=middle-1,转到步骤3。

3. 二分查找算法的构造实例

【例3-1】 用二分查找算法在有序序列[6　12　15　18　22　25　28　35　46　58　60]中查找元素12。假定该有序序列存放在一维数组 s[11] 中。

步骤1:令 low=0,high=10。计算 middle=(0+10)/2=5,即利用中间位置 middle 将序列一分为二,如图3-1所示。

步骤2:将 x 与 $s[middle]$ 进行比较。此时 $x<s[middle]$,说明 x 可能位于序列的左半部,即查找范围变为 $s[0:middle-1]$。令 high=middle-1=4。

步骤3:计算 middle=(0+4)/2=2,利用此时的中间位置 middle=2 将子序列 [6　12　15　18　22] 一分为二,如图3-2所示。

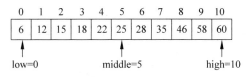

图 3-1 第一次划分示意图

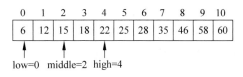

图 3-2 第二次划分示意图

步骤 4：将 x 与 $s[middle]$进行比较。此时 $x < s[middle]$,说明 x 可能位于子序列 $s[0:middle-1]$中。令 high＝middle－1＝1。

步骤 5：重新计算 middle＝(0+1)/2＝0。利用此时的中间位置 middle＝0 将子序列 [6 12]一分为二,如图 3-3 所示。

步骤 6：将 x 与 $s[middle]$进行比较。此时 $x > s[middle]$,说明 x 可能位于 $s[middle+1:$ high]中。令 low＝middle+1＝1。

步骤 7：计算 middle＝(1+1)/2＝1,如图 3-4 所示。

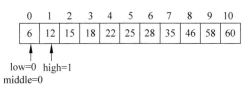

图 3-3 第三次划分示意图

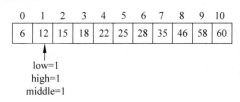

图 3-4 第四次划分示意图

此时 $x＝s[middle]＝12$,查找成功。

4. 算法描述

二分查找算法的思想易于理解,但要写一个正确的二分查找算法并不是一件简单的事情。Knuth 在他的著作 *The Art of Computer Programming：Sorting and Searching* 中提到,第一个二分查找算法早在 1946 年就出现了,但直到 1962 年第一个完全正确的二分查找算法才出现。

本书给出了该算法的两种描述形式。其中,数组 $s[n]$、变量 low、high、middle 的含义与求解步骤中的含义相同。

(1) 二分查找算法实现的非递归形式。

```
int NBinarySearch(int n, int s[n], int x)
{int low = 0, high = n - 1;
 while(low < = high)
  {int middle = (low + high)/2;
  if(x = = s[middle])  return middle;
  else if(x > s[middle]) low = middle + 1;
     else high = middle - 1;
  }
 return - 1;
}
```

（2）二分查找算法实现的递归形式。

```
int BinarySearch(int s[n], int x, int low, int high)
{
    if (low > high) return − 1;
    int middle = (low + high)/2;
    if(x == s[middle])   return middle;
    else if(x > s[middle])
        return BinarySearch(s, x, middle + 1, high);
        else
        return BinarySearch(s, x, low, middle − 1);
}
```

5. 算法分析

从算法描述可知，每执行一次 while 循环或递归调用一次 BinarySearch 算法，待搜索范围的大小就减少一半。在查找的过程中，每次均将下标为 middle 的元素与给定值 x 进行比较，如果 $x<s[middle]$，则修改 high 为 middle−1，如果 $x>s[middle]$，则修改 low 为 middle+1，并重新计算 middle 的值；以此类推，直到 x 等于 $s[middle]$，则查找成功；或者 low>high，则查找失败。

设给定的有序序列中具有 n 个元素。

显然，当 $n=1$ 时，查找一个元素需要常量时间，因而 $T(n)=O(1)$。

当 $n>1$ 时，计算序列的中间位置及进行元素的比较，需要常量时间 $O(1)$。递归地求解规模为 $n/2$ 的子问题，所需时间为 $T(n/2)$。

因此，二分查找算法所需的运行时间 $T(n)$ 的递归形式如下：

$$T(n) = \begin{cases} O(1), & n=1 \\ T(n/2)+O(1), & n>1 \end{cases}$$

当 $n>1$ 时，有

$$\begin{aligned} T(n) &= T(n/2)+O(1) \\ &= T(n/4)+2O(1) \\ &= T(n/8)+3O(1) \\ &= \cdots \\ &= T(n/2^x)+xO(1) \end{aligned}$$

简单起见，令 $n=2^x$，则 $x=\log n$。

由此，$T(n)=T(1)+\log n=O(1)+O(\log n)$。因此，二分查找算法的时间复杂性为 $O(\log n)$。

采用非递归形式实现的二分查找算法，其空间复杂性为常量级 $O(1)$；采用递归形式实现的二分查找算法，其空间复杂性为 $O(\log n)$。

6. C++实战

相关代码如下。

```cpp
#include<iostream>
#include<malloc.h>
using namespace std;
int NBinarySearch(int n,int s[],int x){
    int low = 0,high = n-1;
    while(low<=high){
        int middle = (low+high)/2;
        if(x==s[middle])
            return middle;
        else if(x>s[middle])
            low = middle+1;
        else
            high = middle-1;
    }
    return -1;
}
int BinarySearch(int s[],int x,int low,int high)
{
    if (low>high) return -1;
    int middle = (low+high)/2;
    if(x==s[middle]) return middle;
    else if(x>s[middle])
        return BinarySearch(s, x, middle+1, high);
    else
        return BinarySearch(s, x, low, middle-1);
}
int main(){
    int n = 0;
    cout <<"请输入元素个数 n: ";
    cin>>n;
    int * s = (int *)malloc(n*sizeof(int));
    cout <<"请输入 n 个有序元素:";
    for(int i=0;i<n;i++){
        cin>>s[i];
    }
    int k;
    cout <<"请输入要查找的元素 k: ";
    cin>>k;
    int position = NBinarySearch(n,s,k);
    int position_recursion = BinarySearch(s,k,0,n-1);
    cout <<"非递归算法——k 在 s 中的位置是: "<< position << endl;
    cout <<"递归算法——k 在 s 中的位置是: "<< position_recursion << endl;
}
```

3.3 循环赛日程表

1. 问题描述

设有 $n=2^k$ 个运动员要进行羽毛球循环赛,现要设计一个满足以下要求的比赛日程表:

(1) 每个选手必须与其他 $n-1$ 个选手各赛一次。

(2) 每个选手一天只能比赛一次。

(3) 循环赛一共需要进行 $n-1$ 天。

由于 $n=2^k$,显然 n 为偶数。

2. 分治算法求解的算法思路

(1) 如何分,即如何合理地进行问题的分解?

根据分治算法的思想,将选手一分为二,n 个选手的比赛日程表可以通过对 $n/2=2^{k-1}$ 个选手设计的比赛日程表来实现,而 2^{k-1} 个选手的比赛日程表可通过对 $2^{k-1}/2=2^{k-2}$ 个选手设计的比赛日程表来实现,以此类推,2^2 个选手的比赛日程表可通过对两个选手设计的比赛日程表来实现。此时,问题的求解将变得异常简单。

(2) 如何治,即如何进行问题的求解?

根据问题的分解思想可知,在对问题的求解过程中,递归地执行一分为二的分解策略,直至只剩下两个选手时,比赛日程表的制定就变得很简单:只要让这两个选手直接比赛就可以了。反过来,如果两个选手的比赛日程表已经制定出来,那么 $2\times2=2^2$ 个选手的比赛日程表可以合并求出,以此类推,直到 2^{k-1} 个选手的比赛日程表制定出来时,那么 2^k 个选手的比赛日程表的制定就迎刃而解了。可见,2^k 个选手的比赛日程安排问题是通过依次求解 $2^1,2^2,\cdots,2^k$ 个选手的比赛日程问题得出的。

(3) 问题的关键——发现循环赛日程表制定过程中存在的规律性。

下面从简单的实例入手,期望发现循环赛日程表制定过程中存在的规律。

假设 n 位选手的编号为 $1,2,3,\cdots,n$。按照问题描述和分治算法求解思路,可将比赛日程表设计成一个 n 行 $n-1$ 列的二维表,其中,行表示选手编号,列表示选手比赛的天数,第 i 行第 j 列表示第 i 个选手在第 j 天所遇到的选手。

【例 3-2】 $n=2^1$ 个选手的比赛日程表的制定。

根据上述分析,两个选手的比赛日程表非常容易制定,直接进行比赛即可,且需要 $n-1=2^1-1=1$ 天完成。2^1 个选手的比赛日程表如表 3-1 所示。

表 3-1 的意思是:第一天和 1 号选手进行比赛的是 2 号选手,当然,第一天和 2 号选手进行比赛的是 1 号选手。仔细研究发现,该表有一定的规律性:左上角的 1 和右下角的 1 对称,左下角的 2 和右上角的 2 对称。

【例 3-3】 $n=2^2$ 个选手的比赛日程表的制定。

首先,依据分治算法的思想,将问题一分为二,即分别求出 1 号和 2 号选手的比赛日程表、3 号和 4 号选手的比赛日程表,如表 3-2 所示。

其次,依据例 3-2 中发现的规律性,将表 3-2 中求得的两个子问题的解进行合并,就可求出 2^2 个选手的比赛日程表,具体结果如表 3-3 所示。

表 3-1　2^1 个选手的比赛日程表

编号	天数
	1
1	2
2	1

表 3-2　子问题的比赛日程表

编号	天数
	1
1	2
2	1
3	4
4	3

表 3-3　2^2 个选手的比赛日程表

编号	天数		
	1	2	3
1	2	3	4
2	1	4	3
3	4	1	2
4	3	2	1

观察表 3-3,其制定完全符合要求,4 个选手共比赛 3 天,每个选手一天只比赛一次,且在 3 天内与其他选手均进行了比赛。由此可见,例 3-2 中的规律性是可取的。

【例 3-4】 2^3 个选手的比赛日程表的制定。

首先,根据分治算法的思想将问题一分为二,得到两个子问题:即问题 1(1,2,3,4) 和问题 2(5,6,7,8),两个子问题继续一分为二,最终得到可直接求解的 4 个子问题:问题 1-1(1,2)、问题 1-2(3,4)、问题 2-1(5,6)、问题 2-2(7,8)。

分别求出这 4 个子问题的解,具体求解结果如表 3-4 所示。

其次,根据表制定的规律性,将问题 1-1(1,2) 和问题 1-2(3,4) 的解进行合并,可得到问题 1(1,2,3,4) 的解;同样,将问题 2-1(5,6) 和问题 2-2(7,8) 的解进行合并,可得到问题 2(5,6,7,8) 的解,求解结果如表 3-5 所示。

表 3-4　4 个子问题的比赛日程表

编号	天数
	1
1	2
2	1
3	4
4	3
5	6
6	5
7	8
8	7

表 3-5　子问题解的合并

编号	天数		
	1	2	3
1	2	3	4
2	1	4	3
3	4	1	2
4	3	2	1
5	6	7	8
6	5	8	7
7	8	5	6
8	7	6	5

最后,将问题 1(1,2,3,4) 和问题 2(5,6,7,8) 的解进行合并,可得到 2^3 个选手的比赛日程表,求解结果如表 3-6 所示。

表 3-6 2^3 个选手的比赛日程表

编号	天数						
	1	2	3	4	5	6	7
1	2	3	4	5	6	7	8
2	1	4	3	6	5	8	7
3	4	1	2	7	8	5	6
4	3	2	1	8	7	6	5
5	6	7	8	1	2	3	4
6	5	8	7	2	1	4	3
7	8	5	6	3	4	1	2
8	7	6	5	4	3	2	1

至此,2^3 个选手的比赛日程表制定完毕。

3. 算法描述

算法描述如下:

```
void Round_Robin_Calendar(int n,int k, int ** a)
{   //整数 k、空的二维数组 a 用来表示比赛日程安排表
    for(i=1;i<=n;i++)   a[1][i]=i;      //用一个 for 循环输出日程表的第一行
    int m=1;                             //m 用来控制每一次填充数组时 i(i 表示行)和 j(j 表示
                                         //列)的起始填充位置

    for(int s=1;s<=k;s++)                //将问题划分为 k 部分,依次处理
      {
          n/=2;
          for(int t=1;t<=n;t++)          //对每一部分的问题进行划分,然后根据分治法的思想,
                                         //进行每一个单元格的填充,填充原则是:对角线填充
            for(int i=m+1;i<=2*m;i++)            //i 控制行
                for(int j=m+1;j<=2*m;j++)        //j 控制列
                    {
                        a[i][j+(t-1)*m*2]=a[i-m][j+(t-1)*m*2-m];    //右下角的值等
                                                                    //于左上角的值
                        a[i][j+(t-1)*m*2-m]=a[i-m][j+(t-1)*m*2]; }  //左下角的值等
                                                                    //于右上角的值
          m*=2;
      }
}
```

4. C++实战

相关代码如下。

```
#include<iostream>
using namespace std;
void Round_Robin_Calendar(int n,int k, int **a)
```

```
{   //整数 k、空的二维数组 a 用来表示比赛日程安排表
    int i,j,s;
    for(i=1;i<=n;i++) a[1][i]=i;            //用一个 for 循环输出日程表的第一行
    int m=1;                                 //m 用来控制每一次填充数组时 i(i 表示行)和 j(j 表示
                                             //列)的起始填充位置
    for(s=1;s<=k;s++)                        //将问题划分为 k 部分,依次处理
    {
        n/=2;
        for(int t=1;t<=n;t++)               //对每一部分的问题进行划分,然后根据分治法的思想,
                                             //进行每一个单元格的填充,填充原则是:对角线填充
            for(i=m+1;i<=2*m;i++)           //i 控制行
                for(j=m+1;j<=2*m;j++)       //j 控制列
                {
                    a[i][j+(t-1)*m*2]=a[i-m][j+(t-1)*m*2-m];
                                                        //右下角的值等于左上角的值
                    a[i][j+(t-1)*m*2-m]=a[i-m][j+(t-1)*m*2];
                                                        //左下角的值等于右上角的值
                }
        m*=2;
    }
}
int main(){
    cout <<"请输入运动员数 2 的 k 次方: ";
    int k;
    cin>>k;
    int n-1;
    //计算 2 的 k 次方,即计算运动员数 n
    for(int i=1;i<=k;i++) n*=2;
     // 动态分配二维数组
    int **a = new int*[n+1];
    for(int i=0;i<=n;i++){
        a[i] = new int[n+1];
    }
    //比赛日程安排
    Round_Robin_Calendar(n,k,a);
    //输出循环日程安排
    for(int i=1;i<=n;i++)
    {
        for(int j=1;j<=n;j++){
            cout << a[i][j]<<" ";
        }
        cout << endl;
    }
}
    for(int i=0;i<=n;i++)
            delete [] a[i];
    delete [] a;
}
```

3.4 合并排序

1. 算法思想

合并排序是采用分治策略实现对 n 个元素进行排序的算法,是分治算法的一个典型应用和完美体现。它是一种平衡、简单的二分分治策略,其计算过程分为三大步:

(1) 分解:将待排序元素分成大小大致相同的两个子序列。

(2) 求解子问题:用合并排序法分别对两个子序列递归地进行排序。

(3) 合并:将排好序的有序子序列进行合并,得到符合要求的有序序列。

那么,该如何更好地理解合并排序算法的思想呢?由于排序问题给定的是一个无序的序列,而合并是合并两个已经排好序的序列。为此,可以把待排序元素分解成两个规模大致相等的子序列,如果不易解决,再将得到的子序列继续分解,直到子序列中包含的元素个数为 1。众所周知,单个元素的序列本身是有序的,此时可进行合并,这就是分治策略的巧妙运用。

2. 算法设计及描述

(1) 合并过程。

从算法的思想很容易看出:合并排序的关键步骤在于如何合并两个已排好序的有序子序列。为了进行合并,引入一个辅助过程 Merge(A,low,middle,high),该过程将排好序的两个子序列 A[low:middle] 和 A[middle+1:high] 进行合并。其中,low、high 表示待排序范围在数组中的下界和上界,middle 表示两个序列的分开位置,满足 low≤middle<high;由于在合并过程中可能会破坏原来的有序序列,因此,合并最好不要就地进行,本算法采用了辅助数组 B[low:high] 来存放合并后的有序序列。

合并方法:设置 3 个工作指针 i,j,k。其中,i 和 j 指示两个待排序序列中当前需比较的元素,k 指向辅助数组 B 中待放置元素的位置。比较 $A[i]$ 和 $A[j]$ 的大小关系,如果 $A[i]$ 小于或等于 $A[j]$,则 $B[k]=A[i]$,同时将指针 i 和 k 分别推进一步;反之,$B[k]=A[j]$,同时将指针 j 和 k 分别推进一步。如此反复,直到其中一个序列为空。最后,将非空序列中的剩余元素按原次序全部放到辅助数组 B 的尾部。

合并两个有序子序列的算法描述如下:

```
void Merge(int A[],int low,int middle,int high)
 {
   int i,j,k;                        //参数 i, j 分别表示两个待合并的有序子序列的当前位置; k
                                     //表示合并后的有序序列的当前位置
   int  * B = new int[high - low + 1];
   i = low; j = middle + 1; k = 0;
   while(i < = middle&&j < = high)    //两个子序列非空
       if(A[i]< = A[j])   B[k++] = A[i++];
       else   B[k++] = A[j++];
   while (i < = middle)               //如果子序列 A[low:middle]非空,则进行收尾处理
```

```
            B[k++] = A[i++];
        while (j <= high)                       //如果子序列 A[middle + 1:high]非空,则进行收尾处理
            B[k++] = A[j++];
        for(i = low;i <= high;i++)              //将合并后的序列复制回数组 A
            j = 0
            A[i] = B[j++];
}
```

最坏的情况是两个子序列 $A[\text{low}:\text{middle}]$ 和 $A[\text{middle}+1:\text{high}]$ 的数据是一个交替的序列,例如 $(1,3,5,7)$ 和 $(2,4,6,8)$,则需要比较的次数为 $n-1=7$ 次。

(2) 递归形式的合并排序算法。

递归形式的合并排序算法就是把序列分为两个子序列,然后对子序列进行递归排序,再把两个已排好序的子序列合并成一个有序的序列。

可以将 Merge 过程作为合并排序算法的一个子程序使用。设置 MergeSort$(A,\text{low},\text{high})$ 对子序列 $A[\text{low}:\text{high}]$ 进行排序,如果 $\text{low} \geqslant \text{high}$,则该子序列中至多只有一个元素,当然是已排序好的。否则,依据分治算法的思想对问题进行分解,即计算出一个下标 middle,将 $A[\text{low}:\text{high}]$ 分解成 $A[\text{low}:\text{middle}]$ 和 $A[\text{middle}+1:\text{high}]$,分解原则是使二者的大小大致相等。

合并排序算法描述如下:

```
void MergeSort(int A[], int low, int high)
{       int middle;
        if (low < high)
          {
                middle = (low + high)/2;            //取中点
                MergeSort(A,low,middle);            //对 A[low:middle]中的元素进行排序
                MergeSort(A,middle + 1,high);       //对 A[middle + 1:high]中的元素进行排序
                Merge(A,low,middle,high);           //合并
          }
}
```

3. 合并排序算法的构造实例

【例 3-5】　设待排序序列 $A = <8,3,2,9,7,1,5,4>$,采用 MergeSort 算法对序列 A 进行排序。具体排序过程如图 3-5 所示。

其实,通过综合算法的设计思想和上述求解过程展示,很容易看出合并排序算法的求解过程实质上是:经过迭代分解,待排序序列 A 最终被分解成 8 个只含一个元素的序列,然后两两合并,最终合并成一个有序序列。

4. 算法分析

假设待排序序列中元素个数为 n。

显然,当 $n=1$ 时,合并排序一个元素需要常数时间,因而 $T(n)=O(1)$。

当 $n>1$ 时,将时间 T 如下分解:

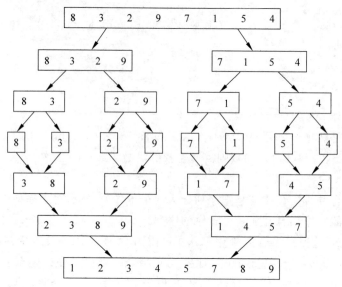

图 3-5　合并排序过程示意图

分解：这一步仅仅是计算出子序列的中间位置，需要常数时间 $O(1)$。

解决子问题：递归求解两个规模为 $n/2$ 的子问题，所需时间为 $2T(n/2)$。

合并：对于一个含有 n 个元素的序列，Merge 算法可在 $O(n)$ 时间内完成。

将以上阶段所需的时间进行相加，即得到合并排序算法对 n 个元素进行排序，在最坏情况下所需的运行时间 $T(n)$ 的递归形式为

$$T(n)=\begin{cases}O(1), & n=1 \\ 2T(n/2)+O(n), & n>1\end{cases}$$

当 $n>1$ 时，有

$$T(n)=2T(n/2)+O(n)$$
$$=2(2T(n/4)+O(n/2))+O(n)=4T(n/4)+2O(n)$$
$$=4(2T(n/8)+O(n/4))+2O(n)=8T(n/8)+3O(n)$$
$$=\cdots$$
$$=2^xT(n/2^x)+xO(n)$$

令 $n=2^x$，则 $x=\log n$。

由此可得，$T(n)=nT(1)+\log n\,O(n)=O(n)+O(n\log n)$，即合并排序算法的时间复杂性为 $O(n\log n)$。

合并排序算法所使用的工作空间取决于 Merge 算法，每调用一次 Merge 算法，便分配一个适当大小的缓冲区，退出 Merge 便释放它。在最后一次调用 Merge 算法时，所分配的缓冲区最大，此时，它把两个子序列合并成一个长度为 n 的序列，需要 $O(n)$ 个工作单元。所以，合并排序算法的空间复杂性为 $O(n)$。

5．C++实战

相关代码如下。

```cpp
#include<iostream>
#include<iterator>
#include<algorithm>
using namespace std;
void Merge(int A[],int low,int middle,int high)
{
    int i,j,k;                      //参数 i, j 分别表示两个待合并的有序子序列的当前位
                                    //置; k 表示合并后的有序序列的当前位置

    int *B=new int[high-low+1];
    i=low;
    j=middle+1;
    k=0;
    while(i<=middle&&j<=high)       //两个子序列非空
    {
        if(A[i]<=A[j])
            B[k++]=A[i++];
        else
            B[k++]=A[j++];
    }
    while(i<=middle)                //如果子序列 A[low:middle]非空,则进行收尾处理
        B[k++]=A[i++];
    while(j<=high)                  //如果子序列 A[middle+1:high]非空,则进行收尾处理
        B[k++]=A[j++];
    j=0;
    for(i=low;i<=high;i++)          //将合并后的序列复制回数组 A
        A[i]=B[j++];
    delete []B;
}


void MergeSort(int A[],int low,int high)
{
    int middle;
    if(low<high)
    {
        middle=(low+high)/2;            //取中点
        MergeSort(A,low,middle);        //对 A[low:middle]中的元素进行排序
        MergeSort(A,middle+1,high);     //对 A[middle+1:high]中的元素进行排序
        Merge(A,low,middle,high);       //合并
    }
}
int main(){
    cout<<"请输入待排序元素个数: ";
    int n;
    cin>>n;
    int *a=new int[n];
    cout<<"请输入待排序元素: ";
    for(int i=0;i<n;i++)
        cin>>a[i];
```

```
        MergeSort(a,0,n-1);
        copy(a,a+n,ostream_iterator < int >(cout," ")); //输出 a 中的元素
        delete []a;
    }
```

微课视频

3.5 快速排序

1. 算法思想

快速排序是 C. A. R. Hoare 于 1962 年提出的划分交换排序方法,其基本思想是:通过一趟扫描将待排序的元素分割成独立的三个序列,第一个序列中所有元素均不大于基准元素,第二个序列是基准元素,第三个序列中所有元素均不小于基准元素。由于第二个序列已经处于正确位置,因此需要再按此方法对第一个序列和第三个序列分别进行排序,整个排序过程可以递归进行,最终可使整个序列变成有序序列。

(1) 快速排序算法的分治策略体现。

快速排序的基本思想是基于分治策略的,利用分治法可将快速排序的基本思想描述如下: 设当前待排序的序列为 $R[\text{low:high}]$,其中 low≤high,如果序列的规模足够小则直接进行排序,否则分三步处理。

① 分解。

在 $R[\text{low:high}]$ 中选定一个元素作为基准元素(pivot),该基准元素的位置(pivotpos)在划分的过程中确定。以此基准元素为标准将待排序序列划分为两个子序列 $R[\text{low:pivotpos}-1]$ 和 $R[\text{pivotpos}+1:\text{high}]$,并使序列 $R[\text{low:pivotpos}-1]$ 中所有元素的值均小于或等于 $R[\text{pivotpos}]$,序列 $R[\text{pivotpos}+1:\text{high}]$ 中所有元素的值均大于或等于 $R[\text{pivotpos}]$。此时基准元素已位于正确的位置上,它无须参加后面的排序。

注意: 划分序列的关键是要计算出所选定的基准元素所在的位置 pivotpos。其中 low≤pivotpos≤high。

② 求解子问题。

对两个子序列 $R[\text{low:pivotpos}-1]$ 和 $R[\text{pivotpos}+1:\text{high}]$,分别通过递归调用快速排序算法来进行排序。

③ 合并。

由于对 $R[\text{low:pivotpos}-1]$ 和 $R[\text{pivotpos}+1:\text{high}]$ 的排序是就地进行的,所以在 $R[\text{low:pivotpos}-1]$ 和 $R[\text{pivotpos}+1:\text{high}]$ 都已排好序后,合并步骤无须做什么,序列 $R[\text{low:high}]$ 就已排好序了。

(2) 基准元素的选取。

从待排序序列中选取指导划分的基准元素是决定算法性能的关键。基准元素的选取应该遵循平衡子问题的原则,即使得划分后的两个子序列的长度尽量相同。基准元素的选择方法有很多种,常用的有:①取第一个元素。即以待排序序列的首元素作为基准元素。

②取最后一个元素。即以待排序序列的尾元素作为基准元素。③取位于中间位置的元素。即以待排序序列的中间位置的元素作为基准元素。④"三者取中的规则"。即在待排序序列中,将该序列的第一个元素、最后一个元素和中间位置的元素进行比较,取三者之中值作为基准元素。⑤取位于 low 和 high 之间的随机数 k(low$\leqslant k \leqslant$high),用 $R[k]$ 作为基准元素。即采用随机函数产生一个位于 low 和 high 之间的随机数 k(low$\leqslant k \leqslant$high),用 $R[k]$ 作为基准,这相当于强迫 $R[$low:high$]$ 中的元素是随机分布的。

无论如何,在快速排序算法中选取的基准元素一定要保证算法正常结束。

2. 划分方法

从算法思想容易看出:实现快速排序的关键在于依据所选的基准元素对序列进行划分,那么,究竟如何来实现划分呢?

(1)划分方法的过程设计。

假设待排序序列为 $R[$low:high$]$,该划分过程以第一个元素作为基准元素。

步骤1:设置两个参数 i 和 j,它们的初值分别为待排序序列的下界和上界,即 $i=$low,$j=$high。

步骤2:选取待排序序列的第一个元素 $R[$low$]$ 作为基准元素,并将该值赋给变量 pivot。

步骤3:令 j 自 j 位置开始向左扫描,如果 j 位置所对应的元素的值大于或等于 pivot,则 j 前移一个位置(即 j--)。重复该过程,直至找到第 1 个小于 pivot 的元素 $R[j]$,将 $R[j]$ 与 $R[i]$ 进行交换,i++。其实,交换后 $R[j]$ 所对应的元素就是 pivot。

步骤4:令 i 自 i 位置开始向右扫描,如果 i 位置所对应的元素的值小于或等于 pivot,则 i 后移一个位置(即 i++)。重复该过程,直至找到第 1 个大于 pivot 的元素 $R[i]$,将 $R[j]$ 与 $R[i]$ 进行交换,j--。其实,交换后 $R[i]$ 所对应的元素就是 pivot。

步骤5:重复步骤3、步骤4,交替改变扫描方向,从两端各自往中间靠拢直至 $i=j$。此时 i 和 j 指向同一个位置,即基准元素 pivot 的最终位置。

(2)划分方法的算法描述。

```
int Partition(int R[],int low,int high)
  {
      int i = low,j = high,pivot = R[low];      //用序列的第一个元素作为基准元素
      while(i < j)                               //从序列的两端交替向中间扫描,直至 i 等于 j 为止
      {
          while(i < j&&R[j]> = pivot)            //pivot 相当于在位置 i 上
             j-- ;                              //从右向左扫描,查找第 1 个小于 pivot 的元素
          if(i < j)                             //表示找到了小于 pivot 的元素
             swap(R[i++],R[j]);                 //交换 R[i]和 R[j],交换后 i 执行加 1 操作
          while(i < j&&R[i]< = pivot)            //从左向右扫描,查找第 1 个大于 pivot 的元素
             i++;                               //表示找到了大于 pivot 的元素
          if(i < j)                             //表示找到了大于 pivot 的元素
             swap(R[i],R[j-- ]);                //交换 R[i]和 R[j],交换后 j 执行减 1 操作
      }
      return j;
  }
```

（3）划分方法的构造实例。

【例 3-6】 划分的例子（黑体表示基准元素），设定第一个元素 49 作为基准元素。

① 初始序列，如图 3-6 所示。

② 向左扫描，由于 $i<j$ 且 $27<49$，因此，$R[i]$ 与 $R[j]$ 交换且 i 后移一位。进行 1 次交换后的状态如图 3-7 所示。

49 38 65 97 76 13 27
↑i　　　　　　↑j

图 3-6　划分的初始状态

27 38 65 97 76 13 **49**
　↑i　　　　　↑j

图 3-7　1 次交换后的状态

③ 向右扫描，由于 $i<j$ 且 $38<49$，i 后移 1 位。i 和 j 的位置关系如图 3-8 所示。

④ 向右扫描，由于 $i<j$ 且 $65>49$，因此，$R[i]$ 与 $R[j]$ 交换且 j 前移一位。进行 2 次交换后的状态如图 3-9 所示。

27 38 65 97 76 13 **49**
　　↑i　　　　↑j

图 3-8　i 后移 1 位后的状态

27 38 **49** 97 76 13 65
　　↑i　　　↑j

图 3-9　2 次交换后的状态

⑤ 向左扫描，由于 $i<j$ 且 $13<49$，因此，$R[i]$ 与 $R[j]$ 交换且 i 后移一位。进行 3 次交换后状态如图 3-10 所示。

⑥ 向右扫描，由于 $i<j$ 且 $97>49$，因此，$R[i]$ 与 $R[j]$ 交换且 j 前移一位。进行 4 次交换后的状态如图 3-11 所示。

27 38 13 97 76 **49** 65
　　　↑i　↑j

图 3-10　3 次交换后的状态

27 38 13 **49** 76 97 65
　　　↑i ↑j

图 3-11　4 次交换后的状态

⑦ 向左扫描，由于 $i<j$ 且 $76>49$，j 前移一位，i 和 j 的位置关系如图 3-12 所示。

27 38 13 **49** 76 97 65
　　　↑i↑j

图 3-12　j 前移一位后的状态

⑧ 此时 $i=j$，循环结束，返回 j，即基准元素所处的最终位置。至此，划分过程结束。

3. 快速排序算法描述

以基准元素为标准将待排序序列划分为两个子序列后，对每一个子序列分别采用递归技术来进行排序，最终可获得一个有序的序列。至此，快速排序算法描述如下：

```
void QuickSort(int R[ ], int low, int high)      //对 R[low..high]快速排序
  {
    int pivotpos;                                //划分后的基准元素所对应的位置
    if(low < high)                               //仅当区间长度大于 1 时才须排序
      {
```

```
    pivotpos = Partition(R, low, high);        //对 R[low..high]做划分
    QuickSort(R, low, pivotpos - 1);           //对左区间递归排序
    QuickSort(R, pivotpos + 1, high);          //对右区间递归排序
  }
}
```

【例 3-7】 序列 [**49** 38 65 97 76 13 27],经过一次划分后,得到的序列为 [27 38 13 **49** 76 97 65],对两个子序列分别进行递归排序。

接上述划分过程:

① 以 27 为基准元素。

向左扫描,1 次交换之后为[13 38 **27**],向右扫描,2 次交换之后为[13 **27** 38],得到序列 [13 27 38]。

② 以 76 为基准元素。

向左扫描,1 次交换之后为[65 97 **76**],向右扫描,2 次交换之后为[65 **76** 97],得到序列[65 **76** 97]。

③ 最终得到的有序序列为[13 27 38 49 65 76 97]。

4. 算法分析

快速排序算法的时间主要耗费在划分操作上,并与划分是否平衡密切相关。对于长度为 n 的待排序序列,一次划分算法 Partition 需要对整个待排序序列扫描一遍,其所需的计算时间显然为 $O(n)$。

下面从三种情况来讨论快速排序算法 QuickSort 的时间复杂性。

(1) 最坏时间复杂性。

最坏情况是每次划分选取的基准元素都是在当前待排序序列中的最小(或最大)元素,划分的结果是基准元素左边的子序列为空(或右边的子序列为空),而划分所得的另一个非空的子序列中元素个数,仅仅比划分前的排序序列中元素个数少一个。

在这样的情况下,快速排序算法 QuickSort 必须做 $n-1$ 次划分,那么算法的运行时间 $T(n)$ 的递归形式为

$$T(n) = \begin{cases} O(1), & n=1 \\ T(n-1) + O(n), & n>1 \end{cases}$$

当 $n>1$ 时,有

$$
\begin{aligned}
T(n) &= T(n-1) + O(n) \\
&= T(n-2) + O(n-1) + O(n) \\
&= T(n-3) + O(n-2) + O(n-1) + O(n) \\
&= \cdots \\
&= T(1) + O(2) + \cdots + O(n-1) + O(n) \\
&= O(1 + 2 + \cdots + (n-1) + n) \\
&= O(n(n+1)/2)
\end{aligned}
$$

因此,快速排序算法 QuickSort 的最坏时间复杂性为 $O(n^2)$。

如果按上面给出的 Partition 划分算法,每次取当前排序序列的第 1 个元素为基准,那么当序列中的元素已按递增序(或递减序)排列时,每次划分所取的基准元素就是当前序列中值最小(或最大)的元素,则完成快速排序所需的运行时间反而最多。

(2) 最好时间复杂性。

在最好情况下,每次划分所取的基准元素都是当前待排序序列的"中值"元素,划分的结果是基准元素的左、右两个子序列的长度大致相等,此时,算法的运行时间 $T(n)$ 的递归形式为

$$T(n) = \begin{cases} O(1), & n=1 \\ 2T(n/2) + O(n), & n>1 \end{cases}$$

解此递归式,可得快速排序算法的最好时间复杂性为 $O(n\log n)$。

注意:用递归树来分析最好情况下的比较次数更简单。因为每次划分后左、右两个子序列的长度大致相等,故递归树的高度为 $O(\log n)$,而递归树每一层上各个结点所对应的划分过程中所需要的元素的比较次数总和不超过 n,故整个排序过程所需要的元素间的比较总次数为 $O(n\log n)$,即时间复杂性为 $O(n\log n)$。

(3) 平均时间复杂性。

在平均情况下,设基准元素的值为第 $k(1 \leqslant k \leqslant n)$ 个,则有

$$T(n) = \frac{1}{n} \sum_{k=1}^{n} (T(n-k) + T(k-1)) + n$$

$$= \frac{2}{n} \sum_{k=1}^{n} T(k) + n$$

采用归纳法,最终求得 $T(n)$ 的数量级也为 $O(n\log n)$。

尽管快速排序的最坏时间为 $O(n^2)$,但就平均性能而言,它是基于元素比较的内部排序算法中速度最快者,快速排序也因此而得名。

(4) 空间复杂性。

由于快速排序算法是递归执行的,需要一个栈来存放每一层递归调用的必要信息,其最大容量应与递归调用的深度一致。最好情况下,若每次划分较为均匀,则递归树的高度为 $O(\log n)$,故递归所需栈空间为 $O(\log n)$。最坏情况下,递归树的高度为 $O(n)$,所需的栈空间为 $O(n)$。平均情况下,所需栈空间为 $O(\log n)$。

5. C++实战

相关代码如下。

```
# include < iostream >
# include < iterator >
# include < algorithm >
using namespace std;
int Partition( int R[ ], int low, int high)
```

```
{
    int i = low, j = high, pivot = R[low];      //用序列的第一个元素作为基准元素
    while(i < j)                                  //从序列的两端交替向中间扫描,直至 i 等于 j
    {
        while(i < j&&R[j] >= pivot)               //pivot 相当于在位置 i 上
            j--;                                  //从右向左扫描,查找第 1 个小于 pivot 的元素
        if(i < j)                                 //表示找到了小于 pivot 的元素
            swap(R[i++], R[j]);                   //交换 R[i]和 R[j],交换后 i 执行加 1 操作
        while(i < j&&R[i] <= pivot)               //从左向右扫描,查找第 1 个大于 pivot 的元素
            i++;
        if(i < j)                                 //表示找到了大于 pivot 的元素
            swap(R[i], R[j--]);                   //交换 R[i]和 R[j],交换后 j 执行减 1 操作
    }
    return j;
}
void QuickSort(int R[], int low, int high)        //对 R[low..high]快速排序
{
    int pivotpos;                                 //划分后的基准元素所对应的位置
    if(low < high)                                //仅当区间长度大于 1 时才须排序
    {
        pivotpos = Partition(R, low, high);       //对 R[low..high]做划分
        QuickSort(R, low, pivotpos - 1);          //对左区间递归排序
        QuickSort(R, pivotpos + 1, high);         //对右区间递归排序
    }
}
int main(){
    cout <<"请输入待排序元素个数: ";
    int n;
    cin >> n;
    int * a = new int[n];
    cout <<"请输入待排序元素: ";
    for(int i = 0 ; i < n; i++)
        cin >> a[i];
    QuickSort(a, 0, n - 1);
    copy(a, a + n, ostream_iterator < int >(cout, " "));   //输出 a 中元素
    delete [] a;
}
```

3.6 最接近点对问题

微课视频

在计算机应用中,常用诸如点、圆等简单的几何对象描述现实世界的实体,在涉及这些几何对象的问题时,常需要了解其邻域中其他几何对象的信息。例如,一个控制空中或海上交通的系统就需要了解两个最近的交通工具,以预测可能产生的相撞事故。实质上,这就是要找出空间最接近的一对点问题。因此,研究该问题有很大的实用价值。

1. 问题描述

最接近点对问题要求在给定平面上 n 个点组成的集合 S 中,找出其中 n 个点组成的点

对中距离最近的一对点。

将所给平面上的 n 个点的集合 S 分成规模大致相等的两个子集 S_1 和 S_2。递归求解 S_1 和 S_2 中的最接近点对。在这里,采用分治算法求解的关键在于合并步骤,即由 S_1 和 S_2 中的最接近点对,如何求得 S 中的最接近点对?很明显,集合 S 中的最接近点对或者是子问题 S_1 的解,或者是子问题 S_2 的解,或者是一个点在 S_1 中、一个点在 S_2 中的情况组成的最接近点对。S_1 和 S_2 中的最接近点对可以用递归求得。但是一个点在 S_1 中、另一个点在 S_2 中的情况组成的最接近点对怎么求得呢?

为了讲明白这个问题,先来考虑一维情形。

2. 一维情形

(1) 算法思想。

令平面上的点的纵坐标全部等于 0,S 中的 n 个点退化为 X 轴上的 n 个实数 $x_1,x_2,\cdots,x_n$。最接近点对即为这 n 个实数中相差最小的两个实数,每个实数对应数轴上的一个点。用 x_m 将 $x_1,x_2,\cdots,x_n$ 分成两部分 S_1 和 S_2,这种情况下如何找出 S_1 中的一个点 p 和 S_2 中的一个点 q 组成的点对 (p,q) 呢?令 S_1 中最接近点对的距离为 d_1,S_2 中的最接近点对的距离为 d_2,取 $d=\min\{d_1,d_2\}$。如果 S 的最接近点对是 (p,q),则 $|x_p-x_q|$ 小于或等于 d。由于 $p\in S_1$,$q\in S_2$,所以二者与 x_m 的距离不超过 d,即 $m-d<x_p\leqslant m$,$m<x_q\leqslant m+d$。

在 S_1 中任何两个点的距离均小于或等于 d_1,同样也小于或等于 d。因此,在区域 $(m-d,m]$ 中至多包含 S_1 中的一个点且是 S_1 中最右边的点,即 S_1 中 X 坐标的最大点。同理,在区域 $(m,m+d]$ 中至多包含 S_2 中的一个点且是 S_2 中最左边的点,即 S_2 中 X 坐标的最小点。可见,线性时间就可以找出 S_1 中的 p 和 S_2 中的 q,因此线性时间就可以完成子问题的解合并成原问题解的过程。

(2) 算法设计。

步骤 1:基于平衡子问题的思想,通过 S 中各点的 X 坐标的中位数 x_m 将 S 划分为两个子集 $S_1=\{i\,|\,x_i\leqslant x_m\}$ 和 $S_2=\{i\,|\,x_i>x_m\}$,如图 3-13 所示。

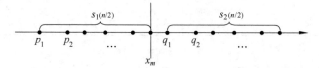

图 3-13 点集 S 划分成 S_1 和 S_2

步骤 2:递归地在 S_1 中找出其最接近点对 (p_i,p_j),距离为 d_1。

步骤 3:递归地在 S_2 中找出其最接近点对 (q_i,q_j),距离为 d_2。

步骤 4:取 $d=\min\{d_1,d_2\}$。

步骤 5:求 S_1 中的最大值 x_p;求 S_2 中的最小值 x_q。

步骤 6:计算 $d_3=x_q-x_p$。

步骤 7:取 $\min\{d,d_3\}$ 且记录最接近点对的坐标,即求得 S 中的最接近点对。

（3）算法描述。

```
bool CPAIR1(POINT S[ ], double &d, double &p, double &q)
{
double p1,p2,q1,q2,p3,q3;              //用来记录3种情况的最接近点对
n = |S|;
if (n < 2)
      {d = ∞;return false;}
else if(n == 2)
        {
        d = |x[2] - x[1]|;             // x[1..n]存放的是S中n个点的坐标
        p = x[2];q = x[1];
        return true;
        }
m = S中各点的横坐标值的中位数;
构造 S1 和 S2;
CPAIR1(S1,d1,p1,p2);
CPAIR1(S2,d2,q1,q2);
p3 = max(S1);
q3 = min(S2);
double d3 = q3 - p3;
if(d1 <= d2 && d1 <= d3)
   {d = d1;p = p1;q = p2;}
if(d1 < d2)
   {d = d2;p = q1;q = q2;}
else
   {d = d3;p = p3;q = q3;}
  return true;
}
```

（4）算法分析。

假设用 $T(n)$ 表示从 n 个点中找出最接近点对所耗的时间，则每个子问题所耗的时间为 $T(n/2)$；找出中位数可以在线性时间 $O(n)$ 实现；合并子问题的解所耗时间为线性时间 $O(n)$，故一维情形下时间的递归表达式为

$$T(n) = \begin{cases} O(1), & n < 3 \\ 2T(n/2) + O(n), & n \geqslant 3 \end{cases}$$

解此递归方程可得 $T(n) = O(n\log n)$。

在一维情形下，更容易想到的解决方法是先排序，再线性扫描就可以了。但是这种方法不容易推广到二维情形。上述分治思想的解决方法很容易推广到二维情形。

（5）C++实战。

相关代码如下。

```
# include < iostream >
# include < cmath >
# include < cfloat >
```

```cpp
#include <algorithm>
#define INF DBL_MAX
using namespace std;
bool CPAIR1(double S[], int left, int right, double &d, double &p, double &q)
{
    double p1,p2,q1,q2,p3,q3;          //用来记录3种情况的最接近点对
    int n = right - left + 1;
    if (n < 2)
    {
        d = INF;
        return false;
    }
    else if(n == 2)
    {
        d = abs(S[right] - S[left]); // x[1..n]存放的是S中n个点的坐标
        p = S[left];
        q = S[right];
        return true;
    }
    int m = (left + right)/2;
    double d1,d2;
    CPAIR1(S,left,m,d1,p1,q1);
    CPAIR1(S,m + 1,right,d2,p2,q2);
    p3 = S[m];
    q3 = S[m + 1];
    double d3 = q3 - p3;
    if(d1 <= d2 and d1 <= d3)
    {
        d = d1;
        p = p1;
        q = q1;
    }
    else if(d2 < d3){
        d = d2;
        p = p2;
        q = q2;
    }
    else{
        d = d3;
        p = p3;
        q = q3;
    }
    return true;
}
int main(){
    int n = 13;
    double points[n] = {1,3, - 1,7,5, - 2, - 6,4,15,10,0.6,0, - 0.5};
    sort(points,points + n);
    double d = INF;
    double p,q;
```

```
CPAIR1(points,0,n-1,d,p,q);
cout <<"最接近点对为: "<< endl;
cout << p <<","<< q << endl;
cout <<"最接近点对距离 d = "<< d << endl;
}
```

3. 二维情形

(1) 算法思想。

选取一垂直线 $l,x=x_m$ 作为分割线,其中 x_m 为 S 中各点 X 坐标的中位数。由此将 S 分割为 S_1 和 S_2。递归地在 S_1 和 S_2 上找出其最小距离 d_1 和 d_2,并设 $d=\min\{d_1,d_2\}$,S 中的最接近点对或者是 d 所对应的点对,或者是 S_1 中的某个点 p 和 S_2 中的某个点 q 组成的点对 (p,q)。如何找出点对 (p,q) 呢?如果 $|p-q|$ 小于 d,则 p 点分布在 P_1 带形区域内(左虚线和分割线 l 所夹的区域),q 点分布在 P_2 带形区域内(右虚线和分割线 l 所夹的区域),如图 3-14 所示。

另外,对于 P_1 中任意一点 p,与它距离小于 d 的点分布在以 p 点为圆心、以 d 为半径的圆内。因此,与点 p 构成最接近点对的 P_2 中的点一定落在一个 $d\times2d$ 的矩形 R 中,如图 3-15 所示。

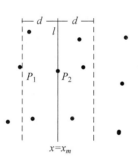

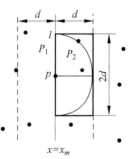

图 3-14　距离直线 l 的距离小于 d 的所有点　　图 3-15　包含点 q 的 $d\times2d$ 矩形区 R

在矩形 R 中,有多少个点可能与 P_1 中的点 p 构成最接近点对呢?由 d 的意义可知,矩形 R 中任何两个 S 中的点的距离都大于或等于 d。由此可知,至少可以将 $d\times2d$ 的矩形 R 分割成如图 3-16 所示的 6 部分,其中任何一部分包含 P_2 中的点最多有一个,如果包含 P_2 中的两个点,则这两个点的距离最大为 $\sqrt{(d/2)^2+(2d/3)^2}=5d/6<d$。这与 P_2 中任何两个 S 中的点的距离都大于或等于 d 矛盾。因此,在矩形 R 中最多只有 6 个 P_2 中的点与 p 构成最接近点对。故在分治法的合并步骤中最多只需要检查 $6\times n/2=3n$ 个候选者。

针对 P_1 中的任意一点 p,检查 P_2 中的哪 6 个点,从而可以找出最接近点对呢?为了确切地知道要检查哪 6 个点,可以将 p

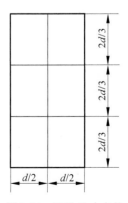

图 3-16　矩形 R 中点的稀疏性

和 P_2 中所有点投影到垂直线 l 上。由于能与 p 点一起构成最接近点对候选者的 P_2 中的点一定在矩形 R 中,所以它们在直线 l 上的投影点与 p 在 l 上的投影点的距离小于 d。由上面的分析可知,这种投影点最多只有 6 个。因此,若将 P_1 和 P_2 中的点按其 Y 坐标排好序,则对 P_1 中所有点,对排好序的点做一次扫描,就可以找出所有最接近点对的候选者。对 P_1 中每一点最多只要检查 P_2 中排好序的相继 6 个点。

(2) 算法描述。

首先定义 POINT 结构体,除 X 坐标和 Y 坐标外,重载了操作符<,定义排序操作按照 X 坐标升序排序,X 坐标相同时,按照 Y 坐标升序排序。POINT 定义如下:

```
typedef struct POINT
{
    double x;                              //点的横坐标
    double y;                              //点的纵坐标
    bool operator <(const POINT &a)const{
        if(a.x == x)
            return y < a.y;
        else
            return x < a.x;
    }
};
```

在最接近点对问题的求解中,需要用到两个点之间的欧几里得距离。求解两点间距离的算法描述如下:

```
double Distance(POINT u, const POINT v)   //计算平面上任意两点 u 和 v 之间的距离
{
    double dx = u.x - v.x, dy = u.y - v.y;
    return sqrt(dx * dx + dy * dy);
}
```

求解最接近点对问题的算法描述如下:

```
bool CPAIR1(POINT S[], int left,int right,double &d,POINT &p,POINT &q)
{
    POINT p1,p2,q1,q2,p3,q3;               //用来记录 3 种情况的最接近点对
    int n = right - left + 1;
    if (n < 2)
    {
        d = INF;
        return false;
    }
    else if(n == 2)
    {
        d = Distance(S[0],S[1]);
```

```
            p = S[left];
            q = S[right];
            return true;
        }
        int m = (left + right)/2;
        double d1,d2;
        CPAIR1(S,left,m,d1,p1,q1);
        CPAIR1(S,m + 1,right,d2,p2,q2);
        d = min(d1,d2);
        double d3 = INF;
        for(int i = left;i <= m;i++)
            if((S[m].x - S[i].x) < d)
                for(int j = m + 1;j <= right;j++)
                    if(((S[j].x - S[i].x)< d)&&((S[j].y - S[i].y)< d))
                    {
                        double dd = Distance(S[i],S[j]);
                        if (dd < d3){
                            d3 = dd;
                            p3 = S[i];
                            q3 = S[j];
                        }
                    }
        if(d1 <= d2 and d1 <= d3)
        {
            d = d1;
            p = p1;
            q = q1;
        }
        else if(d2 < d3){
            d = d2;
            p = p2;
            q = q2;
        }
        else{
            d = d3;
            p = p3;
            q = q3;
        }
        return true;
    }
```

（3）算法分析。

假设用 $T(n)$ 表示从 n 个点中找出最接近点对所耗的时间，则每个子问题所耗的时间为 $T(n/2)$。找出中位数可以用线性时间选择算法来实现，耗时 $O(n)$。合并子问题的解所耗时间为线性时间 $O(n)$。故二维情形下的时间的递归表达式为：

$$T(n) = \begin{cases} O(1), & n < 3 \\ 2T(n/2) + O(n), & n \geqslant 3 \end{cases}$$

由此可得 $T(n)=O(n\log n)$。

(4) C++实战。

相关代码如下。

```cpp
#include <iostream>
#include <cmath>
#include <cfloat>
#include <algorithm>
#define INF DBL_MAX
using namespace std;
typedef struct POINT
{
    double x;                      //点的横坐标
    double y;                      //点的纵坐标
    bool operator <(const POINT &a)const{
        if(a.x == x)
            return y < a.y;
        else
            return x < a.x;
    }
} POINT;

double Distance(POINT u, POINT v){     //计算平面上任意两点 u 和 v 之间的距离,u,v 为元组(x,y)
    double dx = u.x - v.x;
    double dy = u.y - v.y;
    return sqrt(dx * dx + dy * dy);
}
bool CPAIR1(POINT S[], int left, int right, double &d, POINT &p, POINT &q)
{
    POINT p1,p2,q1,q2,p3,q3;          //用来记录 3 种情况的最接近点对
    int n = right - left + 1;
    if (n < 2)
    {
        d = INF;
        return false;
    }
    else if(n == 2)
    {
        d = Distance(S[0],S[1]);
        p = S[left];
        q = S[right];
        return true;
    }
    int m = (left + right)/2;
    double d1,d2;
    CPAIR1(S,left,m,d1,p1,q1);
    CPAIR1(S,m + 1,right,d2,p2,q2);
    d = min(d1,d2);
    double d3 = INF;
```

```
    for(int i = left;i <= m;i++)
        if((S[m].x - S[i].x) < d)
            for(int j = m + 1;j <= right;j++)
                if(((S[j].x - S[i].x) < d)&&((S[j].y - S[i].y) < d))
                {
                    double dd = Distance(S[i],S[j]);
                    if (dd < d3){
                        d3 = dd;
                        p3 = S[i];
                        q3 = S[j];
                    }
                }
    if(d1 <= d2 and d1 <= d3)
    {
        d = d1;
        p = p1;
        q = q1;
    }
    else if(d2 < d3){
        d = d2;
        p = p2;
        q = q2;
    }
    else{
        d = d3;
        p = p3;
        q = q3;
    }
    return true;
}
int main(){
    int n = 12;
    POINT points[12] = {{0,1},{3,2},{4,3},{5,1},{1,2},{2,1},{6,2},{7,2},{8,3},{4,5},{9,
0},{6,4}};
    sort(points,points + n);
    double d = INF;
    POINT p,q;
    CPAIR1(points,0,n - 1,d,p,q);
    cout <<"最接近点对为: "<< endl;
    cout <<"("<< p.x <<","<< p.y <<")"<<" -- -- "<<"("<< q.x <<","<< q.y <<")"<< endl;
    cout <<"最接近点对距离 d = "<< d << endl;
}
```

拓展知识：禁忌搜索算法

禁忌搜索(Tabu Search 或 Taboo Search,TS)的思想最早由 Fred Glover(美国工程院院士,科罗拉多大学教授)于 1986 年提出,它是对局部领域搜索的一种扩展,是一种全局逐步寻优算法,是对人类智力过程的一种模拟。TS 算法通过引入一个灵活的存储结构和相应的禁忌准则来避免迂回搜索,并通过藐视准则来赦免一些被禁忌的优良状态,进而保证多样化的有效探索以最终实现全局优化。

禁忌 Tabu 一词来源于汤加语,是波利尼西亚的一种语言,其含义是保护措施或者危险禁止,这正符合禁忌搜索算法的主题:一方面,当沿着产生相反结果的道路走下去时,也不会陷入一个圈套而导致无处可逃;另一方面,在必要情况下,保护措施允许被淘汰,也就是说,某种措施被强制运用时,禁忌条件就宣布无效。

与模拟退火和遗传算法相比,TS 是又一种搜索特点不同的 meta-heuristic 算法。迄今为止,TS 算法在组合优化、生产调度、机器学习、电路设计和神经网络等领域取得了很大的成功,近年来又在函数全局优化方面得到较多的研究,并大有发展的趋势。

1. 禁忌搜索算法的基本思想

给定一个当前解(初始解)和它的邻域,然后在当前解的邻域中确定若干个候选解;若最佳候选解所对应的目标值优于"Best so far"状态,则忽视其禁忌特性,用其替代当前解和"Best so far"状态,并将相应的对象加入禁忌表,同时修改禁忌表;若不存在上述候选解,则在候选解中选择非禁忌的最佳状态为新的当前解,而无视它与当前解的优劣,同时将相应的对象加入禁忌表,并修改禁忌表;如此重复上述迭代搜索过程,直至满足停止准则。

2. 禁忌搜索算法的构成

从禁忌搜索算法的思想中,容易看出该算法涉及的概念包括邻域、禁忌表、禁忌长度、候选解、藐视准则等。它们构成了算法,对整个禁忌搜索起着关键的作用。

(1)邻域移动。

禁忌搜索算法采用了邻域选优的搜索策略,即通过对当前解的"移动"产生其邻域解,选择优秀的邻域解作为当前解,再进行邻域搜索。可见,邻域移动是保证产生好的解和算法搜索速度的最重要因素之一。因此,如何设计有效合理的"移动"方法来产生邻域解是算法的核心。

通常,邻域移动定义的方法很多,对于不同的问题应采用不同的定义方法。通过移动,目标函数值将产生变化,移动前后的目标函数值之差,称为移动值。如果移动值是非负的,则称此移动为改进移动;否则称作非改进移动。最好的移动不一定是改进移动,也可能是非改进移动,这一点就保证搜索陷入局部最优时,禁忌搜索算法能自动跳出局部最优。

(2)禁忌表。

禁忌表是防止在搜索过程中出现循环,避免陷入局部最优,它通常记录最近接受的若干次移动,在一定次数内禁止再次被访问,超过了一定次数之后,这些移动从禁忌表中退出,又可以重新被访问。禁忌表是禁忌搜索算法的核心,它的功能和人类的短期记忆功能十分相似。

禁忌表包含两个很重要的概念。一是禁忌对象,就是放入禁忌表中的那些元素,而禁忌的目的就是避免迂回搜索,尽量搜索一些有效的途径。禁忌对象的选择十分灵活,可以是最近访问过的点、状态、状态的变化以及目标函数值等。二是禁忌长度(Tabu size),就是禁忌表的大小。一个禁忌对象进入禁忌表后,只有经过一个确定的迭代次数或者满足一定的条件,才能从禁忌表中退出。也就是说,在当前迭代之后的确定次迭代中或者未达到一定的条件时,这个发生不久的相同操作是被禁止的。容易知道,禁忌表长度越小,计算时间和存储空间越少,这是任何一个算法都希望的。但是,如果禁忌表过小,会造成搜索的循环,这又是要避免的。禁忌长度不但影响了搜索的时间,还直接关系着搜索的两个关键策略:局部搜索策略和广域搜索策略。如果禁忌表比较长,便于在更广阔的区域搜索,广域搜索能力比较好;而禁忌表比较短,则使得搜索在小的范围进行,局部搜索性能比较好。禁忌长度的设定要依据问题的规模、邻域的大小来确定,从而达到平衡这两种搜索策略的目的。

(3)候选解选择策略。

候选解选择策略即择优规则,是对当前的邻域移动选择一个移动而采用的准则。择优规则可以采用多种策略,不同的策略对算法的性能影响不同。一个好的选择策略应该是既保证解的质量又保证计算速度。当前采用最广泛的两类策略是最好改进解优先策略和第一个改进解优先策略。最好改进解优先策略就是对当前邻域中选择移动值最好的移动产生的解,作为下一次迭代的开始,而第一个改进解优先策略是搜索邻域移动时选择第一改进当前解的邻域移动产生的解作为下一次迭代的开始。最好改进解优先策略相当于寻找最陡的下降,这种择优规则效果比较好,但是它需要更多的计算时间;而最快的下降对应寻找第一个改进解的移动,由于它无须搜索整个一次邻域移动,所以它所花费的计算时间较少,对于比较大的邻域,往往比较适合。

(4)藐视准则。

在某些特定的条件下,不管某个移动是否在禁忌表中,都接受这个移动,并更新当前解和历史最优解。这个移动满足的这个特定条件,称为渴望水平(aspiration level),或称为破禁水平、特赦准则、藐视准则等。

藐视准则的设定有多种形式,通常选取当前迭代之前所获得的最好解的目标值或此移动禁忌时的目标值作为藐视准则函数。

(5)算法停止准则。

算法的停止准则一般有以下三类:一是给定外循环的最大次数,达到该次数时,算法终止;二是如果当前最优解连续 K 次相同,则算法终止,K 是一个给定的正整数,表示算法已经收敛,无须再继续;三是目标值控制规则,给定优化问题(目标最小化)的一个下界和一个误差值,当算法得到的目标值同下界之差小于给定的误差值时,算法终止。

另外,短期记忆能够用来避免最近所做的一些移动被重复,但是在很多的情况下短期记忆并不足以把算法搜索带到能够改进解的区域。因此在实际应用中常常短期记忆与长期记忆相结合使用,以保持局部的强化和全局多样化之间的平衡,即在加强搜索到较优解的同时还能把搜索带到未搜索过的区域。

3. 禁忌搜索算法的求解过程

步骤1:给定算法参数,选定一个初始解 x,置禁忌表 H 为空。

步骤2:若满足停止规则,停止计算,输出优化结果;否则继续以下步骤。

步骤 3：利用当前解 x 的邻域函数产生其所有邻域解，并从中确定若干候选解。

步骤 4：判断候选解是否满足藐视准则？若是，则用满足藐视准则的最佳状态 y 替代 x 成为新的当前解，即 $x=y$，并用与 y 对应的禁忌对象替换最早进入禁忌表的禁忌对象，同时用 y 替换 Best so far 状态，然后转到步骤 2；否则，继续以下步骤。

步骤 5：判断候选解对应的各对象的禁忌属性，选择候选解集中非禁忌对象对应的最佳状态为新的当前解，同时用与之对应的禁忌对象替换最早进入禁忌表的禁忌对象元素。转到步骤 2。

在步骤 3 中，x 的邻域中满足禁忌要求的元素包含两类：一类是那些没有被禁忌的元素；另一类是可以被解除禁忌的元素。此时应用藐视准则使某些状态解禁，就是对优良状态的奖励，对禁忌策略的放松，以实现更高效的优化性能。

4. 禁忌搜索算法性能的简单分析

禁忌搜索算法通过对当前解进行"移动"操作来产生当前解邻域中可行的邻域解，取其最好的邻域解作为新的当前解来完成解空间的局部搜索。但该算法的局部搜索能力与其每次"移动"操作所产生的邻域解的数目密切相关。邻域解数目太少，对当前解邻域空间的搜索也就太少，这将影响该算法的局部优化性能；邻域解数目太多，则将增加算法的执行时间。

用于求解具体的组合优化问题时，禁忌搜索算法中当前解的邻域解是通过在当前解中随机选择两个交换的位置产生的，这样做容易导致局部搜索具有分散性。

该局部搜索的分散性如图 3-17 所示。

局部搜索的分散性似乎有利于对局部空间进行全方位搜索，但当邻域解数目一定及邻域解中的优秀解较为集中时，这种分散性反而影响了局部优化的性能。通常采用的解决方案是：邻域解的产生不是随机的，而是以某种机制来确定其产生，在"移动"过程中以某种概率为依据来找出进行"移动"操作的点，由此产生的禁忌搜索算法的当前解的邻域解大部分集中在邻域空间的特定区域内，而小部分分散在邻域空间的其他区域，这种现象称为禁忌搜索算法的集中性。

该局部搜索的集中性如图 3-18 所示。

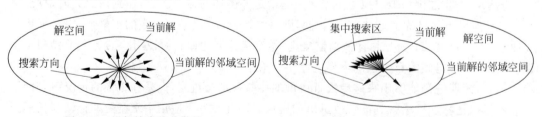

图 3-17　局部搜索的分散性　　　　图 3-18　局部搜索的集中性

局部搜索的集中性显著增加了发现局部最优解的可能性，提高了局部搜索的性能。

禁忌搜索算法在搜索过程中允许接受劣解，使得该算法具有很强的"爬山"能力，可以跳出局部最优解。此外，为了避免搜索路径的往返重复，该算法使用"Tab 表"来记录搜索过程的历史信息，这可在一定程度上避开局部极值点，开辟新的搜索区域。因此，虽然禁忌搜索算法并不能从理论上保证一定能找到全局最优解,但却能在较短的时间内找到非常优秀的近似最优解。

该算法的一大亮点为:允许在搜索过程中接受劣解,这样可使算法跳出局部最优解,扩大搜索空间。

本章习题

3-1 简述分治算法的基本思想和求解步骤。

3-2 在一个划分成网格的操场上,n 名士兵散乱地站在网格点上。网格点由整数坐标 (x,y) 表示。士兵们可以沿网格边上、下、左、右移动一步,但在同一时刻任一网格点上只能有一名士兵。按照军官的命令,士兵们要整齐地列成一个纵队,即排列成 (x,y),$(x+1,y)$,$\cdots$,$(x+n-1,y)$。如何选择 x 和 y 的值才能使士兵们以最少的总移动步数排成一列。

3-3 某石油公司计划建造一条由东向西的主输油管道。该管道要穿过一个有 n 口油井的油田。从每口油井都要有一条输油管道沿最短路径(或南或北)与主管道相连。如果给定 n 口油井的位置,即它们的 x 坐标(东西向)和 y 坐标(南北向),应如何确定主管道的最优位置,从而使得各油井到主管道的输油管道长度总和最小?证明可在线性时间内确定主管道的最优位置。

3-4 若二分查找变为三分查找,即从 $a_1<a_2<\cdots<a_n$ 序列中寻找元素 x。方法如下:先与 $a_{\frac{n}{3}}$ 比较,若 $x>a_{\frac{n}{3}}$,则与 $a_{\frac{2n}{3}}$ 比较,总之,使余下的序列约有 $n/3$ 个元素。试讨论其复杂性。

3-5 设 $a[0:n]$ 是一个已排好序的数组。请改写二分查找算法,使得当搜索元素 x 不在数组中时,返回小于 x 的最大元素位置 j 和大于 x 的最小元素位置 i。当搜索元素 x 在数组中时,i 和 j 相同,均为 x 在数组中的位置。

3-6 设 n 个不同的排好序的整数存于数组 $T[0:n-1]$ 中。若存在一个下标 i,$0\leqslant i<n$,使得 $T[i]$ 等于 i,设计一个有效算法找到这个下标 i;要求算法在最坏情况下的计算时间为 $O(\log n)$。

3-7 设 n 个元素存于数组 $T[0:n-1]$。对任一元素 x,设 $s(x)=\{i\mid T[i]=x\}$;当 $|s(x)|>n/2$ 时,称 x 为 T 的主元素,设计一个线性时间算法,确定 T 中是否存在主元素。

3-8 用快速排序算法对如下数据进行排序:45,23,65,57,18,2,90,84,12,76。说明划分方法的具体过程。

3-9 应用分治算法完成下面的整数乘法计算:2348×3825。

3-10 在一个由元素组成的表中,出现次数最多的元素称为众数。试写一个寻找众数的算法,并分析其计算复杂性。

3-11 设有 n 个运动员要进行网球循环赛。设计一个满足以下要求的比赛日程表。

(1) 每个选手必须与其他 $n-1$ 个选手各赛一次。

(2) 每个选手一天只能赛一次。

(3) 当 n 是偶数时,循环赛进行 $n-1$ 天。当 n 是奇数时,循环赛进行 n 天。

第4章　动态规划算法

学习目标

☑ 理解动态规划算法的思想；

☑ 掌握动态规划算法、分治算法及贪心算法的异同；

☑ 掌握动态规划算法的基本要素；

☑ 针对具体问题，能够按照动态规划的设计步骤设计动态规划算法；

☑ 通过实例学习，能够举一反三，设计较优的动态规划算法。

4.1　动态规划算法概述

　　动态规划算法是运筹学的一个分支，是求解决策过程最优化的数学方法。20世纪50年代初，美国数学家R.E.Bellman等在研究多阶段决策过程的优化问题时，提出了著名的最优化原理，把多阶段过程转化为一系列单阶段问题，利用各阶段之间的关系，逐个求解，创立了解决这类过程优化问题的新方法——动态规划。

　　动态规划问世以来，在经济管理、生产调度、工程技术和最优控制等方面得到了广泛的应用，例如对于最短路线、库存管理、资源分配、设备更新、排序、装载等问题，用动态规划算法比用其他方法求解更为方便。虽然动态规划主要用于求解以时间划分阶段的动态过程的优化问题，但是一些与时间无关的静态规划（如线性规划、非线性规划），只要人为地引进时间因素，把它视为多阶段决策过程，也可以用动态规划算法方便地求解，因此研究该算法具有很强的实际意义。

　　动态规划算法通常用于求解具有某种最优性质的问题，在这类问题中，可能会有许多可行解，每一个可行解都对应一个值，我们希望找到具有最优值的解。动态规划算法是求解最优化问题的一种途径、一种方法，而不是一种特殊算法。针对最优化问题，由于各个问题的性质不同，确定最优解的条件也互不相同，因而动态规划算法的设计方法也各具特色，而不存在一种万能的动态规划算法可以解决各类最优化问题。因此读者在学习时，除了要对基本概念和方法正确理解外，必须学会具体问题具体分析，以丰富的想象力建立模型，用创造性的技巧对问题进行求解。本章通过对若干个有代表性问题的动态规划算法进行设计、分析和讨论,使大家逐渐学会并掌握这一设计方法。

4.1.1 动态规划算法的基本思想

动态规划算法的思想比较简单,其实质是分治思想和解决冗余,因此它与分治算法和贪心算法类似,它们都是将待求解问题分解为更小的、相同的子问题,然后对子问题进行求解,最终产生一个整体最优解。

每种算法都有自己的特点。贪心算法的当前选择可能要依赖于已经做出的选择,但不依赖于还未做出的选择和子问题,因此它的特征是自顶向下,一步一步地做出贪心选择,但如果当前选择可能要依赖子问题的解时,则难以通过局部的贪心策略达到整体最优解。分治算法中的各个子问题是独立的(即不包含公共的子问题),因此一旦递归地求出各子问题的解后,便可自下而上地将子问题的解合并成原问题的解。但如果各个子问题是不独立的,则分治算法要做许多不必要的工作,即重复地解公共的子问题,对时间的消耗太大。

适合采用动态规划算法求解的问题,经分解得到的各个子问题往往不是相互独立的。在求解过程中,将已解决的子问题的解进行保存,在需要时可以轻松找出。这样就避免了大量的无意义的重复计算,从而降低算法的时间复杂性。如何对已解决的子问题的解进行保存呢? 通常采用表的形式,即在实际求解过程中,一旦某个子问题被计算过,不管该问题以后是否用得到,都将其计算结果填入该表,需要的时候就从表中找出该子问题的解,具体的动态规划算法多种多样,但它们具有相同的填表格式。

【例 4-1】 Fibonacci 数列如表 4-1 所示。

表 4-1 Fibonacci 数列

第 n 项	0	1	2	3	4	5	6	7	8	...
Fibonacci 数列 $F(n)$	0	1	1	2	3	5	8	13	21	...

Fibonacci 数列的递归定义式如下:

$$F(n) = \begin{cases} 0, & n=0 \\ 1, & n=1 \\ F(n-1)+F(n-2), & n>1 \end{cases}$$

设 $n=4$,则 $F(4)$ 的求解过程可表示为一棵二叉树,如图 4-1 所示。

在图 4-1 中,同种阴影表示相同的子问题,即说明 $F(4)$ 划分的两个子问题 $F(3)$ 和 $F(2)$ 不是相互独立的。若采用自顶向下的递归求解,$F(2)$ 子问题重复计算。如果 $n=5$,则 $F(3)$ 和 $F(2)$ 两个子问题会重复计算。以此类推,n 越大,重复计算现象越严重,影响求解效率。

动态规划算法在求解过程中采用一维数组 a

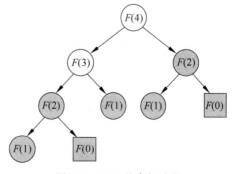

图 4-1 $F(4)$ 的求解过程

存放各个子问题的解。首先,将 $F(1)$ 和 $F(0)$ 的解分别存入 $a[0]$ 和 $a[1]$,如表 4-2 所示;其次,在求解 $F(2)$ 时,由于 $F(2)=F(1)+F(0)$,因此只需直接从数组 a 中取出 $F(1)$ 和 $F(0)$ 的值计算即可,并将 $F(2)$ 的值存入 $a[2]$,如表 4-3 所示;接下来求解 $F(3)$ 时,只需从数组 a 中取出 $F(2)$ 和 $F(1)$ 的值直接对 $F(3)$ 进行求解,并将求得的值存入 $a[3]$,如表 4-4 所示;最后,在求解 $F(4)$ 时,从数组 a 中取出 $F(3)$ 和 $F(2)$ 的值直接对 $F(4)$ 进行求解,并将求得的值存入 $a[4]$,如表 4-5 所示。

表 4-2　$F(0)$ 和 $F(1)$ 的值

$F(n)$	$F(0)$	$F(1)$	
a	0	1	

表 4-3　$F(0)\sim F(2)$ 的值

$F(n)$	$F(0)$	$F(1)$	$F(2)$
a	0	1	1

表 4-4　$F(0)\sim F(3)$ 的值

$F(n)$	$F(0)$	$F(1)$	$F(2)$	$F(3)$
a	0	1	1	2

表 4-5　$F(0)\sim F(4)$ 的值

$F(n)$	$F(0)$	$F(1)$	$F(2)$	$F(3)$	$F(4)$
a	0	1	1	2	3

由此可见,动态规划的关键在于解决冗余,将原来具有指数级复杂性的搜索算法改进成具有多项式时间的算法,这是动态规划算法的根本目的。其实,动态规划算法是对贪心算法和分治算法的一种折中,它所解决的问题往往不具有贪心算法的实质,但是各个子问题又不是完全零散的。在实现的过程中,动态规划算法需要存储各种状态,所以它的空间复杂性要大于其他的算法,这是一种以空间换取时间的技术。

4.1.2　动态规划算法的解题步骤

动态规划算法适合用来求解最优化问题,通常可按下列步骤对算法的解题过程进行设计:

(1) 分析最优解的性质,刻画最优解的结构特征,考察是否适合采用动态规划算法。

(2) 递归定义最优值(即建立递归式或动态规划方程)。

(3) 以自底向上的方式计算出最优值,并记录相关信息。

(4) 根据计算最优值时得到的信息,构造出最优解。

另外,在进一步探讨动态规划算法的设计方法及应用之前,有两点需要注意。一是问题的刻画对能否用动态规划算法进行求解是至关重要的,不恰当的刻画方式将使问题的描述不具有最优子结构性质,从而无法建立最优值的递归关系,动态规划算法的应用也就无从谈起。因此,步骤(1)是最关键的一步。二是在算法的实现过程中,应充分利用子问题的重叠性质来提高解题效率。具体地说,应采用递推(迭代)的方法来编程计算由递归式定义的最优值,而不是采用直接递归的方法。

4.1.3　动态规划算法的基本要素

任何一种算法都有其局限性,超出特定条件,它就失去了作用。同样,动态规划算法并非适合于求解所有的最优化问题,采用该算法求解的问题应具备 3 个基本要素:最优子结构性质、子问题重叠性质和自底向上的求解方法。在这三大要素的指导下,可以对某问题是否适合采用动态规划算法求解进行预判。

1. 最优子结构性质

最优子结构性质,通俗地讲就是问题的最优解包含其子问题的最优解。最优子结构性质是动态规划算法的基础,任何问题,如果不具备该性质,就不可能用动态规划算法来解决。总之,根据最优子结构性质导出的动态规划算法的基本方程是解决一切动态规划问题的基本方法。

在分析问题的最优子结构性质时,所用的方法具有普遍性——反证法。首先假设由问题的最优解导出的子问题的解不是最优的,然后再设法说明在这个假设下可构造出比原问题最优解更好的解,从而导致矛盾。

2. 子问题重叠性质

递归算法求解问题时,每次产生的子问题并不总是新问题,有些子问题出现多次,这种性质称为子问题的重叠性质。

在应用动态规划算法时,对于重复出现的子问题,只需在第一次遇到时加以解决,并把已解决的各个子问题的解存储在表中,便于以后遇到时直接引用,从而不必重新求解,可大大提高解题的效率。

子问题重叠性质并不是动态规划算法适用的必要条件,但是如果该性质无法满足,动态规划算法同其他算法相比就不具备优势。

3. 自底向上的求解方法

由于动态规划算法解决的问题具有了问题重叠性质,求解时需要采用自底向上的方法,即:首先选择合适的表格,将递归的停止条件填入表格的相应位置;然后将问题的规模一级一级放大,求出每一级子问题的最优值,并将其填入表格的相应位置,直到问题所要求的规模,此时便求出原问题的最优值。

4.2 矩阵连乘问题

微课视频

1. 问题描述

给定 n 个矩阵 $\{A_1, A_2, A_3, \cdots, A_n\}$,其中 A_i 与 A_{i+1}($i=1,2,3,\cdots,n-1$)是可乘的。用加括号的方法表示矩阵连乘的次序,不同加括号的方法所对应的计算次序是不同的。

【例 4-2】 3 个矩阵 $A_1A_2A_3$ 连乘,用加括号的方法表示其计算次序。

3 个矩阵相乘,其加括号的方法一共有两种,具体如下:

$$((A_1A_2)A_3)、(A_1(A_2A_3))$$

【例 4-3】 4 个矩阵连乘,用加括号的方法表示其计算次序。

4 个矩阵连乘,其加括号的方法共有 5 种,具体如下:

$$(A_1(A_2(A_3A_4)))$$

$$((A_1A_2)(A_3A_4))$$

$$((A_1(A_2A_3))A_4)$$

$$(A_1((A_2A_3)A_4))$$

$$(((A_1A_2)A_3)A_4)$$

不同加括号的方法所对应的计算量也是不同的,甚至差别很大。由于在矩阵相乘的过程中,仅涉及加法和乘法两种基本运算,乘法耗时远远大于加法耗时,故采用矩阵连乘所需乘法的次数来对不同计算次序的计算量进行衡量。

【例 4-4】 3 个矩阵 A_1、A_2、A_3 的行列分别为 10×100、100×5、5×50,求例 4-2 中的两种加括号方法所需要乘法的次数。

两种加括号方法所需要乘法的次数分别为

$$((A_1A_2)A_3): 10\times100\times5+5\times10\times50=7500$$

$$(A_1(A_2A_3)): 5\times100\times50+100\times10\times50=75\,000$$

那么,矩阵连乘问题就是对于给定 n 个连乘的矩阵,找出一种加括号的方法,使得矩阵连乘的计算量最小。

容易想到的解决方法是穷举法,即对 n 个矩阵连乘的每一种加括号方法进行乘法次数的统计,从中找出最小的计算量所对应的加括号方法。这种方法的复杂性取决于加括号的方法的种数。对于 n 个矩阵连乘,其加括号的方法有多少种呢?

考察矩阵连乘,不管哪种加括号的方法,最终都归结为两部分结果矩阵相乘,这两部分从 n 个连乘矩阵中的哪个矩阵处分开呢?设可能从 A_k 和 A_{k+1} 处将 n 个矩阵分成两部分,其中 $k=1,2,\cdots,n-1$。令 $P(n)$ 代表 n 个矩阵连乘不同的计算次序,即不同加括号的方式,则 n 个矩阵连乘加括号的方式可通过两步操作来实现:①分别完成对两部分加括号;②对所得的结果加括号。由此

$$P(n)=\begin{cases}1, & n=1\\ \sum_{k=1}^{n-1}P(k)P(n-k), & n>1\end{cases}$$

解此递归方程可得 $P(n)$ 实际上是 catalan 数,即 $P(n)=C(n-1)$,其中 $C(n)=\dfrac{1}{n+1}C_{2n}^n$。故穷举法的复杂性非常高,是 n 的指数级函数。显然,该方法不可行。

2. 分析最优解的性质,刻画最优解的结构——最优子结构性质分析

设 n 个矩阵连乘的最佳计算次序为 $(A_1A_2\cdots A_k)(A_{k+1}A_{k+2}\cdots A_n)$,则 $(A_1A_2\cdots A_k)$ 连乘的计算次序是最优的,$(A_{k+1}A_{k+2}\cdots A_n)$ 连乘的计算次序也是最优的。

证明:(反证法)设 $(A_1A_2\cdots A_k)(A_{k+1}A_{k+2}\cdots A_n)$ 的乘法次数为 c,$(A_1A_2\cdots A_k)$ 的乘法次数为 a,$(A_{k+1}A_{k+2}\cdots A_n)$ 乘法次数为 b,$(A_1A_2\cdots A_k)$ 和 $(A_{k+1}A_{k+2}\cdots A_n)$ 的结果矩阵相乘所需要的乘法次数为 d,则 $c=a+b+d$。从这个表达式可以看出,无论 $(A_1A_2\cdots A_k)$ 和 $(A_{k+1}A_{k+2}\cdots A_n)$ 这两部分的计算次序是什么,都不影响这两部分的结果矩阵相乘的乘法次数 d。因此,如果 c 是最小的,则一定包含 a 和 b 都是最小的。如果 a 不是最小的,则它所对应的 $(A_1A_2\cdots A_k)$ 的计算次序也不是最优的。那么,对于 $(A_1A_2\cdots A_k)$ 来说,肯定存在最优的计算次序,设 $(A_1A_2\cdots A_k)$ 的最优计算次序所对应的乘法次数为 a',即 $a'<a$,用 a' 代替

a 得到 $c'=a'+b+d$，则 $c'<c$，这说明 c 对应的 n 个矩阵连乘的计算次序不是最优的，这与前提矛盾，故 a 一定是最小的。同理，b 也是最小的。最优子结构性质得证。

3. 建立最优值的递归关系式

$A_iA_{i+1}\cdots A_j$ 矩阵连乘，其中矩阵 A_m 的行数为 p_m，列数为 q_m（$m=i,i+1,\cdots,j$）且相邻矩阵是可乘的（即 $q_m=p_{m+1}$）。设它们的最佳计算次序所对应的乘法次数为 $m[i][j]$，则 $A_iA_{i+1}\cdots A_k$ 的最佳计算次序对应的乘法次数为 $m[i][k]$，$A_{k+1}A_{k+2}\cdots A_j$ 的最佳计算次序对应的乘法次数为 $m[k+1][j]$。

当 $i=j$ 时，只有一个矩阵，不用相乘，故 $m[i][i]=0$；

当 $i<j$ 时，有

$$m[i][j]=\min_{i\leqslant k<j}\{m[i][k]+m[k+1][j]+p_iq_kq_j\}$$

将 n 个矩阵的行数和列数存储在一维数组 $P[0:n]$ 中（由于 $q_m=p_{m+1}$，因此 P 中只需要存储 $n+1$ 个元素），则第 i 个矩阵的行数存储在 P 的第 $i-1$ 位置，列数存储在 P 的第 i 位置，则上述递归式可改写为

$$m[i][j]=\begin{cases}0, & i=j \\ \min_{i\leqslant k<j}\{m[i][k]+m[k+1][j]+P[i-1]P[k]P[j]\}, & i<j\end{cases}$$

4. 算法设计

采用自底向上的方法求最优值，具体的求解步骤设计如下：

步骤 1：确定合适的数据结构。采用二维数组 m 来存放各个子问题的最优值，二维数组 s 来存放各个子问题的最优决策（如果 $s[i][j]=k$，则最优加括号方法为 $(A_i\cdots A_k)(A_{k+1}\cdots A_j)$），一维数组 P。

步骤 2：初始化。令 $m[i][i]=0$，$s[i][i]=0$，其中 $i=1,2,\cdots,n$。

步骤 3：循环阶段。

步骤 3-1：按照递归关系式计算两个矩阵 A_iA_{i+1} 相乘时的最优值并将其存入 $m[i][i+1]$，同时将最优决策记入 $s[i][i+1]$，$i=1,2,\cdots,n-1$。

步骤 3-2：按照递归关系式计算 3 个矩阵 $A_iA_{i+1}A_{i+2}$ 相乘时的最优值并将其存入 $m[i][i+2]$，同时将最优决策记入 $s[i][i+2]$，$i=1,2,\cdots,n-2$。

……

步骤 3-$(n-1)$：按照递归关系式计算 n 个矩阵 $A_1A_2\cdots A_n$ 相乘时的最优值并将其存入 $m[1][n]$，同时将最优决策记入 $s[1][n]$。

至此，$m[1][n]$ 即为原问题的最优值。

步骤 4：根据二维数组 s 记录的最优决策信息来构造最优解。

步骤 4-1：递归构造 $A_1\cdots A_{s[1][n]}$ 的最优解，直到包含一个矩阵结束。

步骤 4-2：递归构造 $A_{s[1][n]+1}\cdots A_n$ 的最优解，直到包含一个矩阵结束。

步骤 4-3：将步骤 4-1 和步骤 4-2 递归的结果加括号。

5. 矩阵连乘问题的构造实例

【**例 4-5**】 求矩阵 $A_1(3\times2)$、$A_2(2\times5)$、$A_3(5\times10)$、$A_4(10\times2)$ 和 $A_5(2\times3)$ 连乘的最佳计算次序。

计算过程如下:

(1) 初始化。令 $m[i][i]=0$, $s[i][i]=0$, 其中 $i=1,2,\cdots,5$, $P[0:5]=\{3,2,5,10,2,3\}$。

(2) 按照递归关系式计算两个矩阵 A_iA_{i+1} 相乘时的最优值, 其中 $i=1,2,\cdots,4$。

当 $i=1$ 时, 有

$m[1][2]=\min\{m[1][1]+m[2][2]+P[0]P[1]P[2]=0+0+3\times2\times5=30\}$; $s[1][2]=1$。

当 $i=2$ 时, 有

$m[2][3]=\min\{m[2][2]+m[3][3]+P[1]P[2]P[3]=0+0+2\times5\times10=100\}$; $s[2][3]=2$。

以此类推, 求得 $m[3][4]=100$, $s[3][4]=3$, $m[4][5]=60$, $s[4][5]=4$。

(3) 按照递归关系式计算 3 个矩阵 $A_iA_{i+1}A_{i+2}$ 相乘时的最优值, 其中 $i=1,2,3$。

当 $i=1$ 时, 有

$$m[1][3]=\min\begin{cases}m[1][1]+m[2][3]+P[0]P[1]P[3]=0+100+3\times2\times10=160\\m[1][2]+m[3][3]+P[0]P[2]P[3]=30+0+3\times5\times10=180\end{cases};$$

$s[1][3]=1$。

当 $i=2$ 时, 有

$$m[2][4]=\min\begin{cases}m[2][2]+m[3][4]+P[1]P[2]P[4]=0+100+2\times5\times2=120\\m[2][3]+m[4][4]+P[1]P[3]P[4]=100+0+2\times10\times2=140\end{cases};$$

$s[2][4]=2$。

当 $i=3$ 时, 有

$$m[3][5]=\min\begin{cases}m[3][3]+m[4][5]+P[2]P[3]P[5]=0+60+5\times10\times3=210\\m[3][4]+m[5][5]+P[2]P[4]P[5]=100+0+5\times2\times3=130\end{cases};$$

$s[3][5]=4$。

(4) 按照递归关系式计算 4 个矩阵 $A_iA_{i+1}A_{i+2}A_{i+3}$ 相乘时的最优值, 其中 $i=1,2$。

当 $i=1$ 时, 有

$$m[1][4]=\min\begin{cases}m[1][1]+m[2][4]+P[0]P[1]P[4]=0+120+3\times2\times2=132\\m[1][2]+m[3][4]+P[0]P[2]P[4]=30+100+3\times5\times2=160\\m[1][3]+m[4][4]+P[0]P[3]P[4]=160+0+3\times10\times2=220\end{cases};$$

$s[1][4]=1$。

当 $i=2$ 时, 有

$$m[2][5]=\min\begin{cases}m[2][2]+m[3][5]+P[1]P[2]P[5]=0+130+2\times5\times3=160\\m[2][3]+m[4][5]+P[1]P[3]P[5]=100+60+2\times10\times3=220\\m[2][4]+m[5][5]+P[1]P[4]P[5]=120+0+2\times2\times3=132\end{cases};$$

$s[2][5]=4$。

（5）按照递归关系式计算 5 个矩阵 $A_1A_2A_3A_4A_5$ 相乘时的最优值。

$$m[1][5] = \min \begin{cases} m[1][1]+m[2][5]+P[0]P[1]P[5]=0+132+3\times2\times3=150 \\ m[1][2]+m[3][5]+P[0]P[2]P[5]=30+130+3\times5\times3=205 \\ m[1][3]+m[4][5]+P[0]P[3]P[5]=160+60+3\times10\times3=310 \\ m[1][4]+m[5][5]+P[0]P[4]P[5]=132+0+3\times2\times3=150 \end{cases};$$

$s[1][5]=1$。

具体结果如表 4-6、表 4-7 所示。

表 4-6　实例最优值 $m[i][j]$

$m[i][j]$	A_1	A_2	A_3	A_4	A_5
A_1	0	30	160	132	150
A_2		0	100	120	132
A_3			0	100	130
A_4				0	60
A_5					0

表 4-7　实例最优决策 $s[i][j]$

$s[i][j]$	A_1	A_2	A_3	A_4	A_5
A_1	0	1	1	1	1
A_2		0	2	2	4
A_3			0	3	4
A_4				0	4
A_5					0

（6）递归构造 $A_1\cdots A_{s[1][5]}$ 的最优解，直到包含一个矩阵结束；递归构造 $A_{s[1][5]+1}\cdots A_5$ 的最优解，直到包含一个矩阵结束；将步骤 4-1 和步骤 4-2 递归的结果加括号。具体过程如图 4-2 所示。

6. 算法描述

算法 MatrixChain 用于求最优值，并记录相关信息。算法描述如下：

```
void MatrixChain(int * p, int n, int ** m, int ** s)
{
  for (int i = 1; i <= n; i++)
    {
        m[i][i] = 0;                    //单个矩阵相乘,所需数乘次数为0
        s[i][i] = 0;
    }
  for (int r = 2; r <= n; r++)          //不同规模的子问题
    for(int i = 1; i <= n-r+1; i++)     //每一个规模为r的矩阵连乘序列的首矩阵 Aᵢ
      {
        int j = i + r - 1;             //每一个规模为r的矩阵连乘序列的尾矩阵 Aⱼ
        m[i][j] = m[i+1][j] + p[i-1] * p[i] * p[j];   //决策为k=i的乘法次数
```

```
            s[i][j] = i;
            for (int k = i + 1; k < j; k++)      //对 A₁…Aⱼ 的所有决策,求最优值,记录最优决策
               {
                int t = m[i][k] + m[k + 1][j] + p[i - 1] * p[k] * p[j];
                if (t < m[i][j])
                   {
                    m[i][j] = t;
                    s[i][j] = k;
                   }
               }
           }
      }
void Traceback(int i, int j, int ** s)              //算法 Traceback 用于根据记录下来的最优决策来
                                                   //构造最优解
{   //s[i][j]记录了断开的位置,即计算 A[i:j]的加括号方式为: (A[i:s[i][j]])×(A[s[i][j] + 1:j])
     if(i == j)   return;
     Traceback(i, s[i][j], s);                     //递归打印 A[i:s[i][j]]的加括号方式
     Traceback(s[i][j] + 1, j, s);                 //递归打印 A[s[i][j] + 1:j]的加括号方式
     cout <<"A"<<"["<< i <<":"<< s[i][j]<<"]"<< "乘以"<<"A""["<<(s[i][j] + 1)<< ": "<< j <<"]"
<< endl;
}
```

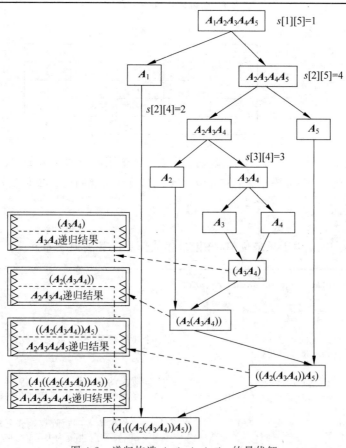

图 4-2   递归构造 $A_1A_2A_3A_4A_5$ 的最优解

7. 算法分析

显然,语句 int t = m[i][k] + m[k+1][j] + p[i-1] * p[k] * p[j];耗时最多,为算法 MatrixChain 的基本语句,最坏情况下该语句的执行次数为 $O(n^3)$,故该算法的最坏时间复杂性为 $O(n^3)$。

构造最优解的 Traceback 算法的时间主要取决于递归。最坏情况下时间复杂性的递归式为

$$T(n) = \begin{cases} O(1), & n=1 \\ T(n-1) + O(1), & n>1 \end{cases}$$

解此递归式得 $T(n) = O(n)$。

8. C++实战

相关代码如下。

```cpp
# include < iostream >
using namespace std;
void MatrixChain(int * p, int n, int ** m, int ** s)
{
    for (int i = 1; i <= n; i++)
    {
        m[i][i] = 0;                        //单个矩阵相乘,所需数乘次数为 0
        s[i][i] = 0;
    }
    for (int r = 2; r <= n; r++)            //不同规模的子问题
        for (int i = 1; i <= n - r + 1; i++)    //每个规模为 r 的矩阵连乘序列的首矩阵 Aᵢ
        {
            int j = i + r - 1;             //每个规模为 r 的矩阵连乘序列的尾矩阵 Aⱼ
            m[i][j] = m[i + 1][j] + p[i - 1] * p[i] * p[j];     //决策为 k = i 的乘法次数
            s[i][j] = i;
            for (int k = i + 1; k < j; k++)    //对 Aᵢ…Aⱼ 的所有决策,求最优值,记录最优决策
            {
                int t = m[i][k] + m[k + 1][j] + p[i - 1] * p[k] * p[j];
                if (t < m[i][j])
                {
                    m[i][j] = t;
                    s[i][j] = k;
                }
            }
        }
}
void Traceback(int i, int j, int ** s)            //算法 Traceback 根据记录下来的最优决策
                                                  //来构造最优解
{   //s[i][j]记录了断开的位置,即计算 A[i:j]的加括号方式为: (A[i:s[i][j]]) * (A[s[i][j] + 1:j])
    if(i == j) return;
    Traceback(i, s[i][j], s);                    //递归打印 A[i:s[i][j]]的加括号方式
    Traceback(s[i][j] + 1, j, s);                //递归打印 A[s[i][j] + 1:j]的加括号方式
    cout <<"A"<<"["<< i <<":"<< s[i][j]<<"]"<< " * "<<"A""["<<(s[i][j] + 1)<< ": "<< j <<"]"<< endl;
}
```

```cpp
int main(){
    int n;
    cout <<"请输入矩阵连乘的矩阵个数 n:";
    cin >> n;
    int * p = new int[n + 1];
    int ** m = new int * [n + 1];
    int ** s = new int * [n + 1];
    for(int i = 0;i <= n;i++){
        m[i] = new int[n + 1];
        s[i] = new int[n + 1];
        cin >> p[i];
    }
    MatrixChain(p,n,m,s);
    Traceback(1,n,s);
    delete []p;
    for(int i = 0;i <= n;i++)
    {
        delete []m[i];
        delete []s[i];
    }
    delete[]m;
    delete[]s;
}
```

微课视频

4.3 凸多边形最优三角剖分问题

1. 基本概念

（1）多边形。

多边形是由一系列首尾相接的直线段组成的闭合曲线。组成多边形的各个直线段称为该多边形的边。连接多边形相继两条边的点称为多边形的顶点。

（2）简单多边形。

如果多边形的边除了连接顶点外没有别的交点，则称该多边形为简单多边形。一个简单多边形将平面分为 3 部分：被包围在多边形内的所有点构成多边形的内部；多边形本身构成多边形的边界；平面上其余包围着多边形的点构成多边形的外部。

（3）凸多边形。

一个简单多边形及其内部构成一个闭凸集时，称该简单多边形为凸多边形，即凸多边形边界上或内部的任意两点所连成的直线段上所有点均在凸多边形的内部或边界上。

（4）凸多边形的弦。

凸多边形的不相邻的两个顶点连接的直线段称为凸多边形的弦。

（5）凸多边形的三角剖分。

凸多边形的三角剖分指将一个凸多边形分割成互不相交的三角形的弦的集合。凸六边形的两种不同三角剖分 $\{v_0v_2, v_0v_3, v_0v_4\}$ 和 $\{v_0v_2, v_0v_3, v_3v_5\}$，如图 4-3 所示。

（6）凸多边形的最优三角剖分。

给定凸多边形及定义在边、弦构成的三角形的权函数，最优三角剖分即不同剖分方法所划分的各三角形上权函数之和最小的三角剖分。

例如，可定义$\triangle v_i v_j v_k$的权函数为

$$w(v_i, v_j, v_k) = |v_i v_j| + |v_j v_k| + |v_k v_i|$$

其中，$|v_i v_j|$表示边(v_i, v_j)的长度。实际应用中，应视问题需要设定合理的权函数。

那么，凸多边形最优三角剖分问题就是指：给定一个凸$n(n \geqslant 3)$边形$P = \{v_0, v_1, \cdots, v_{n-1}\}$以及定义在由$P$的边、弦组成的三角形上的权函数$w$，找出该多边形的一个最优三角剖分。

2．三角剖分的结构

凸多边形的三角剖分与表达式的加括号方式之间具有十分紧密的联系，正如矩阵连乘的计算次序等价于矩阵连乘的加括号方式一样。这些问题均相应于一棵二叉树，如5个矩阵连乘的某一种计算次序$(A_1 A_2)(A_3(A_4 A_5))$对应的二叉树，如图4-4所示。

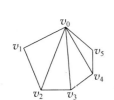
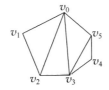
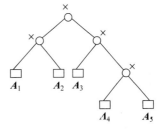

图4-3 凸六边形的两种不同三角剖分　　图4-4 $(A_1 A_2)(A_3 A_4 A_5)$对应的二叉树

凸六边形的一种三角剖分如图4-5所示。如果将凸多边形中连接第一个顶点和最后一个顶点的直线段$v_0 v_5$看作根结点，多边形的弦看作中间结点；多边形的边看作叶子结点，该剖分方法就对应如图4-6所示的一棵二叉树。

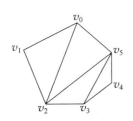
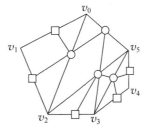

图4-5 凸六边形的一种三角剖分　　图4-6 剖分对应的二叉树

进一步，如果将图4-6中的叶子结点$v_i v_{i+1}$与矩阵$A_{i+1}(i=0,1,2,3,4)$对应，则图4-6和图4-4所示的二叉树是一样的。因此，$n+1$边形的三角剖分与n个矩阵连乘的计算次序是一一对应的。可见，凸多边形最优剖分问题的解决方法和矩阵连乘问题相似。

3．分析最优解的性质，刻画最优解的结构特征——最优子结构性质分析

设$v_0 v_k v_n$是将$n+1$边形$P = \{v_0, v_1, \cdots, v_n\}$分成$\{v_0, v_1, \cdots, v_k\}$、$\{v_k, v_{k+1}, \cdots, v_n\}$和

$\{v_0,v_k,v_n\}$ 3 部分的最佳剖分方法，那么凸多边形 $\{v_0,v_1,\cdots,v_k\}$ 的剖分一定是最优的，$\{v_k,v_{k+1},\cdots,v_n\}$ 的剖分也一定是最优的。

设 $\{v_0,v_1,\cdots,v_n\}$ 三角剖分的权函数之和为 c，$\{v_0,v_1,\cdots,v_k\}$ 三角剖分的权函数之和为 a，$\{v_k,v_{k+1},\cdots,v_n\}$ 三角剖分的权函数之和为 b，三角形 $v_0v_kv_n$ 的权函数为 $w(v_0v_kv_n)$，则 $c=a+b+w(v_0v_kv_n)$。

如果 c 是最小的，则一定包含 a 和 b 都是最小的。如果 a 不是最小的，则它所对应的 $\{v_0,v_1,\cdots,v_k\}$ 的三角剖分就不是最优的。那么，对于凸多边形 $\{v_0,v_1,\cdots,v_k\}$ 来说，肯定存在最优的三角剖分，设 $\{v_0,v_1,\cdots,v_k\}$ 的最优三角剖分对应的权函数之和为 $a'(a'<a)$，用 a' 代替 a 得到 $c'=a'+b+w(v_0v_kv_n)$，则 $c'<c$，这说明 c 对应的 $\{v_0,v_1,\cdots,v_n\}$ 的三角剖分不是最优的，产生矛盾。故 a 一定是最小的。同理，b 也是最小的。最优子结构性质得证。

4. 建立最优值的递归关系式

设 $m[i][j]$ 表示 $v_{i-1}v_i\cdots v_j$ 最优三角剖分权函数之和，$i=j$ 时表示一条直线段，将其看作退化多边形，其权函数为 0，则

$$m[i][j]=\begin{cases}0, & i=j \\ \min\limits_{i\leqslant k<j}\{m[i][k]+m[k+1][j]+w(v_{i-1}v_kv_j)\}, & i<j\end{cases}$$

5. 算法描述

算法描述如下：

```
void MinWeightTriangulation(int n,int ** m,int ** s)      //自底向上计算最优值并记录最优决策
                                                          //的算法描述
  {
  for (int i = 1; i <= n; i++)
    {
        m[i][i] = 0; s[i][i] = 0;
    }
  for (int r = 2; r <= n; r++)                            //问题规模
    for (int i = 1; i <= n - r + 1; i++)
      {
        int j = i + r - 1;
        m[i][j] = m[i + 1][j] + w(vᵢ₋₁vₖvⱼ);             //k = i 时 m[i][j]的值
        s[i][j] = i;
        for (int k = i + 1; k < j; k++)                   //计算最优值,记录最优决策
          {
            int t = m[i][k] + m[k + 1][j] + w(vᵢ₋₁vₖvⱼ);
            if (t < m[i][j])
              {
                m[i][j] = t; s[i][j] = k;
              }
          }
      }
  }
void Traceback(int i,int j,int ** s)                      //构造最优解
  {
```

```
    if(i == j)    return;
    Traceback(i,s[i][j],s);                        //递归剖分凸多边形 v_{i-1},v_i,…,v_{s[i][j]}
    Traceback(s[i][j]+1,j,s);                      //递归剖分凸多边形 v_{s[i][j]+1},…,v_j
    cout <<"v"<< i-1 <<"v"<< j
        <<"v"<< s[i][j]<< endl;
}
```

6. 算法分析

显然,语句 int t＝m[i][k]＋m[k+1][j]＋w($v_{i-1}v_kv_j$)；为算法 MinWeightTriangulation 的基本语句,最坏情况下该语句的执行次数为 $O(n^3)$,故该算法的最坏时间复杂性为 $O(n^3)$。

构造最优解的 Traceback 算法的时间主要取决于递归。最坏情况的时间复杂性的递归式为

$$T(n)=\begin{cases} O(1), & n=1 \\ T(n-1)+O(1), & n>1 \end{cases}$$

解此递归式得 $T(n)=O(n)$。

7. C++实战

相关代码如下。

```cpp
# include < iostream >
# define n 5//问题规模,即 v0…v5
using namespace std;
double get_weight(double weights[ ][n+1],int i,int j,int k){
    return weights[i][j] + weights[j][k] + weights[k][i];
}

void MinWeightTriangulation(double w[ ][n+1],double ** m,int ** s)
                            //自底向上计算最优值并记录最优决策的算法描述
{
    for (int i = 1; i <= n; i++)
    {
        m[i][i] = 0;
        s[i][i] = 0;
    }
    for (int r = 2; r <= n; r++)                    //问题规模
        for (int i = 1; i <= n-r+1; i++)
        {
            int j = i+r-1;
            m[i][j] = m[i+1][j] + get_weight(w,i-1,i,j);        //k = i 时 m[i][j]的值
            s[i][j] = i;
            for (int k = i+1; k < j; k++)           //计算最优值,记录最优决策
            {
                int t = m[i][k] + m[k+1][j] + get_weight(w,i-1,k,j);
                if (t < m[i][j])
                {
                    m[i][j] = t;
                    s[i][j] = k;
```

```
                    }
                }
            }
        }
    void Traceback(int i,int j,int ** s)                    //构造最优解
    {
        if(i == j)
            return;
        else{
            Traceback(i,s[i][j],s);                        //递归剖分凸多边形 vi-1,vi, …,vs[i][j]
            Traceback(s[i][j] + 1,j,s);                    //递归剖分凸多边形 v s[i][j] + 1, …,vj
            cout <<"v"<< i - 1 <<" v"<< j <<" v"<< s[i][j]<< endl;
        }
    }
    int main(){
        double w[n + 1][n + 1] = {{0,2,2,3,1,4}, {2,0,1,5,2,3}, {2,1,0,2,1,4}, {3,5,2,0,6,2},
    {1,2,1,6,0,1}, {4,3,4,2,1,0}};
        double ** m =  new double * [n + 1];
        int ** s =  new int * [n + 1];
        for(int i = 0;i < = n;i++){
            m[i] =  new double[n + 1];
            s[i] =  new int[n + 1];
        }
        MinWeightTriangulation(w,m,s);
        cout <<"最优三角剖分为: "<< endl;
        Traceback(1,n,s);
        for(int i = 0;i < = n;i++)
        {
            delete [ ]m[i];
            delete [ ]s[i];
        }
        delete[ ]m;
        delete[ ]s;

    }
```

4.4 最长公共子序列问题

微课视频

1. 基本概念

（1）子序列。

给定序列 $X = \{x_1,x_2,x_3,\cdots,x_n\}$、$Z = \{z_1,z_2,z_3,\cdots,z_k\}$，若 Z 是 X 的子序列，当且仅当存在一个严格递增的下标序列 $\{i_1,i_2,i_3,\cdots,i_k\}$，对 $\forall j \in \{1, 2, 3, \cdots, k\}$，有 $z_j = x_{i_j}$。

例如序列 $X = \{A,B,C,B,D,A,B\}$ 的子序列有：$\{A,B\}$、$\{B,C,A\}$、$\{A,B,C,D,A\}$等。

（2）公共子序列。

给定序列 X 和 Y，序列 Z 是 X 的子序列，也是 Y 的子序列，则称 Z 是 X 和 Y 的公共子序列。

例如序列 $X=\{A,B,C,B,D,A,B\}$ 和序列 $Y=\{A,C,B,E,D,B\}$ 的公共子序列有 $\{A,B\}$、$\{C,B,D\}$、$\{A,C,B,D,B\}$ 等。

（3）最长公共子序列。

包含元素最多的公共子序列即为最长公共子序列。

如上述 X 序列和 Y 序列的最长公共子序列为 $\{A,C,B,D,B\}$。

最长公共子序列问题就是指：给定两个序列 $X=\{x_1,x_2,\cdots,x_m\}$ 和 $Y=\{y_1,y_2,\cdots,y_n\}$，找出 X 和 Y 的一个最长公共子序列。

2. 分析最优解的性质，刻画最优解的结构特征——最优子结构性质分析

设 $Z_k=\{z_1,z_2,\cdots,z_k\}$ 是序列 $X_m=\{x_1,x_2,\cdots,x_m\}$ 和序列 $Y_n=\{y_1,y_2,\cdots,y_n\}$ 的最长公共子序列。

（1）若 $z_k=x_m=y_n$，则 $Z_{k-1}=\{z_1,z_2,\cdots,z_{k-1}\}$ 是 X_{m-1} 和 Y_{n-1} 的最长公共子序列。

证明：设 Z_{k-1} 不是 X_{m-1} 和 Y_{n-1} 的最长公共子序列，则对序列 X_{m-1} 和 Y_{n-1} 来说，应该有它们的最长公共子序列，设其最长公共子序列为 M。因此有 $|Z_{k-1}|<|M|$。在 X_{m-1} 和 Y_{n-1} 的最后均添加一个相同的字符 $z_k=x_m=y_n$，则 $Z_{k-1}+\{z_k\}$ 和 $M+\{z_k\}$ 均是 X_m 和 Y_n 的公共子序列。又由于 $|Z_{k-1}+\{z_k\}=Z_k|<|M+\{z_k\}|$，故 Z_k 不是 X_m 和 Y_n 的最长公共子序列，与前提矛盾，得证。

（2）若 $x_m\neq y_n$，$x_m\neq z_k$，则 Z_k 是 X_{m-1} 和 Y_n 的最长公共子序列。

证明：设 Z_k 不是 X_{m-1} 和 Y_n 的最长公共子序列，则对序列 X_{m-1} 和 Y_n 来说，应该有它们的最长公共子序列，设其最长公共子序列为 M。因此有 $|Z_k|<|M|$。在 X_{m-1} 的最后添加一个字符 x_m，则 M 也是 X_m 和 Y_n 的公共子序列。又由于 $|Z_k|<|M|$，故 Z_k 不是 X_m 和 Y_n 的最长公共子序列，与前提矛盾，得证。

（3）若 $x_m\neq y_n$，$y_n\neq z_k$，则 Z_k 是 X_m 和 Y_{n-1} 的最长公共子序列。

证明：设 Z_k 不是 X_m 和 Y_{n-1} 的最长公共子序列，则对序列 X_m 和 Y_{n-1} 来说，应该有它们的最长公共子序列，设其最长公共子序列为 M，因此有 $|Z_k|<|M|$。在 Y_{n-1} 的最后添加一个字符 y_n，则 M 也是 X_m 和 Y_n 的公共子序列。又由于 $|Z_k|<|M|$，故 Z_k 不是 X_m 和 Y_n 的最长公共子序列，与前提矛盾，得证。

3. 建立最优值的递归关系式

设 $c[i][j]$ 表示序列 X_i 和 Y_j 的最长公共子序列的长度，则

$$c[i][j]=\begin{cases}0, & i=0 \text{ 或 } j=0 \\ c[i-1][j-1]+1, & i,j>0 \text{ 且 } x_i=y_j \\ \max\{c[i][j-1],c[i-1][j]\}, & i,j>0 \text{ 且 } x_i\neq y_j\end{cases}$$

4. 算法设计

具体的求解步骤设计如下：

步骤 1：确定合适的数据结构。采用二维数组 c 来存放各个子问题的最优值，二维数组 b 来存放各个子问题最优值的来源，$b[i][j]=1$ 表示 $c[i][j]$ 由 $c[i-1][j-1]+1$ 得到，$b[i][j]=2$ 表示 $c[i][j]$ 由 $c[i][j-1]$ 得到，$b[i][j]=3$ 表示 $c[i][j]$ 由 $c[i-1][j]$ 得到。数组 $x[1:m]$ 和 $y[1:n]$ 分别存放 X 序列和 Y 序列。

步骤 2：初始化。令 $c[i][0]=0,c[0][j]=0$，其中 $0\leqslant i\leqslant m,0\leqslant j\leqslant n$。

步骤 3：循环阶段。根据递归关系式，确定序列 X_i 和 Y_j 的最长公共子序列长度，$1\leqslant i\leqslant m$。

步骤 3-1：$i=1$ 时，求出 $c[1][j]$，同时记录 $b[1][j]$，$1\leqslant j\leqslant n$。

步骤 3-2：$i=2$ 时，求出 $c[2][j]$，同时记录 $b[2][j]$，$1\leqslant j\leqslant n$。

……

步骤 3-m：$i=m$ 时，求出 $c[m][j]$，同时记录 $b[m][j]$，$1\leqslant j\leqslant n$。此时，$c[m][n]$ 便是序列 X 和 Y 的最长公共子序列长度。

步骤 4：根据二维数组 b 记录的相关信息以自底向上的方式来构造最优解。

步骤 4-1：初始时，$i=m,j=n$。

步骤 4-2：如果 $b[i][j]=1$，则输出 $x[i]$，同时递推到 $b[i-1][j-1]$；如果 $b[i][j]=2$，则递推到 $b[i][j-1]$；如果 $b[i][j]=3$，则递推到 $b[i-1][j]$。

重复执行步骤 4-2，直到 $i=0$ 或 $j=0$，此时就可得到序列 X 和 Y 的最长公共子序列。

5. 最长公共子序列问题的实例构造

【例 4-6】 给定序列 $X=\{A,B,C,B,D,A,B\}$ 和 $Y=\{B,D,C,A,B,A\}$，求它们的最长公共子序列。

(1) $m=7,n=6$，将停止条件填入数组 c，即 $c[i][0]=0,c[0][j]=0$，其中 $0\leqslant i\leqslant m$，$0\leqslant j\leqslant n$，如表 4-8 所示。

(2) 当 $i=1$ 时，$X_1=\{A\}$，最后一个字符为 A；Y_j 的规模从 1 逐步放大到 6，其最后一个字符分别为 $B、D、C、A、B、A$，根据递归关系式，当 $j=1$ 时，$B\neq A,c[1][1]=c[0][1]$，$b[1][1]=3$，这里形象化地用"↑"表示。当 $j=2$ 时，$D\neq A,c[1][2]=c[0][2],b[1][2]=3$；当 $j=3$ 时，$C\neq A,c[1][3]=c[0][3],b[1][3]=3$；当 $j=4$ 时，$A=A,c[1][4]=c[0][3]+1,b[1][4]=1$，这里形象化地用"↖"表示；当 $j=5$ 时，$B\neq A,c[1][5]=c[1][4]$，$b[1][5]=2$，这里形象化地用"←"表示；当 $j=6$ 时，$A=A,c[1][6]=c[0][5]+1,b[1][6]=1$，结果如表 4-9 所示。

表 4-8　$i=0$ 或 $j=0$ 时的最优值

		B	D	C	A	B	A
		0	0	0	0	0	0
A		0					
B		0					
C		0					
B		0					
D		0					
A		0					
B		0					

表 4-9　$i=1$ 时的最优值

		B	D	C	A	B	A
		0	0	0	0	0	0
A		0	↑0	↑0	↑0	↖1	←1	1
B		0					
C		0					
B		0					
D		0					
A		0					
B		0					

（3）当 $i=2$ 时，$X_2=\{A,B\}$，最后一个字符为 B；Y_j 的规模从 1 逐步放大到 6，其最后一个字符分别为 B、D、C、A、B、A，根据递归关系式，当 $j=1$ 时，$B=B$，$c[2][1]=c[1][0]+1$，$b[2][1]=1$；当 $j=2$ 时，$D\neq B$，$c[2][2]=c[2][1]$，$b[1][2]=2$；当 $j=3$ 时，$C\neq B$，$c[2][3]=c[2][2]$，$b[1][3]=2$；当 $j=4$ 时，$A\neq B$，$c[2][4]=c[1][4]$，$b[2][4]=3$；当 $j=5$ 时，$B=B$，$c[2][5]=c[1][4]+1$，$b[2][5]=1$；当 $j=6$ 时，$A\neq B$，$c[2][6]=c[2][5]$，$b[1][6]=2$，结果如表 4-10 所示。

（4）以此类推，直到 $i=7$。$X_7=\{A,B,C,B,D,A,B\}$，X 的最后一个字符为 B；Y 的规模从 1 逐步放大到 6，其最后一个字符分别为 B、D、C、A、B、A，根据递归关系式计算结果如表 4-11 所示。

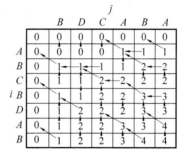

表 4-10　$i=2$ 时的最优值　　　　　　　表 4-11　$i=7$ 时的最优值

（5）从 $i=7$，$j=6$ 处向前递推，由于 $b[7][6]=3$，递推到 $b[6][6]$；$b[6][6]=1$，输出 $X[6]$，即字符 A，递推到 $b[5][5]$；$b[5][5]=3$，递推到 $b[4][5]$；$b[4][5]=1$，输出 $X[4]$，即字符 B，递推到 $b[3][4]$；$b[3][4]=2$，递推到 $b[3][3]$；$b[3][3]=1$，输出 $X[3]$，即字符 C，递推到 $b[2][2]$；$b[2][2]=2$，递推到 $b[2][1]$；$b[2][1]=1$，输出 $X[2]$，即字符 B，递推到 $b[1][0]$；此时，$j=0$，算法结束，找到 X 和 Y 的最长公共子序列为 $\{B,C,B,A\}$。

6. 算法描述

算法描述如下：

```
//自底向上计算最优值,并记录相关信息
void LCSLength(int m,int n,char * x,char * y,int ** c,int ** b)
  {
    int i,j;
    for (i = 1; i < = m; i++) c[i][0] = 0;
    for (i = 1; i < = n; i++) c[0][i] = 0;
    for (i = 1; i < = m; i++)                   //控制 X 序列不同的子问题
      for (j = 1; j < = n; j++)                 //控制 Y 序列不同的子问题
        if (x[i] = = y[j])
          {
            c[i][j] = c[i - 1][j - 1] + 1;
            b[i][j] = 1;
          }
```

```
                else if (c[i-1][j]>=c[i][j-1])
                    {
                        c[i][j]=c[i-1][j];
                        b[i][j]=3;
                    }
                else
                    {
                        c[i][j]=c[i][j-1];
                        b[i][j]=2;
                    }
        }
void LCS(int i,int j,char *x,int **b)              //根据记录下来的信息构造最优解
{
    if (i==0|| j==0) return;
    if (b[i][j]==1)
        {LCS(i-1,j-1,x,b); cout << x[i];}
    else if (b[i][j]==2)
            LCS(i,j-1,x,b);
        else
            LCS(i-1,j,x,b);
}
```

7. C++实战

相关代码如下。

```
#include <iostream>
using namespace std;
//自底向上计算最优值,并记录相关信息
void LCSLength(int m,int n,char *x,char *y,int **c,int **b)
{
    int i,j;
    for (i=1; i<=m; i++) c[i][0]=0;
    for (i=1; i<=n; i++) c[0][i]=0;
    for (i=1; i<=m; i++)                   //控制 X 序列不同的子问题
        for (j=1; j<=n; j++)               //控制 Y 序列不同的子问题
            if (x[i]==y[j])
                {
                    c[i][j]=c[i-1][j-1]+1;
                    b[i][j]=1;
                }
            else if (c[i-1][j]>=c[i][j-1])
                {
                    c[i][j]=c[i-1][j];
                    b[i][j]=3;
                }
            else
                {
                    c[i][j]=c[i][j-1];
                    b[i][j]=2;
                }
```

```
}
//构造最优解
void LCS(int i, int j, char * x, int ** b)        //根据记录下来的信息构造最优解
{
    if (i == 0 || j == 0) return;
    if (b[i][j] == 1)
        {
            LCS(i - 1, j - 1, x, b);
            cout << x[i];
        }
        else if (b[i][j] == 2)
            LCS(i - 1, j, x, b);
        else
            LCS(i, j - 1, x, b);
}
int main(){
    cout <<"请输入 X 和 Y 的长度: ";
    int m, n;
    cin >> m >> n;
    char * x = new char[m + 1];
    char * y = new char[n + 1];
    cout <<"请输入 X 串";
    for(int i = 1; i <= m; i++)
        cin >> x[i];
    cout <<"请输入 Y 串";
    for(int i = 1; i <- n; i++)
        cin >> y[i];
    //动态开辟二维数组 c 和 b
    int ** c = new int * [m + 1];
    int ** b = new int  * [m + 1];
    for(int i = 0; i <= m; i++){
        c[i] = new int[n + 1];
        b[i] = new int[n + 1];
    }
    LCSLength(m, n, x, y, c, b);
    cout <<"最长公共子序列为: ";
    LCS(m, n, x, b);
    cout << endl;
    cout <<"最长公共子序列的长度为: "<< c[m][n]<< endl;
    delete []x;
    delete []y;
    for(int i = 0; i <= m; i++)
    {
        delete []c[i];
        delete []b[i];
    }
    delete []c;
    delete []b;
}
```

微课视频

微课视频

4.5 加工顺序问题

1. 问题描述

设有 n 个工件需要在机器 M_1 和 M_2 上加工,每个工件的加工顺序都是先在 M_1 上加工,然后在 M_2 上加工。t_{1j},t_{2j} 分别表示工件 j 在 M_1,M_2 上所需的加工时间($j=1,2,\cdots,n$)。问应如何在两机器上安排生产,使得第一个工件从在 M_1 上加工开始到最后一个工件在 M_2 上加工完所需的总加工时间最短?

2. 分析最优解的性质,刻画最优解的结构——最优子结构性质

将 n 个工件的集合看作 $N=\{1,2,\cdots,n\}$,设 P 是给定 n 个工件的一个最优加工顺序方案,$P(i)$ 是该调度方案的第 i 个要调度的工件($i=1,2,\cdots,n$)。先考虑初始状态,第一台机器 M_1 开始加工集合 N 中的 $P(1)$ 工件时,第二台机器 M_2 空闲。随着时间的推移,经过 $t_{1P(1)}$ 的时间,进入一个新的状态:第一台机器 M_1 开始加工集合 $N-\{P(1)\}$ 中的 $P(2)$ 工件时,第二台机器 M_2 开始加工 $P(1)$ 工件,需要 $t_{2P(1)}$ 的时间才能空闲。以此类推,可以将每一个状态表示成更一般的形式,即:当第一台机器 M_1 开始加工集合 $S(S\subseteq N$ 是 N 的作业子集)中的工件 i 时,第二台机器 M_2 需要 t 时间才能空闲下来。这种状态下,从集合 S 中的第一个工件开始在机器 M_1 上加工到最后一个工件在机器 M_2 上加工结束时所耗的时间为 $T(S,t)$。设集合 S 的最优加工顺序中第一个要加工的工件为 i,那么,经过 t_{1i} 的时间,进入的状态为第一台机器 M_1 开始加工集合 $S-\{i\}$ 中的工件时,第二台机器 M_2 需要 t' 时间才能空闲下来,这种情况下机器 M_2 加工完 $S-\{i\}$ 中的工件所需的时间为 $T(S-\{i\},t')$,其中

$$t'=\begin{cases}t_{2i}+t-t_{1i}, & t>t_{1i},\\ t_{2i}, & t\leqslant t_{1i}\end{cases} \text{,即 } t'=t_{2i}+\max\{t-t_{1i},0\}$$

则

$$T(S,t)=t_{1i}+T(S-\{i\}, \quad t_{2i}+\max\{t-t_{1i},0\}) \tag{4-1}$$

从式(4-1)可以看出,如果 $T(S,t)$ 是最小的,那么肯定包含 $T(S-\{i\}, t_{2i}+\max\{t-t_{1i},0\})$ 也是最小的。整体最优一定包含子问题最优。

3. 建立最优值的递归关系式

设 $T(S,t)$ 表示从集合 S 中的第一个工件开始在机器 M_1 上加工到最后一个工件在机器 M_2 上加工结束时所耗的最短时间,则:

当 $S=\phi$ 时,耗时为 M_2 闲下来所需的时间,即 $T(S,t)=t$;

当 $S\neq\phi$ 时,$T(S,t)=\min\limits_{i\in S}\{t_{1i}+T(S-\{i\},t_{2i}+\max\{t-t_{1i},0\})\}$。

4. 加工顺序问题的 Johnson-Bellman's Rule

假设在集合 S 的 $n!$ 种加工顺序中,最优加工方案为以下两种方案之一:

方案1:先加工 S 中的 i 号工件,再加工 j 号工件,其他工件的加工顺序为最优顺序。

方案 2：先加工 S 中的 j 号工件，再加工 i 号工件，其他工件的加工顺序为最优顺序。

可见，这两种方案只有最先加工的两个工件顺序不同，其他均相同。那么，最优方案究竟来源于方案 1，还是方案 2？显然取决于这两种方案所需要的加工时间。

方案 1 的加工时间为

$$T(S,t) = t_{1i} + T(S - \{i\}, t_{2i} + \max\{t - t_{1i}, 0\})$$
$$= t_{1i} + t_{1j} + T(S - \{i,j\}, t_{2j} + \max\{t_{2i} + \max\{t - t_{1i}, 0\} - t_{1j}, 0\}) \quad (4\text{-}2)$$

令

$$t_{ij} = t_{2j} + \max\{t_{2i} + \max\{t - t_{1i}, 0\} - t_{1j}, 0\}$$
$$= t_{2j} + t_{2i} - t_{1j} + \max\{\max\{t - t_{1i}, 0\}, t_{1j} - t_{2i}\}$$
$$= t_{2j} + t_{2i} - t_{1j} + \max\{t - t_{1i}, 0, t_{1j} - t_{2i}\}$$
$$= t_{2j} + t_{2i} - t_{1j} + t_{1j} + \max\{t - t_{1i} - t_{1j}, -t_{1j}, -t_{2i}\}$$
$$= t_{2j} + t_{2i} + \max\{t - t_{1i} - t_{1j}, -t_{1j}, -t_{2i}\}$$

同理，方案 2 的加工时间为

$$T'(S,t) = t_{1j} + T'(S - \{j\}, t_{2j} + \max\{t - t_{1j}, 0\})$$
$$= t_{1i} + t_{1j} + T'(S - \{i,j\}, t_{2i} + \max\{t_{2j} + \max\{t - t_{1j}, 0\} - t_{1i}, 0\}) \quad (4\text{-}3)$$

令

$$t_{ji} = t_{2i} + \max\{t_{2j} + \max\{t - t_{1j}, 0\} - t_{1i}, 0\}$$
$$= t_{2i} + t_{2i} + \max\{t - t_{1i} - t_{1j}, -t_{1i}, -t_{2j}\}$$

通过比较式(4-2)和式(4-3)发现，$T(S,t)$ 与 $T'(S,t)$ 的大小关系取决于 t_{ij} 和 t_{ji} 的大小。t_{ij} 和 t_{ji} 的大小关系取决于 $\max\{t - t_{1i} - t_{1j}, -t_{1j}, -t_{2i}\}$ 和 $\max\{t - t_{1i} - t_{1j}, -t_{1i}, -t_{2j}\}$ 的大小关系。即如果 $\max\{t - t_{1i} - t_{1j}, -t_{1j}, -t_{2i}\} > \max\{t - t_{1i} - t_{1j}, -t_{1i}, -t_{2j}\}$，则 $t_{ij} > t_{ji}$，$T(S,t) > T'(S,t)$；反之，$t_{ij} \leqslant t_{ji}$，$T(S,t) \leqslant T'(S,t)$。因此，如果方案 1 比方案 2 优，则

$$\max\{t - t_{1i} - t_{1j}, -t_{1j}, -t_{2i}\} \leqslant \max\{t - t_{1i} - t_{1j}, -t_{1i}, -t_{2j}\} \quad (4\text{-}4)$$

式(4-4)两边同乘以(−1)，得

$$\min\{t_{1i} + t_{1j} - t, t_{1j}, t_{2i}\} \geqslant \min\{t_{1i} + t_{1j} - t, t_{1i}, t_{2j}\} \quad (4\text{-}5)$$

由式(4-5)可知，方案 1 不比方案 2 坏的充分必要条件是 $\min\{t_{1j}, t_{2i}\} \geqslant \min\{t_{1i}, t_{2j}\}$。

同理，方案 2 不比方案 1 坏的充分必要条件是 $\min\{t_{1i}, t_{2j}\} \geqslant \min\{t_{1j}, t_{2i}\}$。由此可以得出结论：对加工顺序中的两个加工工件 i 和 j，如果它们在两台机器上的处理时间满足 $\min\{t_{1j}, t_{2i}\} \geqslant \min\{t_{1i}, t_{2j}\}$，则工件 i 先加工，工件 j 后加工的加工顺序优；反之，工件 j 先加工，工件 i 后加工的加工顺序优。

如果加工工件 i 和 j 满足 $\min\{t_{1j}, t_{2i}\} \geqslant \min\{t_{1i}, t_{2j}\}$ 不等式，称加工工件 i 和 j 满足 Johnson Bellman's Rule。设最优加工顺序为 P，则 P 的任意相邻的两个加工工件 $P(i)$ 和 $P(i+1)$ 满足 $\min\{t_{1P(i+1)}, t_{2P(i)}\} \geqslant \min\{t_{1P(i)}, t_{2P(i+1)}\}$，$1 \leqslant i \leqslant n-1$。进一步可以证明，最优加工顺序的第 i 个和第 j 个要加工的工件，如果 $i < j$，则 $\min\{t_{1P(j)}, t_{2P(i)}\} \geqslant \min\{t_{1P(i)},$

$t_{2P(j)}$}。即：满足 Johnson Bellman's Rule 的加工顺序方案为最优方案。

5. 算法设计

根据 Johnson Bellman's Rule，有

$$
\min\{t_{1j},t_{2i}\} \geqslant \min\{t_{1i},t_{2j}\} \Leftrightarrow
\left\{
\begin{array}{lll}
t_{1j} \geqslant t_{2i} & 且\ t_{1i} \geqslant t_{2j}, & 则\ t_{2i} \geqslant t_{2j} \\
t_{1j} \geqslant t_{2i} & 且\ t_{1i} < t_{2j}, & 则\ t_{2i} \geqslant t_{1i} \\
t_{1j} < t_{2i} & 且\ t_{1i} \geqslant t_{2j}, & 则\ t_{1j} \geqslant t_{2j} \\
t_{1j} < t_{2i} & 且\ t_{1i} < t_{2j}, & 则\ t_{1j} \geqslant t_{1i}
\end{array}
\right\}
\tag{4-6}
$$

$$
\Rightarrow
\left\{
\begin{array}{ll}
t_{1j} \geqslant t_{2j} & t_{2j}\ 最小 \\
t_{2i} \geqslant t_{1i} & t_{1i}\ 最小 \\
t_{1j} \geqslant t_{2j} & t_{2j}\ 最小 \\
t_{2i} > t_{1i} & t_{1i}\ 最小
\end{array}
\right.
\Rightarrow
\left\{
\begin{array}{ll}
t_{1j} \geqslant t_{2j} & t_{2j}\ 最小 \\
t_{2i} > t_{1i} & t_{1i}\ 最小
\end{array}
\right.
$$

式(4-6)说明：①在第一台机器 M_1 上的加工时间越短的工件越先加工；②满足在 M_1 上的加工时间小于在第二台机器 M_2 上的加工时间的工件先加工；③在 M_2 上的加工时间越短的工件越后加工；④满足在 M_1 上的加工时间大于或等于在 M_2 上的加工时间的工件后加工。

因此，满足 Johnson Bellman's Rule 的最优加工顺序的算法步骤设计如下：

步骤 1：令 $N_1=\{i\,|\,t_{1i}<t_{2i}\}$，$N_2=\{i\,|\,t_{1i}\geqslant t_{2i}\}$。

步骤 2：将 N_1 中工件按 t_{1i} 非减序排序；将 N_2 中工件按 t_{2i} 非增序排序。

步骤 3：N_1 中工件接 N_2 中工件，即 N_1N_2 就是所求的满足 Johnson Bellman's Rule 的最优加工顺序。

【例 4-7】 有 7 个工件，它们在第一台机器和第二台机器上的处理时间分别为：$[t_{11},t_{12},t_{13},t_{14},t_{15},t_{16},t_{17}]=[3,8,10,12,6,9,15]$，$[t_{21},t_{22},t_{23},t_{24},t_{25},t_{26},t_{27}]=[7,2,6,18,3,10,4]$，求 7 个工件的最优加工顺序。

按照算法步骤，求解过程如下：

(1) $N_1=\{1,4,6\}$，$N_2=\{2,3,5,7\}$。

(2) 将 N_1 中工件按 t_{1i} 非减序排序 $N_1=\{1,6,4\}$，将 N_2 中工件按 t_{2i} 非增序排序 $N_2=\{3,7,5,2\}$。

(3) N_1 中工件接 N_2 中工件 $N_1N_2=\{1,6,4,3,7,5,2\}$。

6. 算法描述及分析

算法描述如下：

```
struct Jobtype
  {
      int id;                    //key 记录 mim{t₁ᵢ,t₂ᵢ},id 记录工件号 i
      double key
      bool job;                  //记录工件所属的集合,job 等于 1 表示在集合 N₁ 中
  };
```

```
    bool cmp(Jobtype a, Jobtype b){
        return a.key < b.key;
    }
int FlowShop(int n, double * a, double * b, int * c)
{ Jobtype * d = new Jobtype[n];
  for(int i = 0; i < n; i++)        //初始化 d
   {
     d[i].key = a[i] > b[i]?b[i]:a[i];
     d[i].job = a[i] < b[i];
     d[i].id = i;
   }
 Sort(d, d + n, cmp);              //按照 d[i].key 由小到大排序
 int j = 0, k = n - 1;
 for(int i = 0; i < n; i++)
     if(d[i].job)
         c[j++] = d[i].id;        //将 N₁ 中的工件放置在数组 c 的前端
     else
         c[k -- ] = d[i].id;      //将 N₂ 中的工件放置在数组 c 的后端
 j = a[c[0]]; k = j + b[c[0]];
 for(int i = 1; i < n; i++)        //计算总时间
   {
     j + = a[c[i]];
     if(j < k) k = b[c[i]] + k;
     else k = j + b[c[i]];
   }
 return k;
}
```

显然,FlowShop 算法的时间复杂性取决于 sort 函数的执行时间,由于 sort 函数的执行时间为 $O(n\log n)$,因此 FlowShop 算法的时间复杂性为 $O(n\log n)$。

7. C++实战

相关代码如下。

```
# include < iostream >
# include < algorithm >
using namespace std;

struct Jobtype
{
    double key;
    int id;                        //key 记录 mim{t1i, t2i}, id 记录工件号 i
    bool job;                      //记录工件所属的集合, job 等于 1 表示在集合 N1 中
};
//自定义数据类型的比较升序排序
bool cmp(Jobtype a, Jobtype b){
    return a.key < b.key;
}
int FlowShop(int n, double * a, double * b , int * c)
```

```cpp
{
    Jobtype * d = new Jobtype[n];
    for(int i = 0; i < n; i++)              //初始化 d
    {
        d[i].key = a[i] > b[i]?b[i]:a[i];
        d[i].job = a[i] < b[i];
        d[i].id = i;
    }
    sort(d, d + n, cmp);                     //按照 d[i].key 由小到大排序
    int j = 0, k = n - 1;
    for(int i = 0; i < n; i++)
        if(d[i].job)
            c[j++] = d[i].id;                //将 N1 中的工件放置在数组 c 的前端
        else
            c[k--] = d[i].id;                //将 N2 中的工件放置在数组 c 的后端
    j = a[c[0]];
    k = j + b[c[0]];
    for(int i = 1; i < n; i++)               //计算总时间
    {
        j += a[c[i]];
        if(j < k)
            k = b[c[i]] + k;
        else
            k = j + b[c[i]];
    }
    delete []d;
    return k;
}
int main(){
    cout <<"请输入工件数 n:";
    int n;
    cin >> n;
    //动态开辟一维数组
    double * a = new double[n];
    double * b = new double[n];
    cout <<"请输入工件在第一台机器和第二台机器上的处理时间: ";
    for(int i = 0; i < n; i++){
        cin >> a[i] >> b[i];
    }
    int * c = new int[n];
    double time = FlowShop(n, a, b, c);
    cout <<"工件调度顺序为: ";
    for(int i = 0; i < n; i++)
        cout << c[i] + 1 <<" ";
    cout << endl;
    delete []a;
    delete []b;
    delete []c;
}
```

4.6　0-1 背包问题

微课视频

微课视频

1. 问题描述

0-1 背包问题可描述为：n 个物品和 1 个背包。对物品 i，其价值为 v_i，重量为 w_i，背包的容量为 W。如何选取物品装入背包，使背包中所装入的物品的总价值最大？

该问题为何被称为 0-1 背包问题呢？因为，在选择装入背包的物品时，对于物品 i 只有两种选择，即装入背包或不装入背包。不能将物品 i 装入背包多次，也不能只装入物品 i 的一部分。假设 x_i 表示物品 i 被装入背包的情况，当 $x_i=0$ 时，表示物品没有被装入背包；当 $x_i=1$ 时，表示物品被装入背包。

根据问题描述，设计出如下的约束条件和目标函数。

约束条件为

$$\begin{cases} \sum_{i=1}^{n} w_i x_i \leqslant W \\ x_i \in \{0,1\}, \quad 1 \leqslant i \leqslant n \end{cases} \tag{4-7}$$

目标函数为

$$\sum_{i=1}^{n} v_i x_i \tag{4-8}$$

于是，问题归结为寻找一个满足约束条件[见式(4-7)]，并使目标函数[见式(4-8)]达到最大的解向量 $X=(x_1,x_2,\cdots,x_n)$。

现实生活中，该问题可被表述成许多工业场合的应用，如资本预算、货物装载和存储分配等问题，因此对该问题的研究具有很重要的现实意义和实际价值。

2. 分析最优解的性质，刻画最优解的结构特征——最优子结构性质分析

假设 $(x_1,x_2,\cdots,x_k)$ 是 k 个物品，背包容量为 j 的 0-1 背包问题的一个最优解，则 $(x_1,x_2,\cdots,x_{k-1})$ 是下面相应子问题的一个最优解：

约束条件：$\begin{cases} \sum_{i=1}^{k-1} w_i x_i \leqslant j - w_k x_k \\ x_i \in \{0,1\}, \quad 1 \leqslant i \leqslant k \end{cases}$，　目标函数：$\max \sum_{i=1}^{k-1} v_i x_i$。

证明：（反证法）设 $(x_1,x_2,\cdots,x_{k-1})$ 不是上述子问题的一个最优解，而 $(y_1,y_2,\cdots,y_{k-1})$ 是上述子问题的一个最优解，则最优解向量 $(y_1,y_2,\cdots,y_{k-1})$ 所求得的目标函数的值要比解向量 $(x_1,x_2,\cdots,x_{k-1})$ 求得的目标函数的值要大，即

$$\sum_{i=1}^{k-1} v_i y_i > \sum_{i=1}^{k-1} v_i x_i \tag{4-9}$$

又因为最优解向量 $(y_1,y_2,\cdots,y_{k-1})$ 满足约束条件：$\sum_{i=1}^{k-1} w_i y_i \leqslant j - w_k x_k$，即 $w_k x_k + \sum_{i=1}^{k-1} w_i y_i \leqslant j$，这说明 $(y_1,y_2,\cdots,x_k)$ 是原问题的一个解。此时，在式(4-9)的两边同时加上

$v_k x_k$，可得不等式 $v_k x_k + \sum_{i=1}^{k-1} v_i y_i > v_k x_k + \sum_{i=1}^{k-1} v_i x_i = \sum_{i=1}^{k} v_i x_i$，这说明在原问题的两个解
$(y_1,y_2,\cdots,x_k)$ 和 $(x_1,x_2,\cdots,x_k)$ 中，前者比后者所代表的装入背包的物品总价值要大，即
$(x_1,x_2,\cdots,x_k)$ 不是原问题的最优解。这与 $(x_1,x_2,\cdots,x_k)$ 是原问题的最优解矛盾。故
$(x_1,x_2,\cdots,x_{k-1})$ 是上述相应子问题的一个最优解，最优子结构性质得证。

3. 建立最优值的递归关系式

由于 0-1 背包问题的解是用向量 $(x_1,x_2,\cdots,x_n)$ 描述的。因此，该问题可以看作是决
策一个 n 元 0-1 向量 $(x_1,x_2,\cdots,x_n)$ 的问题。对于任意一个分量 x_i 的决策是"决定 $x_i=1$
或 $x_i=0$"，$i=1,2,\cdots,n$。对 x_{i-1} 决策后，序列 $(x_1,x_2,\cdots,x_{i-1})$ 已被确定，在决策 x_i 时，
问题处于下列两种状态之一：

（1）背包容量不足以装入物品 i，则 $x_i=0$，装入背包的价值不增加。

（2）背包容量足以装入物品 i，则 $x_i=1$，装入背包的价值增加 v_i。

在这两种情况下，装入背包的价值最大者应该是对 x_i 决策后的价值。

令 $C[i][j]$ 表示 i 个物品，背包容量为 j 子问题 $\begin{cases} \sum_{k=1}^{i} w_k x_k \leqslant j \\ x_k \in \{0,1\}, \quad 1 \leqslant k \leqslant i \end{cases}$ 的最优值，即 $C[i][j]=$

$\max \sum_{k=1}^{i} v_k x_k$。那么，$C[i-1][j-w_i x_i]$ 表示该问题的子问题 $\begin{cases} \sum_{k=1}^{i-1} w_k x_k \leqslant j-w_i x_i \\ x_k,x_i \in \{0,1\}, \quad 1 \leqslant k \leqslant i-1 \end{cases}$ 的

最优值。

如果 $j=0$ 或 $i=0$，令 $C[0][j]=C[i][0]=0,1 \leqslant i \leqslant n,1 \leqslant j \leqslant W$；如果 $j < w_i$，第 i 个
物品肯定不能装入背包，$x_i=0$，此时 $C[i][j]=C[i-1][j-w_i x_i]=C[i-1][j]$；如果
$j \geqslant w_i$，第 i 个物品能够装入背包：如果第 i 个物品不装入背包，即 $x_i=0$，则 $C[i][j]=$
$C[i-1][j-w_i x_i]=C[i-1][j]$；如果第 i 个物品装入背包，即 $x_i=1$，则 $C[i][j]=$
$C[i-1][j-w_i x_i]+v_i=C[i-1][j-w_i]+v_i$。可见当 $j \geqslant w_i$ 时，$C[i][j]$ 应取二者的最
大值，即 $\max\{C[i-1][j],C[i-1][j-w_i]+v_i\}$。

由此可得最优值的递归定义式为

$$C[0][j]=C[i][0]=0 \tag{4-10}$$

$$C[i][j]=\begin{cases} C[i-1][j], & j < w_i \\ \max\{C[i-1][j],C[i-1][j-w_i]+v_i\}, & j \geqslant w_i \end{cases} \tag{4-11}$$

4. 算法设计

求解 0-1 背包问题的算法设计步骤如下：

步骤 1：设计算法所需的数据结构。采用数组 $w[n]$ 来存放 n 个物品的重量；数组
$v[n]$ 来存放 n 个物品的价值，背包容量为 W，数组 $C[n+1][W+1]$ 来存放每一次迭代的执
行结果；数组 $x[n]$ 用来存储所装入背包的物品状态。

步骤 2：初始化。按式(4-10)初始化数组 C。

步骤 3：循环阶段。按式(4-11)确定前 i 个物品能够装入背包的情况下得到的最优值。

步骤 3-1：$i=1$ 时，求出 $C[1][j]$，$1 \leqslant j \leqslant W$。

步骤 3-2：$i=2$ 时，求出 $C[2][j]$，$1 \leqslant j \leqslant W$。

……

步骤 3-n：$i=n$ 时，求出 $C[n][W]$。此时，$C[n][W]$ 便是最优值。

步骤 4：确定装入背包的具体物品。从 $C[n][W]$ 的值向前推，如果 $C[n][W] > C[n-1][W]$，表明第 n 个物品被装入背包，则 $x_n=1$，前 $n-1$ 个物品被装入容量为 $W-w_n$ 的背包中；否则，第 n 个物品没有被装入背包，则 $x_n=0$，前 $n-1$ 个物品被装入容量为 W 的背包中。以此类推，直到确定第 1 个物品是否被装入背包中为止。由此，得到以下关系式

$$\begin{cases} x_i=0, \quad j=j \qquad C[i][j]=C[i-1][j] \\ x_i=1, \quad j=j-w_i \quad C[i][j]>C[i-1][j] \end{cases} \tag{4-12}$$

按照式(4-12)，从 $C[n][W]$ 的值向前倒推，即 j 初始为 W，i 初始为 n，即可确定装入背包的具体物品。

5. 0-1 背包问题的构造实例

【例 4-8】 有 5 个物品，其重量分别为 $2,2,6,5,4$，价值分别为 $6,3,5,4,6$。背包容量为 10，物品不可分割，求装入背包的物品和获得的最大价值。

根据算法设计步骤，该实例的具体求解过程如下：

采用二维数组 $C[6][11]$ 来存放各个子问题的最优值，行 i 表示物品，列 j 表示背包容量，表中数据表示 $C[i][j]$。

(1) 根据式(4-10)初始化第 0 行和第 0 列，如表 4-12 所示。

表 4-12　初始化第 0 行和第 0 列

物品个数	背 包 容 量										
	0	1	2	3	4	5	6	7	8	9	10
0	0	0	0	0	0	0	0	0	0	0	0
1	0										
2	0										
3	0										
4	0										
5	0										

(2) $i=1$ 时，求出 $C[1][j]$，$1 \leqslant j \leqslant W$。

由于物品 1 的重量 $w_1=2$，价值 $v_1=6$，根据式(4-11)，分两种情况讨论。

① 如果 $j < w_1$，即 $j < 2$ 时，$C[1][j]=C[0][j]$。

② 如果 $j \geqslant w_1$，即 $j \geqslant 2$ 时，$C[1][j]=\max\{C[0][j], C[0][j-w_1]+v_1\}=\max\{C[0][j], C[0][j-2]+6\}$。

$i=1$ 时的内容如表 4-13 所示。

表 4-13　$i=1$ 时的内容

物品个数	背包容量										
	0	1	2	3	4	5	6	7	8	9	10
0	0	0	0	0	0	0	0	0	0	0	0
1	0	0	6	6	6	6	6	6	6	6	6
2	0										
3	0										
4	0										
5	0										

（3）$i=2$ 时，求出 $C[2][j]$，$1 \leqslant j \leqslant W$。

由于物品 2 的重量 $w_2=2$，价值 $v_2=3$，根据式（4-11），分两种情况讨论。

① 如果 $j < w_2$，即 $j < 2$ 时，$C[2][j]=C[1][j]$。

② 如果 $j \geqslant w_2$，即 $j \geqslant 2$ 时，$C[2][j]=\max\{C[1][j], C[1][j-w_2]+v_2\}=\max\{C[1][j], C[1][j-2]+3\}$。

由于 j 的取值不同，满足的条件也就有所不同，$i=2$ 时的内容如表 4-14 所示。

表 4-14　$i=2$ 时的内容

物品个数	背包容量										
	0	1	2	3	4	5	6	7	8	9	10
0	0	0	0	0	0	0	0	0	0	0	0
1	0	0	6	6	6	6	6	6	6	6	6
2	0	0	6	6	9	9	9	9	9	9	9
3	0										
4	0										
5	0										

（4）$i=3$ 时，求出 $C[3][j]$，$1 \leqslant j \leqslant W$。

由于物品 3 的重量 $w_3=6$，$v_3=5$，根据式（4-11），分两种情况讨论。

① 如果 $j < w_3$，即 $j < 6$ 时，$C[3][j]=C[2][j]$。

② 如果 $j \geqslant w_3$，即 $j \geqslant 6$ 时，$C[3][j]=\max\{C[2][j], C[2][j-w_3]+v_3\}=\max\{C[2][j], C[2][j-6]+5\}$。

$i=3$ 时的内容如表 4-15 所示。

表 4-15　$i=3$ 时的内容

物品个数	背包容量										
	0	1	2	3	4	5	6	7	8	9	10
0	0	0	0	0	0	0	0	0	0	0	0
1	0	0	6	6	6	6	6	6	6	6	6

续表

物品个数	背包容量										
	0	1	2	3	4	5	6	7	8	9	10
2	0	0	6	6	9	9	9	9	9	9	9
3	0	0	6	6	9	9	9	9	11	11	14
4	0										
5	0										

(5) $i=4$ 时,求出 $C[4][j]$,$1 \leqslant j \leqslant W$。

由于物品 4 的重量 $w_4=5$,$v_4=4$,根据式(4-11),分两种情况讨论。

① 如果 $j < w_4$,即 $j < 5$ 时,$C[4][j]=C[3][j]$。

② 如果 $j \geqslant w_4$,即 $j \geqslant 5$ 时,$C[4][j]=\max\{C[3][j],C[3][j-w_4]+v_4\}=\max\{C[3][j],$
$C[3][j-5]+4\}$。

$i=4$ 时的内容如表 4-16 所示。

表 4-16　$i=4$ 时的内容

物品个数	背包容量										
	0	1	2	3	4	5	6	7	8	9	10
0	0	0	0	0	0	0	0	0	0	0	0
1	0	0	6	6	6	6	6	6	6	6	6
2	0	0	6	6	9	9	9	9	9	9	9
3	0	0	6	6	9	9	9	9	11	11	14
4	0	0	6	6	9	9	9	10	11	13	14
5	0										

(6) $i=5$ 时,求出 $C[5][j]$,$1 \leqslant j \leqslant W$,即进行 $i=5$ 行的填表。

由于物品 5 的重量 $w_5=4$,$v_5=6$,根据式(4-11),分两种情况讨论。

① 如果 $j < w_5$,即 $j < 4$ 时,$C[5][j]=C[4][j]$。

② 如果 $j \geqslant w_5$,即 $j \geqslant 4$ 时,$C[5][j]=\max\{C[4][j],C[4][j-w_5]+v_5\}=\max\{C[4][j],$
$C[4][j-4]+6\}$。

由于 j 的取值不同,满足的条件也就有所不同,$i=5$ 时的内容如表 4-17 所示。

表 4-17　$i=5$ 时的内容

物品个数	背包容量										
	0	1	2	3	4	5	6	7	8	9	10
0	0	0	0	0	0	0	0	0	0	0	0
1	0	0	6	6	6	6	6	6	6	6	6
2	0	0	6	6	9	9	9	9	9	9	9
3	0	0	6	6	9	9	9	9	11	11	14
4	0	0	6	6	9	9	9	10	11	13	14
5	0	0	6	6	9	9	12	12	15	15	15

最终,从表 4-17 中可以看出,装入背包的物品的最大价值是 15。

(7) 从 $C[n][W]$ 的值根据式(4-12)向前推,最终可求出装入背包的具体物品,即问题的最优解。

初始时,$j=W,i=5$。

如果 $C[i][j]=C[i-1][j]$,说明第 i 个物品没有被装入背包,则 $x_i=0$。

如果 $C[i][j]>C[i-1][j]$,说明第 i 个物品被装入背包,则 $x_i=1,j=j-w_i$。

由于 $C[n][W]=C[5][10]=15>C[4][10]=14$,说明物品 5 被装入了背包,因此 $x_5=1$,且更新 $j=j-w[5]=10-4=6$。由于 $C[4][j]=C[4][6]=9=C[3][6]$,说明物品 4 没有被装入背包,因此 $x_4=0$;由于 $C[3][j]=C[3][6]=9=C[2][6]=9$,说明物品 3 没有被装入背包,因此 $x_3=0$。由于 $C[2][j]=C[2][6]=9>C[1][6]=6$,说明物品 2 被装入了背包,因此 $x_2=1$,且更新 $j=j-w[2]=6-2=4$。由于 $C[1][j]=C[1][4]=6>C[0][4]=0$,说明物品 1 被装入了背包,因此 $x_1=1$,且更新 $j=j-w[1]=4-2=2$。最终可求得装入背包的物品的最优解 $X=(x_1,x_2,\cdots,x_n)=(1,1,0,0,1)$。

6. 算法描述及分析

算法描述如下:

```
int KnapSack(int n,int W,int * w,double * v,int * x,double ** C)   //物品个数 n、物品的价值
                                                                   //v[n]和物品的重量 w[n]
    {
    int i,j;
    for(i = 0;i < = n;i++)
        C[i][0] = 0;                                               //初始化第 0 列
    for(i = 0;i < = W;i++)
        C[0][i] = 0;                                               //初始化第 0 行
    for(i = 1;i < = n;i++)                                          //计算 C[i][j]
        for(j = 1;j < = W;j++)
            if(j < w[i])
                C[i][j] = C[i - 1][j];
            else
                C[i][j] = max(C[i - 1][j],C[i - 1][j - w[i]] + v[i]);
    //构造最优解
    j = W;
    for(i = n;i > 0;i -- )
        if(C[i][j]> C[i - 1][j])
            {
            x[i] = 1;
            j - = w[i];
            }
        else
            x[i] = 0;
    return C[n][W];
    }
```

在算法 KnapSack 中，第三个循环是两层嵌套的 for 循环，为此，可选定语句 if($j<w[i]$) 作为基本语句，其运行时间为 $n\times W$，由此可见，算法 KnapSack 的时间复杂性为 $O(nW)$。

该算法有两个较为明显的缺点：一是算法要求所给物品的重量 $w_i(1\leqslant i\leqslant n)$ 是整数；二是当背包容量 W 很大时，算法需要的计算时间较多，例如，当 $W>2^n$ 时，算法需要 $O(n2^n)$ 的计算时间。因此，在这里设计了对算法 KnapSack 的改进方法，采用该方法可克服这两大缺点。

7. C++实战

相关代码如下。

```cpp
#include <iostream>
#include <iterator>
using namespace std;
double KnapSack(int n,int W,int * w,double * v,int * x,double ** C)
                                    //物品个数 n、物品的价值 v[n] 和物品的重量 w[n]
{
    for(int i = 0;i <= n;i++)
        C[i][0] = 0;                                    //初始化第 0 列
    for(int i = 0;i <= W;i++)
        C[0][i] = 0;                                    //初始化第 0 行
    for(int i = 1;i <= n;i++)                           //计算 C[i][j]
        for(int j = 1;j <= W;j++)
            if(j < w[i])
                C[i][j] - C[i-1][j],
            else
                C[i][j] = max(C[i-1][j],C[i-1][j-w[i]] + v[i]);
    //构造最优解

    int j = W;
    for(int i = n;i > 0;i--)
        if(C[i][j] > C[i-1][j])
        {
            x[i] = 1;
            j -= w[i];
        }
        else
            x[i] = 0;
    return C[n][W];
}
int main(){
    cout <<"请输入物品个数和背包容量：";
    int n,W;
    cin >> n >> W;
    int * w = new int[n+1];
    double * v = new double[n+1];
    int * x = new int[n+1];
    double ** c = new double * [n+1];
    for(int i = 0;i <= n;i++)
```

```
            c[i] = new double[W+1];
        cout <<"请输入物品的重量和价值: ";
        for(int i = 1;i <= n;i++){
            cin >> w[i] >> v[i];
        }
        double most_value = KnapSack(n,W,w,v,x,c);
        cout <<"最大价值为: "<< most_value << endl;
        cout <<"最优解 X 为: ";
        copy(x + 1,x + n + 1,ostream_iterator < int >(cout," "));
        delete []x;
        delete []w;
        delete []v;
        for(int i = 0;i <= n;i++)
            delete []c[i];
        delete []c;
    }
```

8. 算法的改进

(1) 算法的改进思路。

由 $C[i][j]$ 的递归式(4-11)容易证明: 在一般情况下, 对每一个确定的 $i(1 \leqslant i \leqslant n)$, 函数 $C[i][j]$ 是关于变量 j 的阶梯状单调不减函数(事实上, 计算 $C[i][j]$ 的递归式在变量 j 是连续变量, 即为实数时仍成立)。跳跃点是这一类函数的描述特征。一般情况下, 函数 $C[i][j]$ 由其全部跳跃点唯一确定, 如图 4-7 所示。

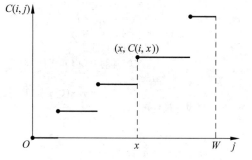

图 4-7　阶梯状单调不减函数 $C(i,j)$ 及其跳跃点

利用该类函数由其跳跃点唯一确定的性质, 来对 0-1 背包问题的算法 KnapSack 进行改进, 具体思路如下:

① 对每一个确定的 $i(1 \leqslant i \leqslant n)$, 用一个表 $p[i]$ 来存储函数 $C[i][j]$ 的全部跳跃点。对每一个确定的实数 j, 可以通过查找 $p[i]$ 来确定函数 $C[i][j]$ 的值。$p[i]$ 中的全部跳跃点 $(j,C[i][j])$ 按 j 升序排列。由于函数 $C[i][j]$ 是关于 j 的阶梯状单调不减函数, 故 $p[i]$ 中全部跳跃点的 $C[i][j]$ 值也是递增排列的。

② $p[i]$ 可通过计算 $p[i-1]$ 得到。初始时令 $p[0] = \{(0,0)\}$。由于函数 $C[i][j]$ 由函数 $C[i-1][j]$ 与函数 $C[i-1][j-w_i]+v_i$ 做 max 运算得到, 因此, 函数 $C[i][j]$ 的全部跳跃点包含于函数 $C[i-1][j]$ 的跳跃点集 $p[i-1]$ 与函数 $C[i-1][j-w_i]+v_i$ 的跳跃点集 $q[i-1]$ 的并集, 容易得知, $(s,t) \in q[i-1]$ 当且仅当 $w_i \leqslant s \leqslant W$ 且 $(s-w_i,t-v_i) \in p[i-1]$。因此, 容易由 $p[i-1]$ 来确定跳跃点集 $q[i-1]$, 公式如下:

$$q[i-1] = p[i-1] \bigoplus (w_i,v_i)$$
$$= \{(j+w_i,C[i][j]+v_i) \mid (j,C[i][j]) \in p[i-1],j+w_i \leqslant W\}$$

③ 另一方面,设(a,b)和(c,d)是$p[i-1]\bigcup q[i-1]$中的两个跳跃点,当$c\geqslant a$且$d<b$时,(c,d)受控于(a,b),从而(c,d)不是$p[i]$中的跳跃点。也就是说,根据函数$C[i][j]$是关于j的阶梯状单调不减函数的特征,在跳跃点集$p[i-1]\bigcup q[i-1]$中,按j由小到大排序,如果出现j增加,$C[i][j]$反而下降的点$(j,C[i][j])$,则不符合函数单调性,要舍弃。$p[i-1]\bigcup q[i-1]$中的其他跳跃点均为$p[i]$中的跳跃点。

④ 由此可得,在递归地由$p[i-1]$计算$p[i]$时,可先由$p[i-1]$计算出$q[i-1]$,然后合并$p[i-1]$和$q[i-1]$,并清除其中的受控跳跃点得到$p[i]$。

⑤ 构造最优解。

步骤1:初始时$i=n$,j初始化为$p[n]$中的最大重量,m初始化为$p[n]$中的最大价值。

步骤2:检查$p[i-1]$中的所有点(w,v),如果$w+w_i=j$且$v+v_i=m$,则$x_i=1$,$j=w$,$m=v$,否则$x_i=0$。$i--$。重复步骤2直到$i=0$为止。

【例 4-9】 用跳跃点算法求解例 4-8 的问题。

按照算法的改进思路,具体的求解过程如下:

初始时令$p[0]=\{(0,0)\}$,则有

$$q[0]=p[0]\bigoplus(w_1,v_1)=\{(2,6)\}$$
$$p[1]=p[0]\bigcup q[0]=\{(0,0),(2,6)\}$$
$$q[1]=p[1]\bigoplus(w_2,v_2)=\{(2,3),(4,9)\}$$
$$p[1]\bigcup q[1]=\{(0,0),(2,6),(2,3),(4,9)\}$$

在该并集中可以看到,跳跃点$(2,3)$受控于跳跃点$(2,6)$,因此将$(2,3)$从并集中清除,得到$p[2]=p[1]\bigcup q[1]=\{(0,0),(2,6),(4,9)\}$,则有

$$q[2]=p[2]\bigoplus(w_3,v_3)=\{(6,5),(8,11),(10,14)\}$$
$$p[2]\bigcup q[2]=\{(0,0),(2,6),(4,9),(6,5),(8,11),(10,14)\}$$

在该并集中可以看到,跳跃点$(6,5)$受控于跳跃点$(4,9)$,因此将$(6,5)$从并集中清除,得到$p[3]=\{(0,0),(2,6),(4,9),(8,11),(10,14)\}$,则有

$$q[3]=p[3]\bigoplus(w_4,v_4)=\{(5,4),(7,10),(9,13),(13,15),(15,18)\}$$

由于跳跃点$(13,15)$和$(15,18)$已超出背包的容量$W=10$,因此将它们清除,得到$q[3]=\{(5,4),(7,10),(9,13)\}$,则有

$$p[3]\bigcup q[3]=\{(0,0),(2,6),(4,9),(5,4),(7,10),(8,11),(9,13),(10,14)\}$$

在该并集中可以看到,跳跃点$(5,4)$受控于跳跃点$(4,9)$,因此将$(5,4)$从并集中清除,得到$p[4]=\{(0,0),(2,6),(4,9),(7,10),(8,11),(9,13),(10,14)\}$,则有

$$q[4]=p[4]\bigoplus(w_5,v_5)=\{(4,6),(6,12),(8,15),(11,16),(12,17),(13,19),(14,20)\}$$

同理,由于跳跃点$(11,16)$、$(12,17)$、$(13,19)$和$(14,20)$已超出背包的容量$W=10$,因此将它们清除,得到$q[4]=\{(4,6),(6,12),(8,15)\}$,则有

$$p[4]\bigcup q[4]=\{(0,0),(2,6),(4,9),(4,6),(6,12),(7,10),(8,11),(8,15),(9,13),(10,14)\}$$

在该并集中的受控跳跃点有:$(4,6)$、$(7,10)$、$(8,11)$、$(9,13)$和$(10,14)$,因此将它们从并集中清除。得到$p[5]=\{(0,0),(2,6),(4,9),(6,12),(8,15)\}$。

$p[5]$中最后的跳跃点$(8,15)$给出了装入背包的最优值15及装入背包的物品重量8。

构造最优解过程：由于$p[4]$中的$(4,9)\oplus(4,6)=(8,15)$，故$x_5=1,j=4,m=9$；由于$p[3]$中的所有点$\oplus(w_4,v_4)\neq(j,m)$，故$x_4=0$；$p[2]$中的所有点$\oplus(w_3,v_3)\neq(j,m)$，故$x_3=0$；$p[1]$中的$(2,6)\oplus(2,3)=(4,9)$，故$x_2=1,j=2,m=6$；$p[0]$中的$(0,0)\oplus(2,6)=(2,6)$，故$x_1=1,j=0,m=0$；求得的最优解为$(1,1,0,0,1)$。

(2) 改进算法描述及分析。

改进算法描述如下：

```
//p: 存放跳跃点集合,第一列存放物品的重量 w,第二列存放物品的价值 v; head:指向各个阶段跳跃
点集合的开始
Template<class Type>
Type GKnapSack(int n,Type W,Type v[],Type w[],Type ** p,int * head)
    {
        head[0] = 0;
        p[0][0] = 0;
        p[0][1] = 0;
        int left = 0, right = 0, next = 1; head[1] = 1;        //初始化完毕
        for(int i = 1; i <= n; i++)
          {
             int k = left;
             for(int j = left; j <= right; j++)
               {
                  if(p[j][0] + w[i]>c)  break;
                  int y = p[j][0] + w[i];
                  int m = p[j][1] + v[i];
            //重量小于此数的跳跃点可以直接加进来,因为它们不可能被新产生的点支配
                  while(k <= right&&(p[k][0]< y))
                        {   p[next][0] = p[k][0];
                            p[next++][1] = p[k++][1];
                        }
            //两个 if 语句判断新产生的点能否加入 p 中
                  if(k <= right&&p[k][0] = = y)
                    {
                       if(m < p[k][1]) m = p[k][1];
                         k++;
                    }
                  if(m > p[next - 1][1])
                    {
                      p[next][0] = y;
                      p[next++][1] = m;
                    }
            //取出新产生的点可以支配的点
                    while(k <= right&&p[k][1]<= p[next - 1][1])
                          k++;
               }
            //此 while 语句在上面的 break 产生时可能会用到
                    while(k <= right)
```

```
                    {   p[next][0] = p[k][0];
                        p[next++][1] = p[k++][1];
                    }
                left = right + 1;
                right = next - 1;
                head[i + 1] = next;
            }
        return p[next - 1][1];
    }
    void Traceback(int n, Type w[], Type v[], Type ** p, int * head, int x[])
    {
      Type j = p[head[n + 1] - 1][0], m = p[head[n + 1] - 1][1];
      for(int i = n; i > = 1; i -- )
        {   x[i] = 0;
          for(int k = head[i]; k > = head[i - 1]; k -- )
            if(p[k][0] + w[i] == j&&p[k][1] + v[i] == m)
              {
                x[i] = 1;
                j = p[k][0];
                m = p[k][1];
                break;
              }
        }
    }
```

显然,改进算法的主要计算量在于计算跳跃点集 $p[i]$ $(1 \leqslant i \leqslant n)$。由于 $q[i-1] = p[i-1] \oplus (w_i, v_i)$,故计算 $q[i-1]$ 需要 $O(|p[i-1]|)$ 的时间,合并 $p[i-1]$ 和 $q[i-1]$ 并清除受控跳跃点也需要 $O(|p[i-1]|)$ 的计算时间。从跳跃点集 $p[i]$ 的定义可以看出,$p[i]$ 中的跳跃点相应于为 $x_1, \cdots, x_i$ 的 0-1 赋值,因此,$p[i]$ 中跳跃点个数不超过 2^i。由此可见,改进算法计算跳跃点集 $p[i]$ $(1 \leqslant i \leqslant n)$ 所花费的计算时间为

$$O\left(\sum_{i=1}^{n} | p[i-1] |\right) = O\left(\sum_{i=1}^{n} 2^{i-1}\right) = O(2^n)$$

从而,改进后的算法的计算时间复杂性为 $O(2^n)$。当所给物品的重量 w_i $(1 \leqslant i \leqslant n)$ 是整数时,$|p[i]| \leqslant W+1$,此时,改进后算法的计算时间复杂性为 $O(\min\{nW, 2^n\})$。

9. 改进算法 C++ 实战

相关代码如下。

```
# include < iostream >
# include < iterator >
using namespace std;
//定义模板
template < class Type > void Traceback(int n, Type * w, Type * v, Type ** p, int * head, int * x)
{
    Type j = p[head[n + 1] - 1][0], m = p[head[n + 1] - 1][1];
    for(int i = n; i > = 1; i -- ){
```

```
            x[i] = 0;
            for(int k = head[i] - 1;k > = head[i - 1];k -- )
                if(p[k][0] + w[i] == j&&p[k][1] + v[i] == m)
                {
                    x[i] = 1;
                    j = p[k][0];
                    m = p[k][1];
                    break;
                }
        }
}
//定义模板
template < class Type > Type GKnapSack( int n, Type W, Type * w, Type * v, Type ** p, int * head)
{
    head[0] = 0;
    p[0][0] = 0;
    p[0][1] = 0;
    int left = 0, right = 0, next = 1;
    head[1] = 1;                                                    //初始化完毕
    for(int i = 1;i < = n;i++){
        int k = left;
        for(int j = left;j < = right;j++){
            if(p[j][0] + w[i]> W) break;
            int y = p[j][0] + w[i];
            int m = p[j][1] + v[i];
            //重量小于此数的跳跃点可以直接加进来,因为它们不可能被新产生的点支配
            while(k < = right&&(p[k][0]< y)){
                p[next][0] = p[k][0];
                p[next++][1] = p[k++][1];
        }
            //两个 if 语句判断新产生的点能否加入 p 中
            if(k < = right&&p[k][0] == y){
                if(m < p[k][1]) m = p[k][1];
                k++;
            }
            if(m > p[next - 1][1])
            {
                p[next][0] = y;
                p[next++][1] = m;
            }
            //取出新产生的点可以支配的点
            while(k < = right&&p[k][1]< = p[next - 1][1])
                k++;
        }
        //此 while 语句在上面的 break 产生时可能会用到
        while(k < = right){
            p[next][0] = p[k][0];
            p[next++][1] = p[k++][1];
        }
```

```
                    left = right + 1;
                    right = next - 1;
                    head[ i + 1 ] = next;
                }
        return p[ next - 1 ][ 1 ];
}
int main(){
    cout <<"请输入物品个数和背包容量: ";
    int n;
    double W;
    cin >> n >> W;
    int nums = 1;
    for( int i = 0; i < n; i++) nums  * = 2;
    cout <<"nums = "<< nums << endl;
    double  * w  =  new double[ n + 1 ];
    double  * v  =  new double[ n + 1 ];
    int  * head  =  new int[ n + 2 ];
    int  * x  =  new int[ n + 1 ];
    double ** p  =  new double * [ nums ];
    for( int i = 0; i <= nums; i++)
        p[ i ]  =  new double[ 2 ];
    cout <<"请输入物品的重量和价值: ";
    for( int i = 1; i <= n; i++){
        cin >> w[ i ]>> v[ i ];
    }
    double most_value  =  GKnapSack( n, W, w, v, p, head);
    cout <<"最大价值为: "<< most_value << endl;
    Traceback( n, w, v, p, head, x);
    cout <<"最优解 X 为: ";
    copy( x + 1, x + n + 1, ostream_iterator < int >( cout," ")); //用输出流迭代器输出
    delete [ ]w;
    delete [ ]v;
    delete [ ]x;
    delete [ ]head;
    for( int i = 0; i <= nums; i++)
        delete [ ]p[ i ];
    delete [ ]p;
}
```

4.7　最优二叉查找树

微课视频

1. 问题的引出

（1）二叉查找树。

给定 n 个关键字组成的有序序列 $S = \{s_1, s_2, \cdots, s_n\}$，现在要用这些关键字建立一棵二

微课视频

叉查找树 T。对于每个关键字 s_i，其相应的查找概率为 p_i。由于在 S 中可能不存在对于某些值的检索，因此在二叉查找树中设置 $n+1$ 个虚结点 $e_0,e_1,\cdots,e_n$ 来表示不在 S 中的那些值，其中 e_0 表示小于 s_1 的所有值，e_n 表示大于 s_n 的所有值，对于 $i=1,2,\cdots,n-1,e_i$ 表示位于 s_i 与 s_{i+1} 之间的所有值。每个虚结点 e_i 对应一个查找概率 q_i。在构建的二叉查找树中，s_i 为实结点(内部结点)，e_i 表示虚结点(叶子结点)。每次检索要么成功，即检索到实结点 s_i；要么不成功，即检索到虚结点 e_i，因此 $\sum\limits_{i=1}^{n} p_i + \sum\limits_{i=0}^{n} q_i = 1$。

显然，对于同一个关键字的集合，二叉查找树的形态会由于插入顺序的不同而不同。

【例 4-10】 给定有序关键字的集合 $\{s_1,s_2,s_3\}$。在二叉查找树中，假设查找 $x=s_i$ 的概率为 p_i，其中 $p_1=0.5$、$p_2=0.1$、$p_3=0.05$，设置 4 个虚结点 e_0,e_1,e_2,e_3。假设 e_i 对应的查找概率为 q_i，其中 $q_0=0.15$、$q_1=0.1$、$q_2=0.05$、$q_3=0.05$，且 $\sum\limits_{i=1}^{3} p_i + \sum\limits_{i=0}^{3} q_i = 1$。

如图 4-8 所示，给出了包含上述实结点、虚结点的二叉查找树的所有形态。其中，圆圈表示实结点，方框表示虚结点。

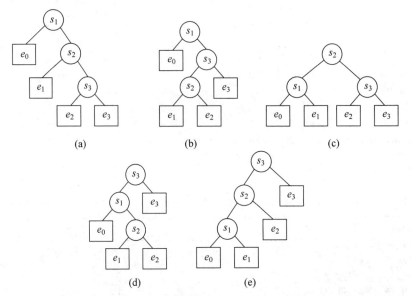

图 4-8 包含 $\{s_1,s_2,s_3\}$ 和 $\{e_0,e_1,e_2,e_3\}$ 的二叉查找树形态

(2) 平均比较次数。

如何衡量不同二叉查找树的查找效率呢？通常采用平均比较次数作为衡量的标准。设在表示 $S=\{s_1,s_2,\cdots,s_n\}$ 的二叉查找树 T 中，元素 s_i 的结点深度为 $c_i(1\leqslant i\leqslant n)$，查找概率为 p_i；虚结点为 $\{e_0,e_1,\cdots,e_n\}$，e_j 的结点深度为 d_j，查找概率为 $q_j(0\leqslant j\leqslant n)$。

显然，对于图 4-8 而言，在深度为 0 的实结点处查找结束，需比较 1 次；而在深度为 1 的实结点处查找结束，需比较两次。可见，如果在实结点处查找结束，需要进行比较的次数＝实结点在二叉查找树中的深度＋1。对于虚结点而言，由于它们是在对应的实结点进行比较操作后即可确定,如在图 4-8(d)中,对结点 s_2 进行比较操作后即可知道是到达 e_1 还是到达 e_2,因此在深度为 1 的虚结点处查找结束,需要比较 1 次;而在深度为 2 的虚结点处查找结束,需要比较两次。可见,如果在虚结点处查找结束,需要比较的次数=虚结点在二叉查找树中的深度。

那么,平均比较次数通常被定义为

$$C = \sum_{i=1}^{n} p_i (1 + c_i) + \sum_{j=0}^{n} q_j d_j$$

对于如图 4-8 所示的 5 种情况,它们的平均比较次数分别为

$$C_1(n) = 1 \times p_1 + 2 \times p_2 + 3 \times p_3 + 1 \times q_0 + 2 \times q_1 + 3 \times (q_2 + q_3) = 1.5$$
$$C_2(n) = 1 \times p_1 + 3 \times p_2 + 2 \times p_3 + 1 \times q_0 + 3 \times (q_1 + q_2) + 2 \times q_3 = 1.6$$
$$C_3(n) = 1 \times p_2 + 2 \times (p_1 + p_3) + 2 \times (q_0 + q_1 + q_2 + q_3) = 1.9$$
$$C_4(n) = 1 \times p_3 + 2 \times p_1 + 3 \times p_2 + 1 \times q_3 + 2 \times q_0 + 3 \times (q_1 + q_2) = 2.15$$
$$C_5(n) = 1 \times p_3 + 2 \times p_2 + 3 \times p_1 + 1 \times q_3 + 2 \times q_2 + 3 \times (q_0 + q_1) = 2.65$$

显然,5 棵二叉查找树的平均比较次数是不同的。那么,究竟哪棵是最优二叉查找树呢?

(3) 最优二叉查找树。

最优二叉查找树是在所有表示有序序列 S 的二叉查找树中,具有最小平均比较次数的二叉查找树。

显然,图 4-8(a)所示的二叉查找树的平均比较次数最小,该树即为最优二叉查找树。而高度最小的是图 4-8(c)所示的二叉查找树。可见在查找概率不等的情况下,最优二叉查找树并不一定是高度最小的二叉查找树。

由图 4-8(a)~图 4-8(e)可知,结点在二叉查找树中的深度越大,需要比较的次数就越多。因此要构造一棵最优二叉查找树,一般尽量把查找概率较高的结点靠近根结点。乍一听,好像是哈夫曼编码,但不同的是二叉查找树的所有结点的左右顺序(这里指中序遍历的顺序)不能颠倒。所以无法像哈夫曼编码那样一味地把查找概率高的结点往上移。

2. 分析最优解的性质,刻画最优解的结构特征——最优子结构性质分析

将由实结点 $\{s_1, s_2, \cdots, s_n\}$ 和虚结点 $\{e_0, e_1, \cdots, e_n\}$ 构成的二叉查找树记为 $T(1, n)$。设定元素 s_k 作为该树的根结点,$1 \leqslant k \leqslant n$,则二叉查找树 $T(1, n)$ 的左子树由实结点 $\{s_1, \cdots, s_{k-1}\}$ 和虚结点 $e_0, \cdots, e_{k-1}$ 组成,记为 $T(1, k-1)$,而右子树由实结点 $\{s_{k+1}, \cdots, s_n\}$ 和虚结点 $e_k, \cdots, e_n$ 组成,记为 $T(k+1, n)$。

如果 $T(1, n)$ 是最优二叉查找树,则左子树 $T(1, k-1)$ 和右子树 $T(k+1, n)$ 也是最优二叉查找树。如若不然,假设 $T'(k+1, n)$ 是比 $T(k+1, n)$ 更优的二叉查找树,则 $T'(k+1, n)$ 的平均比较次数小于 $T(k+1, n)$ 的平均比较次数,从而由 $T(1, k-1)$、s_k 和 $T'(k+1, n)$ 构成的二叉查找树 $T'(1, n)$ 的平均比较次数小于 $T(1, n)$ 的平均比较次数,这与 $T(1, n)$ 是最优二叉查找树的前提相互矛盾。因此,最优二叉查找树具有最优子结构性质得证。

3. 建立最优值的递归关系式

已知 $T(1,n)$ 是由元素 $\{s_1,s_2,\cdots,s_n\}$ 和 $\{e_0,e_1,\cdots,e_n\}$ 构成的最优二叉查找树。设 $T(1,n)$ 的一棵由元素 $\{s_i,\cdots,s_j\}$ 和 $\{e_{i-1},e_i,\cdots,e_j\}$ 构成的最优二叉查找子树为 $T(i,j)$，其存取概率为下面的条件概率

$$\bar{p}_m = p_m/w_{ij}, \quad i \leqslant m \leqslant j$$

$$\bar{q}_t = q_t/w_{ij}, \quad i-1 \leqslant t \leqslant j$$

其中

$$w_{ij} = \sum_{m=i}^{j} p_m + \sum_{t=i-1}^{j} q_t, \quad 1 \leqslant i \leqslant j \leqslant n$$

可见

$$\sum_{m=i}^{j} \bar{p}_m + \sum_{t=i-1}^{j} \bar{q}_t = 1, \quad 1 \leqslant i \leqslant j \leqslant n$$

设 $C'(i,j)$ 表示 $T(i,j)$ 的平均比较次数。选定结点 k 作为 $T(i,j)$ 的根结点，则左子树为 $T(i,k-1)$，右子树为 $T(k+1,j)$。根据二叉查找树的有关定义及各个字符的条件查找概率：

$T(i,j)$ 的平均比较次数为

$$C'(i,j) = \sum_{m=i}^{j} \bar{p}_m(c_m+1) + \sum_{t=i-1}^{j} \bar{q}_t d_t \tag{4-13}$$

其中：c_m 表示实结点 s_m 在 $T(i,j)$ 中的深度；d_t 表示虚结点 e_t 在 $T(i,j)$ 中的深度。

左子树 $T(i,k-1)$ 的平均比较次数为

$$C'(i,k-1) = \sum_{m=i}^{k-1} \bar{p}_m(c'_m+1) + \sum_{t=i-1}^{k-1} \bar{q}_t d'_t \tag{4-14}$$

其中：c'_m 表示实结点 s_m 在 $T(i,k-1)$ 中的深度；d'_t 表示虚结点 e_t 在 $T(i,k-1)$ 中的深度。

同理，右子树 $T(k+1,j)$ 的平均比较次数为

$$C'(k+1,j) = \sum_{m=k+1}^{j} \bar{p}_m(c''_m+1) + \sum_{t=k}^{j} \bar{q}_t d''_t \tag{4-15}$$

其中：c''_m 表示实结点 s_m 在 $T(k+1,j)$ 中的深度；d''_t 表示虚结点 e_t 在 $T(k+1,j)$ 中的深度。

如果将 $T(i,k-1)$ 和 $T(k+1,j)$ 看作是 $T(i,j)$ 的左右子树，则左右子树中各结点的深度增加 1，即

$$c_m = c'_m+1(i \leqslant m \leqslant k-1), \quad c_m = c''_m+1(k+1 \leqslant m \leqslant j)$$

$$d_t = d'_t+1(i-1 \leqslant t \leqslant k-1), \quad d_t = d''_t+1(k \leqslant t \leqslant j)$$

那么，子树 $T(i,k-1)$ 和 $T(k+1,j)$ 的平均比较次数和 $T(i,j)$ 的平均比较次数有什么关系呢？为了找出其中的关系，将式(4-13)两边同乘以 w_{ij}，式(4-14)两边同乘以 $w_{i(k-1)}$，式(4-15)两边同乘以 $w_{(k+1)j}$，分别得式(4-16)、式(4-17)和式(4-18)：

$$w_{ij}C'(i,j) = p_k + \sum_{m=i}^{k-1} p_m(c'_m+1+1) + \sum_{t=i-1}^{k-1} q_t(d'_t+1) +$$

$$\sum_{m=k+1}^{j} p_m(c_m''+1+1) + \sum_{t=k}^{j} q_t(d_t''+1)$$

$$= p_k + \sum_{m=i}^{k-1} p_m(c_m'+1) + \sum_{m=i}^{k-1} p_m + \sum_{t=i-1}^{k-1} q_t d_t' + \sum_{t=i-1}^{k-1} q_t +$$

$$\sum_{m=k+1}^{j} p_m(c_m''+1) + \sum_{m=k+1}^{j} p_m + \sum_{t=k}^{j} q_t d_t'' + \sum_{t=k}^{j} q_t$$

$$= \sum_{m=i}^{k-1} p_m(c_m'+1) + \sum_{t=i-1}^{k-1} q_t d_t' + \sum_{m=k+1}^{j} p_m(c_m''+1) +$$

$$\sum_{t=k}^{j} q_t d_t'' + \sum_{m=i}^{j} p_m + \sum_{t=i-1}^{j} q_t \tag{4-16}$$

$$w_{i(k-1)}C'(i,k-1) = \sum_{m=i}^{k-1} p_m(c_m'+1) + \sum_{t=i-1}^{k-1} q_t d_t' \tag{4-17}$$

$$w_{(k+1)j}C'(k+1,j) = \sum_{m=k+1}^{j} p_m(c_m''+1) + \sum_{t=k}^{j} q_t d_t'' \tag{4-18}$$

由式(4-16)、式(4-17)和式(4-18)可得

$$w_{ij}C'(i,j) = w_{i(k-1)}C'(i,k-1) + w_{(k+1)j}C'(k+1,j) + w_{ij} \tag{4-19}$$

令

$$C(i,j) = w_{ij}C'(i,j)$$

则式(4-19)改写为

$$C(i,j) = C(i,k-1) + C(k+1,j) + w_{ij} \tag{4-20}$$

当 $i \le j$ 时,式(4-20)中的 k 在整数 $i, i+1, i+2, \cdots, j$ 中是最优的值,即

$$C(i,j) = w_{ij} + \min_{i \le k \le j}\{C(i,k-1) + C(k+1,j)\} \tag{4-21}$$

其中

$$w_{ij} = w_{i(j-1)} + p_j + q_j \tag{4-22}$$

初始时有

$$C(i,i-1) = 0; w_{i(i-1)} = q_{i-1}, \quad 1 \le i \le n \tag{4-23}$$

式(4-21)和式(4-23)为建立的最优值递归定义式。

4. 算法设计

算法的求解步骤设计如下:

步骤1:设计合适的数据结构。设有序序列 $S = \{s_1, s_2, \cdots, s_n\}$,数组 $s[n]$ 存储序列 S 中的元素;数组 $p[n]$ 存储序列 S 中相应元素的查找概率;二维数组 $C[n+1][n+1]$,其中 $C[i][j]$ 表示二叉查找树 $T(i,j)$ 的平均比较次数;二维数组 $R[n+1][n+1]$,其中 $R[i][j]$ 表示二叉查找树 $T(i,j)$ 中作为根结点的元素在序列 S 中的位置。数组 $q[n]$ 存储虚结点 $e_0, e_1, \cdots, e_n$ 的查找概率。为了提高效率,不是每次计算 $C(i,j)$ 时都计算 w_{ij} 的值,而是把这些值存储在二维数组 $W[i][j]$ 中。

步骤2:初始化。设置 $C[i][i-1] = 0$; $W[i][i-1] = q_{i-1}$,其中 $1 \le i \le n+1$。

步骤 3：循环阶段。采用自底向上的方式逐步计算最优值，记录最优决策。

步骤 3-1：字符集规模为 1 的时候，即 $S_{ij}=\{s_i\}$，$i=1,2,\cdots,n$ 且 $j=i$，显然这种规模的子问题有 n 个，即首先要构造出 n 棵最优二叉查找树 $T(1,1),T(2,2),\cdots,T(n,n)$。依据式(4-20)～式(4-22)，很容易求得 $W[i][i]$ 和 $C[i][i]$。同时，对于所构造的 n 棵最优二叉查找树，它们的根分别记为：$R[1][1]=1,R[2][2]=2,\cdots,R[n][n]=n$。

步骤 3-2：字符集规模为 2 的时候，即 $S_{ij}=\{s_i,s_j\}$，$i=1,2,\cdots,n-1$ 且 $j=i+1$，显然这种规模的子问题有 $n-1$ 个，即要构造出 $n-1$ 棵最优二叉查找树 $T(1,2),T(2,3),\cdots,$ $T(n-1,n)$。依据式(4-21)，求得 $W[i][j]$，然后依据式(4-20)，分别在整数 $i,i+1,i+2,\cdots,$ j 中选择适当的 k 值，使得 $C(i,j)$ 最小，树的根记为：$R[i][j]=k$。

以此类推，构造出字符集 S_{ij} 中含 3 个字符的最优二叉查找树、含 4 个字符的最优二叉查找树，直到……

步骤 3-n：字符集规模为 n 的时候，即 $S_{1n}=\{s_1,s_2,\cdots,s_n\}$，显然这种规模的子问题有 1 个，即要构造出 1 棵最优二叉查找树 $T(1,n)$。依据式(4-21)，求得 $W[i][j]$，然后在整数 $1,2,\cdots,n$ 中选择适当的 k 值，使得 $C(i,j)$ 最小。同时，记录该树的根 $R[1][n]=k$。

步骤 4：最优解的构造。

从 $R[i][j]$ 中保存的最优二叉查找子树 $T(i,j)$ 的根结点信息，可构造出问题的最优解。当 $R[1][n]=k$ 时，元素 s_k 即为所求的最优二叉查找树的根结点。此时，需要计算两个子问题：求左子树 $T(1,k-1)$ 和右子树 $T(k+1,n)$ 的根结点信息。如果 $R[1][k-1]=i$，则元素 s_i 即为 $T(1,k-1)$ 的根结点元素。以此类推，将很容易由 R 中记录的信息构造出问题的最优解。

5. 最优二叉查找树的构造实例

【例 4-11】 设 5 个有序元素的集合为 $\{s_1,s_2,s_3,s_4,s_5\}$，查找概率 $p=<p_1,p_2,p_3,p_4,$ $p_5>=<0.15,0.1,0.05,0.1,0.2>$；叶结点元素 $\{e_0,e_1,e_2,e_3,e_4,e_5\}$，查找概率 $q=<q_0,$ $q_1,q_2,q_3,q_4,q_5>=<0.05,0.1,0.05,0.05,0.05,0.1>$。试构造 5 个有序元素的最优二叉查找树。

(1) 初始化。令 $C[i][i-1]=0$；$W[i][i-1]=q_{i-1}$；$1\leqslant i\leqslant 5$，如表 4-18 所示。

表 4-18　$w[i][i-1]$ 和 $C[i][i-1]$ 的初始值

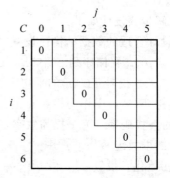

（2）字符集规模为 1 的时候，即构造 5 棵二叉查找树 $T(i,j)$，此时 $1 \leqslant i \leqslant 5$ 且 $i=j$。

当 $i=1$ 时，$W[1][1]=W[1][0]+p_1+q_1=0.3$；$C[1][1]=W[1][1]+C[1][0]+C[2][1]=0.3$；$R[1][1]=1$；同理，可求出 i 取值为 $2,3,4,5$ 时的 $W[i][i]$、$C[i][i]$ 和 $R[i][i]$，结果如表 4-19 所示。

表 4-19　i 取值为 $1,2,3,4,5$ 时 $W[i][i]$、$C[i][i]$ 和 $R[i][i]$ 的值

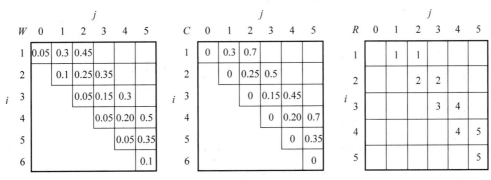

（3）字符集规模为 2 的时候，即构造 4 棵二叉查找树 $T(i,j)$，此时 $1 \leqslant i \leqslant 4$ 且 $j-i=1$。

当 $i=1$ 时，此时 $j=2$，且 $1 \leqslant k \leqslant 2$。$W[1][2]=W[1][1]+p_2+q_2=0.3+0.1+0.05=0.45$；

当 $k=1$ 时，$C[1][2]=W[1][2]+C[1][0]+C[2][2]=0.7$；

当 $k=2$ 时，$C[1][2]=W[1][2]+C[1][1]+C[3][2]=0.75$。

由此可得，$C[1][2]=0.7$，$R[1][2]=1$。同理可求得 i 取值为 $2,3,4$ 时的 $W[i][j]$、$C[i][j]$ 和 $R[i][j]$，结果如表 4-20 所示。

表 4-20　i 取值为 $1,2,3,4$ 时 $W[i][j]$、$C[i][j]$ 和 $R[i][j]$ 的值

W	0	1	2	3	4	5
1	0.05	0.3	0.45			
2		0.1	0.25	0.35		
3			0.05	0.15	0.3	
4				0.05	0.20	0.5
5					0.05	0.35
6						0.1

C	0	1	2	3	4	5
1	0	0.3	0.7			
2		0	0.25	0.5		
3			0	0.15	0.45	
4				0	0.20	0.7
5					0	0.35
6						0

R	0	1	2	3	4	5
1		1	1			
2			2	2		
3				3	4	
4					4	5
5						5

（4）字符集规模为 3 的时候，即构造 3 棵二叉查找树 $T(i,j)$，此时 $1 \leqslant i \leqslant 3$ 且 $j-i=2$。

当 $i=1$ 时，此时 $j=3$，且 $1 \leqslant k \leqslant 3$。$W[1][3]=W[1][2]+p_3+q_3=0.45+0.05+0.05=0.55$；

当 $k=1$ 时，$C[1][3]=W[1][3]+C[1][0]+C[2][3]=0.55+0+0.5=1.05$；

当 $k=2$ 时，$C[1][3]=W[1][3]+C[1][1]+C[3][3]=0.55+0.3+0.15=1.0$；

当 $k=3$ 时，$C[1][3]=W[1][3]+C[1][2]+C[4][3]=0.55+0.7+0=1.25$。

由此可得，$C[1][3]=1.0$，$R[1][3]=2$。同理可求得 i 取值为 $2,3$ 时的 $W[i][j]$、$C[i][j]$ 和 $R[i][j]$，结果如表 4-21 所示。

表 4-21　i 取值为 1,2,3 时 $W[i][j]$、$C[i][j]$ 和 $R[i][j]$ 的值

W	0	1	2	3	4	5
1	0.05	0.3	0.45	0.55		
2		0.1	0.25	0.35	0.5	
3			0.05	0.15	0.3	0.6
4				0.05	0.20	0.5
5					0.05	0.35
6						0.1

C	0	1	2	3	4	5
1	0	0.3	0.7	1.0		
2		0	0.25	0.5	0.95	
3			0	0.15	0.45	1.05
4				0	0.20	0.7
5					0	0.35
6						0

R	0	1	2	3	4	5
1		1	1	2		
2			2	2	2	
3				3	4	5
4					4	5
5						5

（5）字符集规模为 4 的时候，即构造两棵二叉查找树 $T(i,j)$，此时 $1\leqslant i\leqslant 2$ 且 $j-i=3$。

当 $i=1$ 时，此时 $j=4$，且 $1\leqslant k\leqslant 4$。$W[1][4]=W[1][3]+p_4+q_4=0.55+0.1+0.05=0.7$；

当 $k=1$ 时，$C[1][4]=W[1][4]+C[1][0]+C[2][4]=0.7+0+0.95=1.65$；

当 $k=2$ 时，$C[1][4]=W[1][4]+C[1][1]+C[3][4]=0.7+0.3+0.45=1.45$；

当 $k=3$ 时，$C[1][4]=W[1][4]+C[1][2]+C[4][4]=0.7+0.7+0.45=1.85$；

当 $k=4$ 时，$C[1][4]=W[1][4]+C[1][3]+C[5][4]=0.7+1.0+0=1.7$。

由此可得，$C[1][4]=1.45$，$R[1][4]=2$。同理可求得 i 取值为 2 时 $W[2][5]$、$C[2][5]$ 和 $R[2][5]$，结果如表 4-22 所示。

表 4-22　i 取值为 1,2 时 $W[i][j]$、$C[i][j]$ 和 $R[i][j]$ 的值

W	0	1	2	3	4	5
1	0.05	0.3	0.45	0.55	0.7	
2		0.1	0.25	0.35	0.5	0.8
3			0.05	0.15	0.3	0.6
4				0.05	0.20	0.5
5					0.05	0.35
6						0.1

C	0	1	2	3	4	5
1	0	0.3	0.7	1.0	1.45	
2		0	0.25	0.5	0.95	1.65
3			0	0.15	0.45	1.05
4				0	0.20	0.7
5					0	0.35
6						0

R	0	1	2	3	4	5
1		1	1	2	2	
2			2	2	2	4
3				3	4	5
4					4	5
5						5

（6）字符集规模为 5 的时候，即构造 1 棵二叉查找树 $T(1,5)$，此时 $i=1$ 且 $j-i=4$。

此时 $i=1$，则 $j=5$，$1\leqslant k\leqslant 5$。$W[1][5]=W[1][4]+p_5+q_5=0.7+0.2+0.1=1.0$；

当 $k=1$ 时，$C[1][5]=W[1][5]+C[1][0]+C[2][5]=1.0+0+1.65=2.65$；

当 $k=2$ 时，$C[1][5]=W[1][5]+C[1][1]+C[3][5]=1.0+0.3+1.05=2.35$；

当 $k=3$ 时，$C[1][5]=W[1][5]+C[1][2]+C[4][5]=1.0+0.7+0.7=2.4$；

当 $k=4$ 时，$C[1][5]=W[1][5]+C[1][3]+C[5][5]=1.0+1.0+0.35=2.35$；

当 $k=5$ 时，$C[1][5]=W[1][5]+C[1][4]+C[6][5]=1.0+1.45+0=2.45$。

由此可得，$C[1][5]=2.35$，$R[1][5]=2$，结果如表 4-23 所示。

表 4-23　i 取值为 1 时 $W[i][j]$、$C[i][j]$ 和 $R[i][j]$ 的值

W	0	1	2	3	4	5
1	0.05	0.3	0.45	0.55	0.7	1.0
2		0.1	0.25	0.35	0.5	0.8
3			0.05	0.15	0.3	0.6
4				0.05	0.20	0.5
5					0.05	0.35
6						0.1

C	0	1	2	3	4	5
1	0	0.3	0.7	1.0	1.45	2.35
2		0	0.25	0.5	0.95	1.65
3			0	0.15	0.45	1.05
4				0	0.20	0.7
5					0	0.35
6						0

R	0	1	2	3	4	5
1		1	1	2	2	2
2			2	2	2	4
3				3	4	5
4					4	5
5						5

至此，求出了构造 5 个有序元素的最优二叉查找树的最优值，即 2.35。

（7）根据 R 中的信息构造最优解。

步骤 1：由于 $R[1][5]=2$，即 $k=2$，最优二叉查找树 $T(1,5)$ 的根结点为 s_2。

步骤 2：求出 $T(1,5)$ 的左子树 $T(1,k-1)=T(1,1)$ 的根结点。

由于 $R[1][1]=1$，则左子树 $T(1,1)$ 的根结点为 s_1。

步骤 3：求出 $T(1,5)$ 的右子树 $T(k+1,5)=T(3,5)$ 的根结点。

由于 $R[3][5]=5$，则子树 $T(3,5)$ 的根结点为 s_5。

步骤 4：求出子树 $T(3,5)$ 的左子树 $T(3,4)$ 的根结点。

由于 $R[3][4]=4$，则 $T(3,4)$ 的根结点为 s_4；则 s_3 为 s_4 的左子树。

由此构造出如图 4-9 所示的最优二叉查找树。

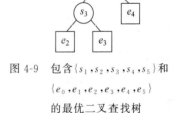

图 4-9　包含 $\{s_1,s_2,s_3,s_4,s_5\}$ 和 $\{e_0,e_1,e_2,e_3,e_4,e_5\}$ 的最优二叉查找树

6. 算法描述及分析

算法描述如下：

```
//求最优值
void OptimalBinarySearchTree(int n,double * p,double * q,double ** C,int ** R)
    {
    double W[n+2][n+1]; int i, t,k,j;
    for(i=1;i<=n+1;i++)                //初始化
        {
        C[i][i-1]=0;  W[i][i-1]=q[i-1];
        }
    for(t=0;t<n;t++)                  //循环计算各个子问题的最优值
        for(i=1;i<=n-t;i++)
            {
            j=i+t;
```

```
                    W[i][j] = W[i][j - 1] + p[j] + q[j];
                    C[i][j] = C[i + 1][j];
                    R[i][j] = i;
                    for(k = i + 1;k < = j;k++)
                        if((C[i][k - 1] + C[k + 1][j])< C[i][j] )
                            {
                                C[i][j] = C[i][k - 1] + C[k + 1][j]; R[i][j] = k;
                            }
                    C[i][j] + = W[i][j];
                }
    }
//构造最优解
void BestSolution( int ** R, int i, int j, char * S)
    {
        if(i < = j)
            {
                cout <<"s"<< i <<":s"<< j <<"的根为: "<< S[R[i][j]];
                BestSolution(R, i, R[i][j] - 1);
                BestSolution(R,R[i][j] + 1, j);
            }
    }
```

从算法 OptimalBinarySearchTree 的描述中很容易看出：语句 if$((C[i][k-1]+C[k+1][j])<C[i][j])$对算法的运行时间贡献最大，因此，可选该语句作为基本语句。对于固定的 t 值，该语句需要的计算时间为 $O(j-i)=O(t)$，因此，它总的运行时间为 $\sum_{t=0}^{n-1}\sum_{i=1}^{n-t} O(t)=O(n^3)$。由于算法中用到的辅助空间有二维数组 W 和变量 i,t 和 k，故该算法的空间复杂性为 $O(n^2)$。

7. C++实战

相关代码如下。

```
# include < iostream >
using namespace std;
void OptimalBinarySearchTree( int n, double * p, double * q, double ** C, int ** R)
{
    double W[n + 2][n + 1]; int i, j,t,k;
    for( i = 1;i < = n + 1;i++)              //初始化
    {
        C[i][i - 1] = 0;
        W[i][i - 1] = q[i - 1];
    }
    for(t = 0;t < n;t++)                     //循环计算各个子问题的最优值
        for(i = 1;i < = n - t;i++)
        {
            j = i + t;
```

```
            W[i][j] = W[i][j-1] + p[j] + q[j];
            C[i][j] = C[i+1][j];
            R[i][j] = i;
            for(k = i+1;k <= j;k++)
                if((C[i][k-1] + C[k+1][j])< C[i][j]) {
                    C[i][j] = C[i][k-1] + C[k+1][j]; R[i][j] = k;
                }
            C[i][j] += W[i][j];
        }
}
//构造最优解
void BestSolution(int ** R, int i, int j,char * S)
{
    if(i <= j)
    {
        cout <<"s"<< i <<":s"<< j <<"的根为: "<< S[R[i][j]]<< endl;
        BestSolution(R, i, R[i][j] - 1,S);
        BestSolution(R,R[i][j] + 1, j,S);
    }
}
int main(){
    int n = 5;
    char s[] = {'0','a','b','c','d','e'};
    double p[] = {0,0.15,0.1,0.05,0.1,0.2};
    double q[] = {0.05,0.1,0.05,0.05,0.05,0.1};
    double ** c = new double * [n+2];
    int ** r = new int * [n+1];
    for(int i = 0;i <= n+1;i++){
        c[i] = new double[n+1];
        r[i] = new int[n+1];
    }
    OptimalBinarySearchTree(n,p,q,c,r);
    BestSolution(r,1,5,s);
    for(int i = 0;i <= n;i++)
    {
        delete []c[i];
        delete []r[i];
    }

    delete []c;
    delete []r;
}
```

8. 算法的改进

事实上,在算法 OptimalBinarySearchTree 中可以证明:

$$\min_{i\leqslant k\leqslant j}\{C(i,k-1)+C(k+1,j)\} = \min_{R[i][j-1]\leqslant k\leqslant R[i+1][j]}\{C(i,k-1)+C(k+1,j)\}$$

由此可对算法进行改进，具体描述如下：

```cpp
void DOBST(int n,double * p,double * q,double ** C,int ** R)
    {
     double W[n+2][n+1]; int i,j,t,i1,j1;
     for(i=1;i<=n+1;i++)            //按照式(4-18)进行初始化
        {
            C[i][i-1] = 0;
            W[i][i-1] = q_{i-1};
            R[i][i-1] = 0;
        }
     for(t=0;t<n;t++)              //循环构造出最优二叉查找树
        for(i=1;i<=n-t;i++)       //依次构造出 n,n-1,…,1 棵最优二叉查找树
           {
            j = i + t;
            i1 = R[i][j-1]< j?R[i][j-1]:i;
            j1 = R[i+1][j]> i?R[i+1][j]:j;
            W[i][j] = W[i][j-1] + p[j] + q[j];
            C[i][j] = C[i][i1-1] + C[i1+1][j];
            R[i][j] = i1;
            for(int k = i1+1;k<=j1;k++)
                if((C[i][k-1] + C[k+1][j])< C[i][j])
                      {
                        C[i][j] = C[i][k-1] + C[k+1][j];
                        R[i][j] = k;
                      }
            C[i][j] += W[i][j];
           }
    }
```

改进后的算法 DOBST 所需的计算时间为 $O(n^2)$，所需的空间为 $O(n^2)$。

9. 改进算法 C++实战

相关代码如下。

```cpp
# include < iostream >
using namespace std;
void DOBST(int n,double * p,double * q,double ** C,int ** R)
    {
     double W[n+2][n+1]; int i,j,t,i1,j1;
     for(i=1;i<=n+1;i++)            //按照公式(4-18)进行初始化
        {
            C[i][i-1] = 0;
            W[i][i-1] = q[i-1];
            R[i][i-1] = 0;
        }
     for(t=0;t<n;t++)              //循环构造出最优二叉查找树
        for(i=1;i<=n-t;i++)       //依次构造出 n,n-1,…,1 棵最优二叉查找树
           {
```

```
            j = i + t;
            i1 = R[i][j-1]< j?R[i][j-1]:i;
            j1 = R[i+1][j]> i?R[i+1][j]:j;
            W[i][j] = W[i][j-1] + p[j] + q[j];
            C[i][j] = C[i][i1-1] + C[i1+1][j];
            R[i][j] = i1;
            for(int k = i1+1;k <= j1;k++)
                if((C[i][k-1] + C[k+1][j])< C[i][j])
                    {
                        C[i][j] = C[i][k-1] + C[k+1][j];
                        R[i][j] = k;
                    }
            C[i][j] += W[i][j];
        }
}
//构造最优解
void BestSolution(int ** R, int i, int j, char * S)
{
    if(i <= j)
    {
        cout <<"s"<< i <<":s"<< j <<"的根为: "<< S[R[i][j]]<< endl;
        BestSolution(R, i, R[i][j] - 1, S);
        BestSolution(R, R[i][j] + 1, j, S);
    }
}
int main(){
    int n = 5;
    char s[] = {'0', 'a', 'b', 'c', 'd', 'e'} ;
    double p[] = {0, 0.15, 0.1, 0.05, 0.1, 0.2};
    double q[] = {0.05, 0.1, 0.05, 0.05, 0.05, 0.1};
    double ** c = new double * [n+2];
    int ** r = new int * [n+1];
    for(int i = 0; i <= n+1; i++){
        c[i] = new double[n+1];
        r[i] = new int[n+1];
    }
    DOBST(n, p, q, c, r);
    BestSolution(r, 1, 5, s);
    for(int i = 0; i <= n; i++)
        {
            delete []c[i];
            delete []r[i];
        }

        delete []c;
        delete []r;
}
```

拓展知识：模拟退火算法

模拟退火(Simulating Annealing,SA)算法是一种通用的随机搜索算法,是对局部搜索算法的扩展。与一般局部搜索算法不同,模拟退火算法以一定的概率选择邻域中目标值相对较小的状态,是一种理论上的全局最优算法。

虽然早在 1953 年,Metropolis 就提出了模拟退火算法的思想,但直到 1983 年,Kirkpatrick 成功地将该算法应用在组合最优化问题中,才真正创建了现代的模拟退火算法。由于现代模拟退火算法能够有效地解决具有 NP 复杂性的问题,避免陷入局部最优,克服初值依赖性等优点,目前已在工程中得到了广泛的应用,诸如 VLS、生产调度、控制工程、机器学习、神经网络和图像处理等领域。

1. 模拟退火算法的基本思想

模拟退火算法的出发点是物理中固态物质的退火过程与一般组合优化问题之间的相似性。固态物质退火时,通常先对其加热,使其中的粒子能够自由移动,然后逐渐降低温度,粒子也逐渐形成低能态的晶格。若在凝结点附近温度的下降速度足够慢,则固态物质一定会形成最低能量的基态。

模拟退火算法中的固体状态对应组合最优问题的可行解,最低能量的基态对应最优解,逐渐降低温度的冷却过程对应控制参数的下降。模拟退火算法首先由某一较高初温开始,伴随温度参数的不断下降重复抽样,最终得到问题的全局最优解。模拟退火算法的模拟过程包括一个温度持续下降的过程,使其能够避免局部最小,是一个基于概率的全局最优启发式方法。

在温度 T 时,由当前状态 i 产生新状态 j,二者的能量分别为 E_i 和 E_j,若 $E_j < E_i$,则接受新状态 j 为当前状态; 否则,若概率

$$\exp\left(-\frac{E_j - E_i}{kT}\right) \tag{4-24}$$

大于[0,1]区间内的随机数,则仍旧接受新状态 j 为当前状态,若不成立,则保留状态 i 为当前状态。式(4-24)中 k 为 Boltzmann 常量,这里取为 1。这种方法使得能量为 E_i 的状态成为当前状态的概率为

$$\frac{\exp(-E_i/kT)}{\sum_j \exp(-E_j/kT)} \tag{4-25}$$

这个概率函数称为 Boltzmann 浓度。它的特点就是对于较高的温度,每一状态都有相同的概率成为当前状态,而对于较低的温度,只有那些低能量的状态才有比较高的概率成为当前状态。

2. 标准模拟退火算法过程

标准模拟退火算法的一般过程可描述如下:

步骤 1:随机产生一个初始状态 S_0,$S_i = S_0$,令 $k = 0$,$T_0 = T_{\max}$(初始温度)。

步骤 2：若该温度达到内循环停止条件，则转步骤 3；否则，从邻域 $N(x_i)$ 中随机选一状态 S_j，若 $\Delta = E_j - E_i < 0$，则 $S_i = S_j$，否则若 $\exp\left(-\dfrac{\Delta}{T_k}\right) > \text{random}(0,1)$ 时，则 $S_i = S_j$；重复步骤 2。

步骤 3：退温 $T_{k+1} = d(T_k)$，$k = k + 1$；若满足停止条件，终止计算；否则，转到步骤 2。

通常，设 $T_{\max} = 100$，步骤 3 中的退温函数 $d(\ )$ 可采用下式

$$T_{k+1} = \frac{T_k}{1 + \tau \sqrt{T_k}} \tag{4-26}$$

其中 τ 为一小时间常数。

从上述步骤可以看出，模拟退火算法产生并接受新解的步骤如下：

第一步是由一个产生函数从当前解产生一个位于解空间的新解，为便于后续的计算和接受，减少算法耗时。通常选择由当前新解经过简单变换即可产生新解的方法，如对构成新解的全部或部分元素进行置换、互换等，注意到产生新解的变换方法决定了当前新解的邻域结构，因而对冷却进度表的选取有一定的影响。

第二步是计算与新解所对应的目标函数差。因为目标函数差仅由变换部分产生，所以目标函数差的计算最好按增量计算。事实表明，对大多数应用而言，这是计算目标函数差的最快方法。

第三步是判断新解是否被接受。判断的依据是一个接受准则，最常用的接受准则是 Metropolis 准则：若 $\Delta < 0$ 则接受 S' 作为新的当前解 S，否则以概率 $\exp(-\Delta / T)$ 接受 S' 作为新的当前解 S。

第四步是当新解被确定接受时，用新解代替当前解。这只需将当前解中对应于产生新解时的变换部分予以实现，同时修正目标函数值即可。此时，当前解实现了一次迭代。可在此基础上开始下一轮试验。而当新解被判定为舍弃时，则在原当前解的基础上继续下一轮试验。

模拟退火算法与初始值无关，算法求得的解与初始解状态 S（是算法迭代的起点）无关。模拟退火算法具有渐近收敛性，已在理论上被证明是一种以概率 1 收敛于全局最优解的全局优化算法。模拟退火算法具有并行性。

3. 模拟退火算法的参数控制问题

大量的实践研究表明，模拟退火算法的应用很广泛，可以求解 NP 完全问题，但其参数难以控制，其主要问题有以下 3 点：

（1）温度 T 的初始值设置问题。

温度 T 的初始值设置是影响模拟退火算法全局搜索性能的重要因素之一，初始温度高，则搜索到全局最优解的可能性大，但因此要花费大量的计算时间；反之，则可节约计算时间，但全局搜索性能可能受到影响。在实际应用过程中，初始温度一般需要依据实验结果进行若干次调整。

（2）退火速度问题。

模拟退火算法的全局搜索性能也与退火速度密切相关。一般来说，同一温度下的"充

分"搜索(退火)是相当必要的,但这需要计算时间。在实际应用中,要针对具体问题的性质和特征设置合理的退火平衡条件。

(3) 温度管理问题。

温度管理问题也是模拟退火算法难以处理的问题之一。在实际应用中,由于必须考虑计算复杂度的切实可行性等问题,常采用如下所示的降温方式:

$$T(t+1) = k \times T(t) \tag{4-27}$$

其中,k 为正的略小于 1.00 的常数,t 为降温的次数。

4. 模拟退火算法的特点及改进方案

模拟退火方法的优点在于:

(1) 模拟退火算法的通用性强,能够处理任何系统和费用函数,即使对复杂问题模拟退火算法的编码也相对容易。

(2) 模拟退火算法统计地保证找到问题的全局最优解。普通的梯度下降算法总是向改进解的方向搜索,这种"贪心"的算法往往导致只能找到一个局部最优解,而不是全局最优解。如图 4-10 所示,在模拟退火算法算法中,在系统能量减少这样一个总的趋势下,允许搜索偶尔向能量增加的方向搜索,以避开局部极小,而最终能够稳定到全局最优状态。

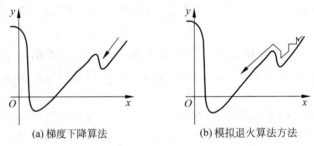

(a) 梯度下降算法　　　　　　(b) 模拟退火算法方法

图 4-10　梯度下降算法与模拟退火算法搜索空间的对比

该算法的缺点在于:

模拟退火算法为寻找到最优解,算法通常要求较高的初温、较慢的降温速率、较低的终止温度以及各温度下足够多次的抽样,因而模拟退火算法往往优化过程较长,这也是模拟退火算法最大的缺点。

因此,在保证一定优化质量的前提下提高算法的搜索效率是对模拟退火算法进行改进的主要内容。可行的改进方案有:

(1) 设计合适的状态产生函数,使其根据搜索进程的需要表现出状态的全空间分散性或局部区域性。

(2) 设计高效的退火历程。

(3) 避免状态的迂回搜索。

(4) 采用并行搜索结构。

(5) 为避免陷入局部极小,改进对温度的控制方式。

(6) 设计合适的初始状态。

(7) 设计合适的算法终止准则。

此外,对模拟退火算法的改进,也可以通过增加某些环节来实现,主要的改进方式包括:①增加升温或重升温过程,在算法进程的适当时机,将温度适当提高,从而可激活各个状态的接受概率,以调整搜索进程中的当前状态,避免算法在局部极小解处停滞不前;②增加记忆功能,为避免搜索过程中由于执行概率接受环节而遗失当前遇到的最优解,可通过增加存储环节,将"Best So Far"的状态记忆下来,增加补充搜索过程,即在退火过程结束后,以搜索到的最优解为初始状态,再次执行模拟退火过程或局部趋化性搜索,对每一个当前状态,采用多次搜索策略,以概率接受区域内的最优状态,而非标准模拟退火算法的单次比较方式;③结合其他搜索机制的算法,如遗传算法、混沌搜索等,上述各个方法的综合应用。

本章习题

4-1 简要叙述动态规划算法的基本思想,并指出该算法与分治算法的异同点。

4-2 叙述动态规划算法的一般求解步骤。

4-3 设给定 n 个变量 $x_1, x_2, \cdots, x_n$。将这些变量依序做底和各层幂,可得 n 重幂如下

这里将上述 n 重幂看作是不确定的,当在其中加入适当的括号后,才能成为一个确定的 n 重幂。不同的加括号方式导致不同的 n 重幂。例如,当 $n=4$ 时,全部 4 重幂有 5 个。

试设计一个算法,对 n 个变量计算出有多少个不同的 n 重幂。

4-4 在一个圆形操场的四周摆放着 n 堆石子。现要将石子有次序地合并成一堆。规定每次只能选相邻的两堆石子合并成新的一堆,并将新的一堆石子数记为该次合并的得分。试设计一个算法,计算出将 n 堆石子合并成一堆的最小得分和最大得分。

4-5 长江游艇俱乐部在长江上设置了 n 个游艇出租站 $1, 2, \cdots, n$。游客可在这些游艇出租站租用游艇,并在下游的任何一个游艇出租站归还游艇。游艇出租站 i 到游艇出租站 j 之间的租金为 $r(i, j)$,其中 $1 \leqslant i < j \leqslant n$。试设计一个算法,计算出从游艇出租站 1 到游艇出租站 n 所需的最少租金。

4-6 旅行商问题是指旅行 n 个城市,要求各个城市经历且仅经历一次,最后回到出发城市,并求所走的最短路程。该问题可用无向带权图 $G = (V, E)$ 来表示,图中各个顶点表示城市,城市间的距离用带权矩阵 C 来表示,如果两个城市没有边相连,则 $C[i][j] = \infty$。给定带权矩阵为

$$C = \begin{bmatrix} \infty & 3 & 6 & 7 \\ 5 & \infty & 2 & 3 \\ 6 & 4 & \infty & 2 \\ 3 & 7 & 5 & \infty \end{bmatrix}$$

要求设计一个算法来求出该实例的最短路径及其长度。

4-7   给定一棵树 T,树中每个顶点 u 都有一个权 $w(u)$,权可以是负数。现在要找到树 T 的一个连通子图并且该子图的权之和最大。

4-8   一台精密仪器的工作时间为 n 个时间单位。与仪器工作时间同步进行若干仪器维修程序。一旦启动维修程序,仪器必须进入维修程序。如果只有一个维修程序启动,则必须进入该维修程序。如果在同一时刻有多个维修程序,可任选进入其中的一个维修程序。维修程序必须从头开始,不能从中间插入。一个维修程序从第 s 个时间单位开始,持续 t 个时间单位,则该维修程序在第 $s+t-1$ 个时间单位结束。为了提高仪器使用率,希望安排尽可能少的维修时间。

4-9   最大 m 段和问题。给定由 n 个整数(可能为负整数)组成的序列:$a_1,a_2,\cdots,a_n$,以及一个正整数 m,要求确定序列 $a_1,a_2,\cdots,a_n$ 的 m 个不相交子段,使这 m 个子段的总和达到最大。注意当 $m>n$ 或 $m<1$ 时为非法输入数据。

4-10   给定由 n 个整数(可能为负整数)组成的序列 $a_1,a_2,\cdots,a_n$,求该序列形如 $\sum_{k=i}^{j} a_k$ 的子段和的最大值。当所有整数均为负整数时定义其最大子段和为 0。依此定义,所求的最优值为:$\max\left\{0, \max\limits_{1\leqslant i\leqslant j\leqslant n} \sum_{k=i}^{j} a_k\right\}$。对于给定的相继 n 个整数,编程计算其最大子段和。

第5章

回溯算法及分支限界算法

学习目标

☑ 掌握回溯算法的算法框架；

☑ 理解回溯算法及分支限界算法的基本思想；

☑ 掌握回溯算法及分支限界算法的异同；

☑ 能够建立子集树、排列树及满 m 叉树模型；

☑ 通过实例学习，能够基于解空间模型，运用回溯算法及分支限界算法求解步骤解决实际问题。

5.1 回溯算法

回溯算法是在仅给出初始结点、目标结点及产生子结点的条件(一般由问题题意隐含给出)的情况下，构造一个图(隐式图)，然后按照深度优先搜索的思想，在有关条件的约束下扩展到目标结点，从而找出问题的解。换言之，回溯算法从初始状态出发，在隐式图中以深度优先的方式搜索问题的解。当发现不满足求解条件时，就回溯，尝试其他路径。通俗地讲，回溯算法是一种"能进则进，进不了则换，换不了则退"的基本搜索方法。

5.1.1 回溯算法的算法框架及思想

1. 回溯算法的算法框架及思想

回溯算法是一种搜索方法。用回溯算法解决问题时，首先应明确搜索范围，即问题所有可能解组成的范围。这个范围越小越好，且至少包含问题的一个(最优)解。为了定义搜索范围，需要明确以下几方面：

(1) 问题解的形式：回溯算法希望问题的解能够表示成一个 n 元组 $(x_1, x_2, \cdots, x_n)$ 的形式。

(2) 显约束：对分量 $x_i (i=1,2,\cdots,n)$ 取值范围的限定。

(3) 隐约束：为满足问题的解而对不同分量之间施加的约束。

(4) 解空间：对于问题的一个实例，解向量满足显约束的所有 n 元组构成了该实例的

微课视频

一个解空间。

注意：同一个问题的显约束可能有多种，不同显约束相应解空间的大小就会不同，通常情况下，解空间越小，算法的搜索效率越高。

【**例 5-1**】 n 皇后问题。在 $n\times n$ 格的棋盘上放置彼此不受攻击的 n 个皇后。按照国际象棋的规则，皇后可以攻击与之处在同一行或同一列或同一斜线上的棋子。换句话说，n 皇后问题等价于在 $n\times n$ 格的棋盘上放置 n 个皇后，任意两个皇后不同行、不同列、不同斜线。

问题分析：根据题意，先考虑显约束为不同行的解空间。

(1) 问题解的形式：n 皇后问题的解表示成 n 元组 $(x_1, x_2, \cdots, x_n)$ 的形式，其中 $x_i(i=1, 2, \cdots, n)$ 表示第 i 个皇后放置在第 i 行第 x_i 列的位置。

(2) 显约束：n 个皇后不同行。

(3) 隐约束：n 个皇后不同列或不同斜线。

(4) 解空间：根据显约束，第 $i(i=1, 2, \cdots, n)$ 个皇后有 n 个位置可以选择，即第 i 行的 n 个列位置，即 $x_i \in \{1, 2, \cdots, n\}$，显然满足显约束的 n 元组共有 n^n 种，它们构成了 n 皇后问题的解空间。

如果将显约束定义为不同行且不同列，则问题的隐约束为不同斜线，问题的解空间为第 i 个皇后不能放置在前 $i-1$ 个皇后所在的列，故第 i 个皇后有 $n-i+1$ 个位置可以选择。令 $S=\{1, 2, 3, \cdots, n\}$，则 $x_i \in S-\{x_1, x_2, \cdots, x_{i-1}\}$，因此，$n$ 皇后问题解空间由 $n!$ 个 n 元组组成。

显然，第二种表示方法使得问题的解空间明显变小，因此搜索效率更高。

其次，为了方便搜索，一般用树或图的形式将问题的解空间有效地组织起来。如例 5-1 的 n 皇后问题：显约束为不同行的解空间树($n=4$)，如图 5-1 所示，显约束为不同行且不同列的解空间树($n=4$)，如图 5-2 所示。树的结点代表状态，树根代表初始状态，树叶代表目标状态；从树根到树叶的路径代表放置方案；分支上的数据代表 x_i 的取值，也可以说是将第 i 个皇后放置在第 i 行、第 x_i 列的动作。

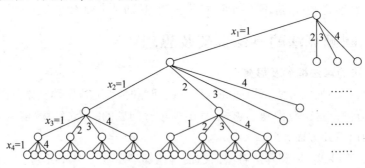

图 5-1　显约束为不同行的解空间树($n=4$)

最后，搜索问题的解空间树。在搜索的过程中，需要了解几个名词：

(1) 扩展结点：一个正在生成子树的结点称为扩展结点。

(2) 活结点：一个自身已生成但其子树还没有全部生成的结点称为活结点。

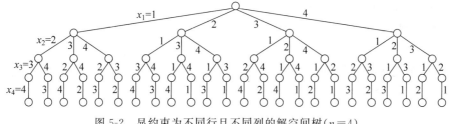

图5-2 显约束为不同行且不同列的解空间树($n=4$)

（3）死结点：一个所有子树已经生成的结点称作死结点。

搜索思想：从根开始，以深度优先搜索的方式进行搜索。根结点是活结点并且是当前的扩展结点。在搜索过程中，当前的扩展结点沿纵深方向移向一个新结点，判断该新结点是否满足隐约束，如果满足，则新结点成为活结点，并且成为当前的扩展结点，继续深一层的搜索；如果不满足，则换到该新结点的兄弟结点（扩展结点的其他分支）继续搜索；如果新结点没有兄弟结点，或其兄弟结点已全部搜索完毕，则扩展结点成为死结点，搜索回溯到其父结点处继续进行。搜索过程直到找到问题的解或根结点变成死结点为止。

从回溯算法的搜索思想可知，搜索开始之前必须确定问题的隐约束。隐约束一般是考察解空间结构中的结点是否有可能得到问题的可行解或最优解。如果不可能得到问题的可行解或最优解，就不用沿着该结点的分支继续搜索了，需要换到该结点的兄弟结点或回到上一层结点。也就是说，在深度优先搜索的过程中，不满足隐约束的分支被剪掉，只沿着满足隐约束的分支搜索问题的解，从而避免了无效搜索，加快了搜索速度。因此，隐约束又称为剪枝函数。隐约束（剪枝函数）一般有两种：一种是判断是否能够得到可行解的隐约束，称为约束条件（约束函数）；另一种是判断是否有可能得到最优解的隐约束，称为限界条件（限界函数）。可见，回溯算法是一种具有约束函数或限界函数的深度优先搜索方法。

总之，回溯算法的算法框架主要包括3部分：

（1）针对所给问题，定义问题的解空间。

（2）确定易于搜索的解空间组织结构。

（3）以深度优先方式搜索解空间，并在搜索过程中用剪枝函数避免无效搜索。

2. 回溯算法的构造实例

【例5-2】 用回溯算法解决4皇后问题。

问题分析：按照回溯算法的搜索思想，首先确定根结点是活结点，并且是当前的扩展结点 R。它扩展生成一个新结点 C，如果 C 不满足隐约束，则舍弃；如果满足，则 C 成为活结点并成为当前的扩展结点，搜索继续向纵深处进行（此时结点 R 不再是扩展结点）。在完成对子树 C（以 C 为根的子树）的搜索之后，结点 C 变成了死结点。开始回溯到离死结点 C 最接近的活结点 R，结点 R 再次成为扩展结点。如果扩展结点 R 还存在未搜索过的孩子结点，则继续沿 R 的下一个未搜索过的孩子结点进行搜索；直到找到问题的解或者根结点变成死结点为止。

用回溯算法解决4皇后问题的求解过程设计如下：

步骤 1：定义问题的解空间。

设 4 皇后问题解的形式是 4 元组 (x_1, x_2, x_3, x_4)，其中 $x_i (i=1,2,3,4)$ 代表第 i 个皇后放置在第 i 行第 x_i 列，x_i 的取值为 $1,2,3,4$。

步骤 2：确定解空间的组织结构。

确定显约束：第 i 个皇后和第 j 个皇后不同行，即：$i \neq j$，对应的解空间的组织结构如图 5-1 所示。

步骤 3：搜索解空间。

步骤 3-1：确定约束条件。第 i 个皇后和第 j 个皇后不同列且不同斜线，即：$x_i \neq x_j$ 并且 $|i-j| \neq |x_i - x_j|$。

步骤 3-2：确定限界条件。该问题不存在放置方案是否好坏的情况，所以不需要设置限界条件。

步骤 3-3：搜索过程如图 5-3～图 5-8 所示。根结点 A 是活结点，也是当前的扩展结点，如图 5-3(a) 所示。扩展结点 A 沿着 $x_1=1$ 的分支生成孩子结点 B，结点 B 满足隐约束，B 成为活结点，并成为当前的扩展结点，如图 5-3(b) 所示。扩展结点 B 沿着 $x_2=1$，$x_2=2$ 的分支生成的孩子结点不满足隐约束，舍弃；沿着 $x_2=3$ 的分支生成的孩子结点 C 满足隐约束，C 成为活结点，并成为当前的扩展结点，如图 5-3(c) 所示。扩展结点 C 沿着所有分支生成的孩子结点均不满足隐约束，全部舍弃，活结点 C 变成死结点。开始回溯到离它最近的活结点 B，结点 B 再次成为扩展结点，如图 5-3(d) 所示。

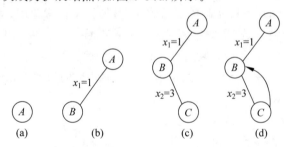

图 5-3　搜索过程 1

扩展结点 B 沿着 $x_2=4$ 的分支继续生成的孩子结点 D 满足隐约束，D 成为活结点，并成为当前的扩展结点，如图 5-4(a) 所示。扩展结点 D 沿着 $x_3=1$ 的分支生成的孩子结点不满足隐约束，舍弃；沿着 $x_3=2$ 的分支生成的孩子结点 E 满足隐约束，E 成为活结点，并成为当前的扩展结点，如图 5-4(b) 所示。扩展结点 E 沿着所有分支生成的孩子结点均不满足隐约束，全部舍弃，活结点 E 变成死结点。开始回溯到最近的活结点 D，D 再次成为扩展结点，如图 5-4(c) 所示。扩展结点 D 沿着 $x_3=3$，$x_3=4$ 的分支生成的孩子结点均不满足隐约束，舍弃，活结点 D 变成死结点。开始回溯到最近的活结点 B，B 再次成为扩展结点，如图 5-4(d) 所示。

此时扩展结点 B 的孩子结点均搜索完毕，活结点 B 成为死结点。开始回溯到最近的活结点 A，结点 A 再次成为扩展结点，如图 5-5(a) 所示。扩展结点 A 沿着 $x_1=2$ 的分支继续

生成的孩子结点 F 满足隐约束,结点 F 成为活结点,并成为当前的扩展结点,如图 5-5(b)所示。扩展结点 F 沿着 $x_2=1,2,3$ 的分支生成的孩子结点均不满足隐约束,全部舍弃;继续沿着 $x_2=4$ 的分支生成的孩子结点 G 满足隐约束,结点 G 成为活结点,并成为当前的扩展结点,如图 5-5(c)所示。

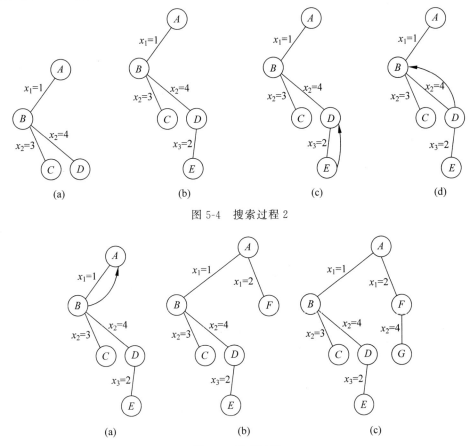

图 5-4　搜索过程 2

图 5-5　搜索过程 3

扩展结点 G 沿着 $x_3=1$ 的分支生成的孩子结点 H 满足隐约束,结点 H 成为活结点,并成为当前的扩展结点,如图 5-6(a)所示。扩展结点 H 沿着 $x_4=1,2$ 的分支生成的孩子结点均不满足隐约束,舍弃;沿着 $x_4=3$ 的分支生成的孩子结点 I 满足隐约束。此时搜索过程搜索到了叶子结点,说明已经找到一种放置方案,即 $(2,4,1,3)$,如图 5-6(b)所示。继续搜索其他放置方案,从叶子结点 I 回溯到最近的活结点 H,H 又成为当前扩展结点,如图 5-6(c)所示。

扩展结点 H 继续沿着 $x_4=4$ 的分支生成的孩子结点不满足隐约束,舍弃;此时结点 H 的 4 个分支全部搜索完毕,H 成为死结点,回溯到活结点 G,如图 5-7(a)所示。结点 G 又成为当前的扩展结点,沿着 $x_3=2,3,4$ 的分支生成的孩子结点均不满足隐约束,舍弃;结点 G 成为死结点,回溯到活结点 F,如图 5-7(b)所示。结点 F 的 4 个分支均搜索完毕,继续回溯到活结点 A,结点 A 再次成为当前的扩展结点,如图 5-7(c)所示。

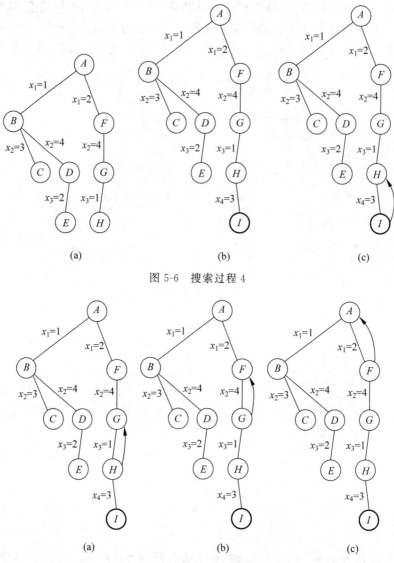

图 5-6 搜索过程 4

图 5-7 搜索过程 5

扩展结点 A 沿着 $x_1 = 3,4$ 分支的扩展过程与沿着 $x_1 = 1,2$ 分支的扩展过程类似,这里不再详述。最终形成的树如图 5-8 所示。

通常将搜索过程中形成的树型结构称为问题的搜索树。例 5-2 4 皇后问题对应的搜索树如图 5-8 所示。简单地讲,搜索树上的结点全部是解空间树中满足隐约束的结点,而不满足隐约束的结点被全部剪掉。

对显约束为不同行且不同列的 4 皇后问题的解空间树(图 5-2)进行搜索的过程与上述搜索过程类似。二者最终形成的搜索树完全相同,只有搜索过程中检查的隐约束和分支数不同,留给读者练习。

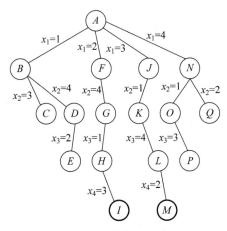

图 5-8 搜索过程 6

3. 回溯算法的算法描述模式

回溯算法是一种带有约束函数或限界函数的深度优先搜索方法,搜索过程是在问题的解空间树中进行的。算法描述通常采用递归技术,也可以选用非递归技术。

(1)递归算法描述模式。

具体描述如下。

```
void Backtrack( int t)
{
    if (t > n)            //搜索层次大于解空间树的深度,说明搜索到了叶子结点,找到了问题的一个解
     output(x);                        //将找到的解记录输出
    else
        for (int i = s(n,t);i <= e(n,t);i++)    //检查扩展结点的每一个分支
         {
           x[t] = d(i);                      //将分支上的数据保存到记录当前解的数组 x 中
            if (constraint(t)&&bound(t))     //判断沿该分支生成的孩子结点是否满足隐约束
               Backtrack(t + 1);            //如果满足,则进入 t + 1 层的孩子结点继续搜索,递归实现
         }
}
```

这里,形参 t 代表当前扩展结点在解空间树中所处的层次。解空间树的根结点为第 1 层,根结点的孩子结点为第 2 层,以此类推,深度为 n 的解空间树的叶子结点为第 $n+1$ 层。注意:在解空间树中,结点所处的层次比该结点所在的深度大 1。解空间树中结点的深度与层次之间的关系如图 5-9 所示。

变量 n 代表问题的规模,同时也是解空间树的深度。注意区分树的深度和树中结点的深度两个概念,树的深度指的是树中深度最大的结点深度。$s(n,t)$ 代表当前扩展结点处未搜索的子树的起始编号。$e(n,t)$ 代表当前扩展结点处未搜索的子树的终止编号。$d(i)$ 代表当前扩展结点处可选的分支上的数据。x 是用来记录问题当前解的数组。constraint(t)

代表当前扩展结点处的约束函数。bound(t)代表当前扩展结点处的限界函数。满足约束函数或限界函数则继续深一层次的搜索；否则，剪掉相应的子树。Backtrack(t)代表从第 t 层开始搜索问题的解。由于搜索从解空间树的根结点开始，即从第 1 层开始搜索，因此函数调用为 Backtrack(1)。

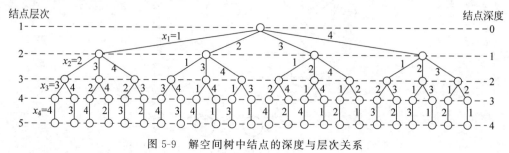

图 5-9　解空间树中结点的深度与层次关系

（2）非递归算法描述模式。

具体描述如下：

```
void    NBacktrack()
{
  int t = 1;
  while (t > 0)
   {
    if (s(n,t) < = e(n,t))
      for (int i = s(n,t); i < = e(n,t); i++)
       {
        x[t] = d(i);
        if (constraint(t)&&bound(t))
          if (t > n)
             output(x);
          else
             t++;                         //更深一层搜索
       }                                  //end for
    else
       t--;                               //回溯到上一层的活结点
   }                                      //end while
}
```

这里出现的函数和变量均和递归算法描述模式中出现的含义相同。

5.1.2　子集树

1. 概述

子集树是使用回溯算法解题时经常遇到的一种典型的解空间树。当所给的问题是从 n 个元素组成的集合 S 中找出满足某种性质的一个子集时，相应的解空间树称为子集树。此类问题解的形式为 n 元组$(x_1, x_2, \cdots, x_n)$，分量 $x_i(i=1,2,\cdots,n)$ 表示第 i 个元素是否在要找的子集中。x_i 的取值为 0 或 1，$x_i=0$ 表示第 i 个元素不在要找的子集中；$x_i=1$ 表示第 i 个元素在要找的子集中。如图 5-10 所示是 $n=3$ 时的子集树。

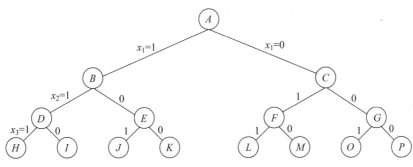

图 5-10 $n=3$ 时的子集树

子集树中所有非叶子结点均有左、右两个分支，左分支为 1，右分支为 0，反之也可以。本书约定子集树的左分支为 1，右分支为 0。树中从根到叶子的路径描述了一个 n 元 0-1 向量，这个 n 元 0-1 向量表示集合 S 的一个子集，这个子集由对应分量为 1 的元素组成。如假定 3 个元素组成的集合 S 为 $\{1,2,3\}$，从根结点 A 到叶结点 I 的路径描述的 n 元组为 $(1,1,0)$，它表示 S 的一个子集 $\{1,2\}$。从根结点 A 到叶结点 M 的路径描述的 n 元组为 $(0,1,0)$，它表示 S 的另一个子集 $\{2\}$。

在子集树中，树的根结点表示初始状态，中间结点表示某种情况下的中间状态，叶子结点表示结束状态。分支表示从一个状态过渡到另一个状态的行为。从根结点到叶子结点的路径表示一个可能的解。子集树的深度等于问题的规模。

解空间树为子集树的问题有很多，如：

0-1 背包问题：从 n 个物品组成的集合 S 中找出一个子集，这个子集内所有物品的总重量不超过背包的容量，并且这些物品的总价值在 S 的所有不超过背包容量的子集中是最大的。显然，这个问题的解空间树是一棵子集树。

子集和问题：给定 n 个整数和一个整数 C，要求找出 n 个数中哪些数相加的和等于 C。这个问题实质上是要求从 n 个数组成的集合 S 中找出一个子集，这个子集中所有数的和等于给定的 C。因此，子集和问题的解空间树也是一棵子集树。

装载问题：n 个集装箱要装上两艘载重量分别为 c_1 和 c_2 的轮船，其中集装箱 i 的重量为 w_i，且 $\sum_{i=1}^{n} w_i \leqslant c_1 + c_2$。装载问题要求确定是否有一个合理的装载方案可将这个集装箱装上这两艘轮船，如果有，找出一种装载方案。

这个问题如果有解，则采用下面的策略可得到最优装载方案。

（1）首先将第一艘轮船尽可能装满。

（2）将剩余的集装箱装上第二艘轮船。如果剩余的集装箱能够全部装上船，则找到一个合理的方案，如果不能全部装上船，则不存在装载方案。

将第一艘轮船尽可能装满等价于从 n 个集装箱组成的集合中选取一个子集，该子集中集装箱重量之和小于或等于第一艘船的载重量且最接近第一艘船的载重量。由此可知,装载问题的解空间树也是一棵子集树。

最大团问题:给定一个无向图,找出它的最大团。这个问题等价于从给定无向图的 n 个顶点组成的集合中找出一个顶点子集,这个子集中的任意两个顶点之间有边相连且包含的顶点个数是所有该类子集中包含顶点个数最多的。因此这个问题也是从整体中取出一部分,这一部分构成整体的一个子集且满足一定的特性,它的解空间树是一棵子集树。

可见,对于要求从整体中取出一部分,这一部分需要满足一定的特性,整体与部分之间构成包含与被包含的关系,即子集关系的一类问题,均可采用子集树描述它们的解空间树。这类问题在解题时可采用统一的算法设计模式。

2. 子集树的算法描述模式

具体描述如下:

```
void Backtrack( int t)
{
  if (t > n)   output(x);
  if(constraint(t))                    //判断能否沿着扩展结点的左分支进行扩展
    {
    做相关标识;
    Backtrack(t + 1);
    做相关标识的反操作;
    }
  if(bound(t))                         //判断能否沿着扩展结点的右分支进行扩展
    {
    做相关标识;
    Backtrack(t + 1);
    做相关标识的反操作;
    }
}
```

这里,形式参数 t 表示扩展结点在解空间树中所处的层次。n 表示问题的规模,即解空间树的深度。x 是用来存放当前解的一维数组,初始化为 $x[i] = 0(i = 1, 2, \cdots, n)$。constraint()为约束函数,bound()为限界函数。

3. 子集树的构造实例

【例 5-3】 0-1 背包问题。

(1) 问题描述:给定 n 种物品和一背包。物品 i 的重量是 w_i,其价值为 v_i,背包的容量为 W。一种物品要么全部装入背包,要么全部不装入背包,不允许部分装入。装入背包的物品的总重量不超过背包的容量。问应如何选择装入背包的物品,使得装入背包中的物品总价值最大?

(2) 问题分析:根据问题描述可知,0-1 背包问题要求找出 n 种物品集合$\{1,2,3,\cdots,n\}$ 中的一部分物品,将这部分物品装入背包。装进去的物品总重量不超过背包的容量且价值之和最大。即:找到 n 种物品集合$\{1,2,3,\cdots,n\}$的一个子集,这个子集中的物品总重量不超过背包的容量,且总价值是集合$\{1,2,3,\cdots,n\}$的所有不超过背包容量的子集中物品总价值最大的。

按照回溯算法的算法框架,首先需要定义问题的解空间,然后确定解空间的组织结构,最后进行搜索。搜索前要解决两个关键问题:一是确定问题是否需要约束条件(用于判断是否有可能产生可行解),如果需要,如何设置;二是确定问题是否需要限界条件(用于判断是否有可能产生最优解),如果需要,如何设置。

(3)解题步骤。

步骤1:定义问题的解空间。

0-1背包问题是要将物品装入背包,且物品有且只有两种状态。第$i(i=1,2,\cdots,n)$种物品是装入背包能够达到目标要求,还是不装入背包能够达到目标要求呢?很显然,目前还不确定。因此,可以用变量x_i表示第i种物品是否被装入背包的行为,如果用"0"表示不被装入背包,用"1"表示装入背包,则x_i的取值为0或1。该问题解的形式是一个n元组,且每个分量的取值为0或1。由此可得,问题的解空间为$(x_1,x_2,\cdots,x_n)$,其中$x_i=0$或1,$(i=1,2,\cdots,n)$。

步骤2:确定解空间的组织结构。

问题的解空间描述了2^n种可能的解,也可以说是n个元素组成的集合的所有子集个数。可见,问题的解空间树为子集树。采用一棵满二叉树将解空间有效地组织起来,解空间树的深度为问题的规模n。图5-11描述了$n=4$时的解空间树。

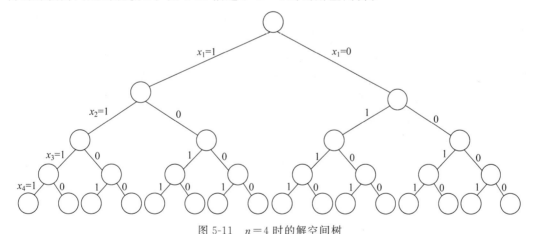

图5-11 $n=4$时的解空间树

步骤3:搜索解空间。

步骤3-1:是否需要约束条件?如果需要,如何设置?

0-1背包问题的解空间包含2^n个可能的解,是不是每一个可能的解描述的装入背包的物品的总重量都不超过背包的容量呢?显然不是,这个问题存在某种或某些物品无法装入背包的情况。因此,需要设置约束条件来判断所有可能的解描述的装入背包的物品总重量是否超出背包的容量,如果超出,为不可行解;否则为可行解。搜索过程将不再搜索那些导

致不可行解的结点及其孩子结点。约束条件的形式化描述为

$$\sum_{i=1}^{n} w_i x_i \leqslant W \tag{5-1}$$

步骤 3-2：是否需要限界条件？如果需要，如何设置？

0-1 背包问题的可行解可能不止一个，问题的目标是找一个所描述的装入背包的物品总价值最大的可行解，即最优解。因此，需要设置限界条件来加速找出该最优解的速度。

如何设置限界条件呢？根据解空间的组织结构可知，任何一个中间结点 z（中间状态）均表示从根结点到该中间结点的分支所代表的行为已经确定，从 z 到其子孙结点的分支的行为是不确定的。也就是说，如果 z 在解空间树中所处的层次是 t，从第 1 种物品到第 $t-1$ 种物品的状态已经确定，接下来要确定第 t 种物品的状态。无论沿着 z 的哪一个分支进行扩展，第 t 种物品的状态就确定了。那么，从第 $t+1$ 种物品到第 n 种物品的状态还不确定。这样，可以根据前 t 种物品的状态确定当前已装入背包的物品的总价值，用 cp 表示。第 $t+1$ 种物品到第 n 种物品的总价值用 rp 表示，则 cp＋rp 是所有从根出发的路径中经过中间结点 z 的可行解的价值上界。如果价值上界小于或等于当前搜索到的最优解描述的装入背包的物品总价值（用 bestp 表示，初始值为 0），则说明从中间结点 z 继续向子孙结点搜索不可能得到一个比当前更优的可行解，没有继续搜索的必要；反之，则继续向 z 的子孙结点搜索。因此，限界条件可描述为

$$cp + rp > bestp \tag{5-2}$$

步骤 3-3：搜索过程。从根结点开始，以深度优先的方式进行搜索。根结点首先成为活结点，也是当前的扩展结点。由于子集树中约定左分支上的值为"1"，因此沿着扩展结点的左分支扩展，则代表装入物品，此时，需要判断是否能够装入该物品，即判断约束条件成立与否，如果成立，即进入左孩子结点，左孩子结点成为活结点，并且是当前的扩展结点，继续向纵深结点扩展；如果不成立，则剪掉扩展结点的左分支，沿着其右分支扩展。右分支代表物品不装入背包，肯定有可能导致可行解。但是沿着右分支扩展有没有可能得到最优解呢？这一点需要由限界条件来判断。如果限界条件满足，说明有可能导致最优解，即进入右分支，右孩子结点成为活结点，并成为当前的扩展结点，继续向纵深结点扩展；如果不满足限界条件，则剪掉扩展结点的右分支，开始向最近的活结点回溯。搜索过程直到所有活结点变成死结点结束。

(4) 0-1 背包问题实例的搜索过程演示。

令 $n=4, W=7, w=(3,5,2,1), v=(9,10,7,4)$。搜索过程如图 5-12～图 5-16 所示。（注：图中结点旁括号内的数据表示背包的剩余容量和已装入背包的物品价值。）

首先，搜索从根结点开始，即根结点是活结点，也是当前的扩展结点。它代表初始状态，即背包是空的，如图 5-12(a)所示。扩展结点 1 先沿着左分支扩展，此时需要判断式(5-1)约束条件。第一种物品的重量是 3，$3<7$，满足约束条件，因此结点 2 成为活结点，并成为当前的扩展结点。它代表第 1 种物品已装入背包，背包剩余容量为 4，背包内物品的总价值为 9，如图 5-12(b)所示。扩展结点 2 继续沿着左分支扩展，此时需要判断第 2 个物品能否装入背

包。第 2 个物品的重量为 5,背包的剩余容量为 4。显然,该物品无法装入,故剪掉扩展结点 2 的左分支。此时,需要选择扩展结点 2 的右分支继续扩展,判断式(5-2)限界条件,cp＝9, rp＝11,bestp＝0,cp＋rp＞bestp 限界条件成立,则结点 2 沿右分支扩展的结点 3 成为活结 点,并成为当前的扩展结点。扩展结点 3 代表背包剩余容量为 4,背包内物品的总价值为 9, 如图 5-12(c)所示。以此类推,扩展结点 3 沿着左分支扩展,第 3 种物品的重量是 2,背包的 剩余容量为 4,满足约束条件,结点 4 成为活结点,并成为当前的扩展结点。结点 4 代表背 包剩余容量为 2,背包内物品总价值为 16,如图 5-12(d)所示。

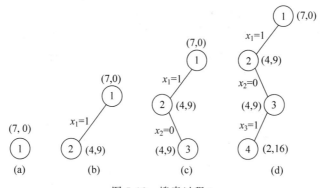

图 5-12　搜索过程 1

扩展结点 4 沿着左分支扩展,此时第 4 种物品的重量为 1,背包的剩余容量为 2,结点 5 满足约束条件。结点 5 已是叶子结点,故找到一个当前最优解,将其记录并修改 bestp 的值 为当前最优解描述的装入背包的物品总价值 20,如图 5-13(a)所示。由于结点 5 已是叶子 结点,不具备扩展能力,此时要回溯到离结点 5 最近的活结点 4,结点 4 再次成为扩展结点, 如图 5-13(b)所示。扩展结点 4 沿着右分支继续扩展,此时要判断限界条件是否满足,cp＝ 16,rp＝0,bestp＝20,cp＋rp＜bestp,限界条件不满足,故剪掉结点 4 的右分支。扩展结点 4 的 左右两个分支均搜索完毕,回溯到最近的活结点 3,结点 3 再次成为扩展结点,如图 5-13(c) 所示。扩展结点 3 沿着右分支继续扩展,此时要判断限界条件是否满足,cp＝9,rp＝4, bestp＝20,cp＋rp＜bestp,限界条件不满足,故剪掉结点 3 的右分支。扩展结点 3 的左右两 个分支均搜索完毕,回溯到最近的活结点 2,结点 2 再次成为扩展结点。扩展结点 2 的两个 分支均搜索完毕,故继续回溯到结点 1,如图 5-13(d)所示。

扩展结点 1 沿着右分支继续扩展,判断限界条件是否满足,cp＝0,rp＝21,bestp＝20, cp＋rp＞bestp,限界条件满足,则扩展的结点 6 成为活结点,并成为当前的扩展结点,如 图 5-14(a)所示。扩展结点 6 沿着左分支继续扩展,判断约束条件,当前背包剩余容量为 7, 第二种物品的重量为 5,5＜7,满足约束条件,扩展生成的结点 7 成为活结点,且是当前的扩 展结点。此时背包的剩余容量为 2,装进背包的物品总价值为 10,如图 5-14(b)所示。扩展 结点 7 沿着左分支继续扩展,判断约束条件,当前背包剩余容量为 2,第 3 种物品的重量为 2,满足约束条件,扩展生成的结点 8 成为活结点,且是当前的扩展结点。此时背包的剩余容 量为 0,装入背包的物品总价值为 17,如图 5-14(c)所示。

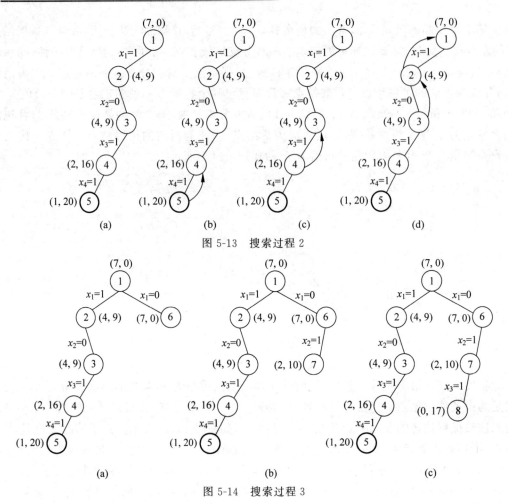

图 5-13　搜索过程 2

图 5-14　搜索过程 3

　　扩展结点 8 沿着左分支继续扩展,判断约束条件,当前背包剩余容量为 0,第 4 种物品的重量为 1,0＜1,不满足约束条件,扩展生成的结点被剪掉。接下来沿着扩展结点 8 的右分支进行扩展,判断限界条件,cp＝17,rp＝0,bestp＝20,cp＋rp＜bestp,不满足限界条件,沿右分支扩展生成的结点也被剪掉。扩展结点 8 的所有分支均搜索完毕,回溯到最近的活结点 7,结点 7 又成为扩展结点,如图 5-15(a)所示。扩展结点 7 沿着右分支继续扩展,判断限界条件,当前 cp＝10,rp＝4,bestp＝20,cp＋rp＜bestp,限界条件不满足,扩展生成的结点被剪掉。扩展结点 7 的所有分支均搜索完毕,回溯到活结点 6,结点 6 又成为扩展结点,如图 5-15(b)所示。扩展结点 6 沿着右分支继续扩展,判断限界条件,当前 cp＝0,rp＝11,bestp＝20,cp＋rp＜bestp,限界条件不满足,扩展生成的结点被剪掉。扩展结点 6 的所有分支均搜索完毕,回溯到活结点 1,结点 1 又成为扩展结点,如图 5-15(c)所示。

　　扩展结点 1 的两个分支均搜索完毕,它成为死结点,搜索过程结束,找到的问题的解为从根结点 1 到叶子结点 5 的路径(1,0,1,1),即将第 1,3,4 三种物品装入背包,装进去物品总价值为 20,如图 5-16 所示。

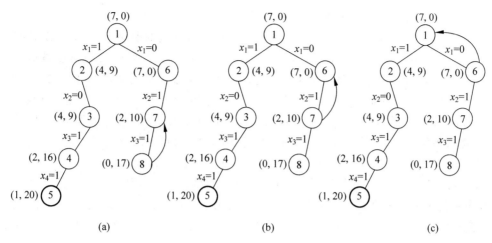

图 5-15　搜索过程 4

（5）限界条件式（5-2）的优化。

在上述限界条件中，rp 表示第 $t+1$ 种物品到第 n 种物品的总价值。事实上，背包的剩余容量不一定能够容纳从第 $t+1$ 种物品到第 n 种物品的全部物品，那么剩余容量所能容纳的从第 $t+1$ 种物品到第 n 种物品的最大价值（用 brp 表示）肯定小于或等于 rp，用 brp 取代 rp，则式（5-2）改写为

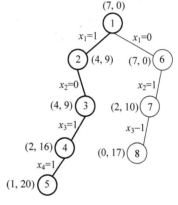

图 5-16　搜索过程 5

$$cp + brp > bestp \qquad (5\text{-}3)$$

0-1 背包问题最终不一定能够将背包装满，因此，cp＋brp 同样是所有路径经过中间结点 z 的可行解的价值上界，且这个价值上界小于或等于 cp＋rp。因此，表达式 cp＋brp＞bestp 成立的可能性比 cp＋rp＞bestp 成立的可能性要小。用 cp＋brp＞bestp 作为限界条件，从中间结点 z 沿右分支继续向纵深搜索的可能性就小。也就是说，中间结点 z 的右分支剪枝的可能性就越大，搜索速度也会加快。

以式（5-3）作为限界条件的搜索过程与以式（5-2）作为限界条件的搜索过程只有在搜索右分支时进行的判断不同。在以式（5-3）作为限界条件的搜索过程中，需要求出 brp 的值，为方便起见，事先计算出所给物品单位重量的价值 $\left(\dfrac{9}{3}, \dfrac{10}{5}, \dfrac{7}{2}, \dfrac{4}{1}\right)$。针对剩余的物品，单位重量价值大的物品优先装入背包，将背包剩余容量装满所得的价值即为 brp 的值。在图 5-12（b）中，扩展结点 2 沿右分支扩展，判断限界条件，当前 cp＝9，剩余的不确定状态的物品为第 3 种、第 4 种物品，背包剩余容量为 4，将背包装满装入的最大价值为第 3 种、第 4 种物品的价值之和，即 brp＝11，bestp＝0，cp＋brp＞bestp，限界条件成立，扩展的结点 3 成为活结点，并成为当前的扩展结点，继续向纵深处扩展。进行式（5-3）限界条件的搜索与式（5-2）限界条件的搜索直到图 5-13（b）（找到一个当前最优解后回溯到最近的活结点 4）均相同，其后在式(5-3)限界条件下的搜索过程如图 5-17 所示。

扩展结点 4 沿右分支扩展,判断限界条件,cp＝16,背包的剩余容量为 2,没有剩余物品,故 brp＝0,bestp＝20,cp＋brp＜bestp,限界条件不满足,扩展生成的结点被剪掉。此时,左右分支均检查完毕,开始回溯到活结点 3,结点 3 又成为扩展结点,如图 5-17(a)所示。扩展结点 3 沿右分支扩展,判断限界条件,cp＝9,剩余容量为 4,剩余物品为第 4 种物品,其重量为 1,能够全部装入,故 brp＝4。bestp＝20,cp＋brp＜bestp,限界条件不满足,扩展生成的结点被剪掉。此时,结点 3 的左右分支均搜索完毕,回溯到活结点 2。结点 2 的两个分支已搜索完毕,继续回溯到活结点 1,活结点 1 再次成为扩展结点,如图 5-17(b)所示。扩展结点 1 继续沿右分支扩展,判断限界条件,cp＝0,剩余容量为 7,剩余物品为第 2、3、4 种物品,按照单位重量的价值大的物品优先的原则,将第 3、4 种物品全部装入背包。此时,背包剩余容量为 4,第 2 种物品的重量为 5,无法全部装入,只需装入第 2 种物品的 4/5,那么装进去的价值为 10×4/5＝8,故 brp＝7＋4＋8＝19,cp＋brp＝19＜bestp(20),限界条件不满足,扩展生成的结点被剪掉。此时,左右分支均搜索完毕,搜索过程结束,找到的当前最优解为(1,0,1,1),最优值为 20,如图 5-17(c)所示。

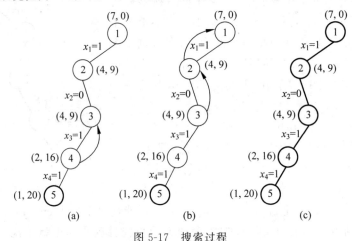

图 5-17　搜索过程

(6) 算法描述。

以下算法描述针对式(5-3)的限界条件。形式参数 t 代表当前扩展结点在解空间树中所处的层次。首先定义一个 Knap 类:

```cpp
class Knap
{
public:
friend int Knapsack(int p[], int w[], int c, int n);
    void print()
    {
        for(int k = 1;k <= n;k++)
            cout << bestx[k]<<" ";
```

```
                cout << endl;
            }
    private:
        int Bound( int i);
        void Backtrack( int t);
        int c;                          //背包容量
        int n;                          //物品数
        int * w;                        //物品重量数组
        int * p;                        //物品价值数组
        int cw;                         //当前重量
        int cp;                         //当前价值
        int bestp;                      //当前最优值
        int * bestx;                    //当前最优解
        int * x;                        //当前解
    };
```

类 Knap 的成员函数 Bound()用于求将剩余的物品装满剩余的背包容量时装入背包物品的最大价值。用参数 i 表示剩余物品为第 $i \sim n$ 种物品,成员函数 Bound()基于物品按照单位重量的价值由大到小排好序的序列。成员函数 Bound()的描述如下:

```
int Knap∷Bound( int i)              //计算上界
{
    int cleft = c - cw;             //剩余容量
    int b = cp;
    //以物品单位重量价值递减序装入物品
    while( i < = n && w[ i] < = cleft)
        {
            cleft - = w[ i];
            b + = p[ i];i++;}
    //装满背包
    if( i < = n)
        b + = p[ i]/w[ i] * cleft;
    return b;
}
```

类 Knap 的成员函数 Backtrack()用于搜索解空间树,参数 t 表示当前扩展结点在解空间树中所处的层次。函数 Backtrack()搜索解空间时,先判断是否达到叶子结点,如果到达叶子结点(即 $t > n$),说明找到了一个当前最优解,将其记录;否则,如果没有到达叶子结点,则沿左子树扩展,此时判断是否满足约束条件,如果满足,即进行更深一层的搜索(即递归更深一层);如果不满足,则沿着右子树扩展,此时判断是否满足限界条件,如果满足,即进行更深一层的搜索,反之则回溯到最近的活结点。算法描述如下:

```
void Knap∷Backtrack( int t)
{
    if( t > n)                         //到达叶子结点
```

```
        {
                for( int j = 1; j <= n; j++)
                        bestx[ j] = x[ j];
                bestp = cp;
                return;
        }
    if( cw + w[ t] < = c)                          //搜索左子树
    {
        x[ t] = 1;
        cw + = w[ t];
        cp + = p[ t];
        Backtrack( t + 1);
        cw - = w[ t];
        cp - = p[ t];
    }
    if( Bound( t + 1) > bestp)                     //搜索右子树
    { x[ t] = 0; Backtrack( t + 1); }
}
```

用回溯算法求解 0-1 背包问题时,数组 x 用于记录当前解,其元素全部初始化为 0。数组 w 用于存储物品的重量,数组 p 用于存储物品的价值,背包的容量用 c 表示。为了对物品按照单位重量的价值由大到小排序,定义了 Object 类,具体定义如下:

```
class Object
{ public:
        friend int Knapsack( int p[ ], int w[ ], int c, int n);
        int operator < = ( Object a) const
            { return ( d > = a. d); }
    private:
        int id;                                    //物品编号
        float d;                                   //单位重量的价值
};
```

0-1 背包问题的算法首先进行初始化工作,然后对物品类对象按照单位重量的价值由大到小排序,算法描述如下:

```
int Knapsack( int p[ ], int w[ ], int c, int n)
 {                                                 //初始化
    int W = 0; int P = 0; int i = 1;
    Object  * Q = new Object[ n];
    for( i = 1; i < = n; i++)
     {
       Q[ i - 1]. ID = i;
       Q[ i - 1]. d = 1.0 * p[ i]/w[ i];
       P + = p[ i]; W + = w[ i];
     }
    if( W < = c)   return P;                        //装入所有物品
```

```
        //依物品单位重量降序排序
        Sort(Q,n);                          //将数组 Q 中的元素按照单位重量的价值由大到小排序
        Knap  K;
        K.p = new int[n + 1];
        K.w = new int[n + 1];
        K.x = new int[n + 1];
        K.bestx = new int[n + 1];
      K.x[0] = 0;
      K.bestx[0] = 0;
        for(i = 1;i <= n;i++)               //按单位重量的价值降序排列物品重量和价值
          {
            K.p[i] = p[Q[i - 1].id];
            K.w[i] = w[Q[i - 1].id];
          }
          K.cp = 0;
          K.cw = 0;
          K.c = c;
          K.n = n;
          K.bestp = 0;
      //回溯搜索
      K.Backtrack(1);                       //从根开始搜索解空间树
      K.print();                            //输出最优解
      delete [] Q;delete [] K.w;delete [] K.p;
      return K.bestp;                       //返回最优值
    }
```

（7）算法分析。

判断约束函数需要耗时 $O(1)$，在最坏情况下，有 $2^n - 1$ 个左孩子，约束函数耗时最坏为 $O(2^n)$。计算上界限界函数需要 $O(n)$ 时间，在最坏情况下，有 $2^n - 1$ 个右孩子需要计算上界，限界函数耗时最坏为 $O(n2^n)$。0-1 背包问题的回溯算法所需的计算时间为 $O(2^n) + O(n2^n) = O(n2^n)$。

（8）C++实战。

相关代码如下。

```cpp
# include < iostream >
# include < algorithm >
using namespace std;
class Knap
{
    public:
    friend int Knapsack(int p[],int w[],int c,int n);
        void print()
          {
                for(int k = 1;k <= n;k++)
                    cout << bestx[k]<<" ";
                cout << endl;
          }
```

```cpp
    private:
        int Bound( int i);
        void Backtrack( int t);
        int c;                          //背包容量
        int n;                          //物品数
        int * w;                        //物品重量数组
        int * p;                        //物品价值数组
        int cw;                         //当前重量
        int cp;                         //当前价值
        int bestp;                      //当前最优值
        int * bestx;                    //当前最优解
        int * x;                        //当前解
};
int Knap::Bound( int i)                 //计算上界
{
    int cleft = c - cw;                 //剩余容量
    int b = cp;
    //以物品单位重量价值递减序装入物品
    while( i <= n && w[ i] <= cleft)
    {
        cleft -= w[ i];
        b += p[ i]; i++;
    }
    //装满背包
    if( i <= n)
        b += p[ i]/w[ i] * cleft;
    return b;
}


void Knap::Backtrack( int t)
{
    if( t > n)                          //到达叶子结点
    {
            for( int j = 1; j <= n; j++)
                    bestx[ j] = x[ j];
            bestp = cp;
            return;
    }
    if( cw + w[ t] <= c)                //搜索左子树
    {
        x[ t] = 1;
        cw += w[ t];
        cp += p[ t];
        Backtrack( t + 1);
        cw -= w[ t];
        cp -= p[ t];
    }
    if( Bound( t + 1) > bestp)          //搜索右子树
    {
        x[ t] = 0;
```

```
            Backtrack(t + 1);
        }
}

class Object
{
    public:
        friend int Knapsack(int p[ ], int w[ ], int c, int n);
        int operator <(const Object &a)
        { return (this - > d > a. d); }
    private:
        int id;                          //物品编号
        float d;                         //单位重量的价值
};

int Knapsack(int p[ ], int w[ ], int c, int n)
{ //初始化
    int W = 0; int P = 0; int i = 1;
    Object * Q = new Object[n];
    for(i = 1; i < = n; i++)
     {
        Q[i - 1]. id = i;
        Q[i - 1]. d = 1.0 * p[i]/w[i];
        P += p[i];
        W += w[i];
     }
    if(W < = c) return P;              //装入所有物品
    for(int i = 0; i < = n; i++)
        cout << Q[i]. d <<" ";
    cout << endl;
    //依物品单位重量降序排序
    sort(Q, Q + n);                    //将数组Q中的元素按照单位重量的价值由大到小排序
    for(int i = 0; i < = n; i++)
        cout << Q[i]. d <<" ";
    cout << endl;
    Knap K;
    K. p = new int[n + 1];
    K. w = new int[n + 1];
    K. x = new int[n + 1];
    K. bestx = new int[n + 1];
    int * bestx = new int[n + 1];
    K. x[0] = 0;
    K. bestx[0] = 0;
    for(i = 1; i < = n; i++)           //按单位重量的价值降序排列物品重量和价值
    {
        K. p[i] = p[Q[i - 1]. id];
        K. w[i] = w[Q[i - 1]. id];
    }
    K. cp = 0;
    K. cw = 0;
```

```
            K.c = c;
            K.n = n;
            K.bestp = 0;
            //回溯搜索
            K.Backtrack(1);                      //从根开始搜索解空间树
            K.print();                           //输出最优解
            cout <<"装入的物品编号为: ";
            for(int i = 1;i <= n;i++)
                if(K.bestx[i])
                    cout << Q[i-1].id <<" ";
            cout << endl;
            delete [] Q;
            delete [] K.w;
            delete [] K.p;
            delete [] K.x;
            delete [] K.bestx;
            delete [] bestx;
            return K.bestp;                      //返回最优值
}
int main(){
            int p[] = {0,9,10,7,4};
            int w[] = {1,3,5,2,1};
            int c  = 7;
            int n  = 4;
            int bestp = Knapsack(p,w,c,n);
            cout <<"最大价值为: "<< bestp << endl;
            return 0;
}
```

【例 5-4】 最大团问题。

（1）问题描述。

给定无向图 $G=(V,E)$。如果 $U\subseteq V$，且对任意 $u,v\in U$，有 $(u,v)\in E$，则称 U 是 G 的完全子图。G 的完全子图 U 是 G 的团当且仅当 U 不包含在 G 的更大的完全子图中。G 的最大团是指 G 中所含顶点数最多的团。最大团问题就是要求找出无向图 G 的包含顶点个数最多的团。

（2）问题分析。

根据问题描述可知，最大团问题就是要求找出无向图 $G=(V,E)$ 的 n 个顶点集合 $\{1,2,3,\cdots,n\}$ 的一部分顶点 V'，即 n 个顶点集合 $\{1,2,3,\cdots,n\}$ 的一个子集，这个子集中的任意两个顶点在无向图 G 中都有边相连，且包含顶点个数是 n 个顶点集合 $\{1,2,3,\cdots,n\}$ 所有同类子集中包含顶点个数最多的。显然，问题的解空间是一棵子集树，解决方法与解决 0-1 背包问题类似。

（3）解题步骤。

步骤 1：定义问题的解空间。

问题解的形式为 n 元组，每个分量的取值为 0 或 1，即问题的解是一个 n 元 0-1 向量。

具体形式为：$(x_1,x_2,\cdots,x_n)$，其中 $x_i=0$ 或 $1,i=1,2,\cdots,n$。$x_i=1$ 表示图 G 中第 i 个顶点在团里，$x_i=0$ 表示图 G 中第 i 个顶点不在团里。

步骤 2：确定解空间的组织结构。

解空间是一棵子集树，树的深度为 n。

步骤 3：搜索解空间。

步骤 3-1：确定是否需要约束条件，如果需要，如何设置？

最大团问题的解空间包含 2^n 个子集，这些子集中存在集合中的某两个顶点没边相连的情况。显然，这种情况下的可能解不是问题的可行解。故需要设置约束条件判断是否有可能导致问题的可行解。

假设当前扩展结点处于解空间树的第 t 层，那么从第 1 个顶点到第 $t-1$ 个顶点的状态（有没有在团里）已经确定。接下来沿着扩展结点的左分支进行扩展，此时需要判断是否将第 t 个顶点放入团里。只要第 t 个顶点与前 $t-1$ 个顶点中在团里的那些顶点有边相连，则能放入团中，否则，就不能放入团中。因此，约束函数描述如下：

```
Bool Place(int t)
  {
   Bool OK = true;
   for (int j = 1; j < t; j++)
       if (x[j] && a[t][j] == 0)           //顶点 t 与顶点 j 不相连
          {
              OK = false;
              break;
          }
     return OK;
  }
```

其中形式参数 t 表示第 t 个顶点，Place(t) 用来判断第 t 个顶点能否放入团。二维数组 $a[\ ][\ ]$ 是图 G 的邻接矩阵。一维数组 $x[\ ]$ 记录当前解。搜索到第 t 层时，从第 1 个顶点到第 $t-1$ 个顶点的状态存放在 $x[1:t-1]$ 中。

步骤 3-2：确定是否需要限界条件？ 如果需要，如何设置？

最大团问题的可行解可能不止一个，问题的目标是找一个包含顶点个数最多的可行解，即最优解。因此，需要设置限界条件来加速寻找该最优解的速度。

如何设置限界条件呢？ 与 0-1 背包问题类似。假设当前的扩展结点为 z，如果 z 处于第 t 层，从第 1 个顶点到第 $t-1$ 个顶点的状态已经确定，接下来要确定第 t 个顶点的状态，无论沿着 z 的哪一个分支进行扩展，第 t 个顶点的状态就确定了。那么，从第 $t+1$ 个顶点到第 n 个顶点的状态还不确定。这样，可以根据前 t 个顶点的状态确定当前已放入团的顶点个数（用 cn 表示），假设从第 $t+1$ 个顶点到第 n 个顶点全部放入团，放入的顶点个数（用 fn 表示）fn$=n-t$，则 cn$+$fn 是所有从根出发的路径中经过中间结点 z 的可行解所包含顶点个数的上界。如果 cn$+$fn 小于或等于当前最优解包含的顶点个数（用 bestn 表示，初始值为 0),则说明从中间结点 z 继续向子孙结点搜索不可能得到一个比当前更优的可行解,没有继续搜索的必要;反之,则继续向 z 的子孙结点搜索。因此,限界条件可描述为: $cn+fn>bestn$。

步骤 3-3:搜索过程。最大团问题的搜索和 0-1 背包问题的搜索相似,只是进行判断的约束条件和限界条件不同而已。以图 5-18 给定的无向图为例,按照 0-1 背包问题的搜索过程形成的搜索树如图 5-19 所示。找到问题的解是从根结点 A 到叶子结点 N 的路径(0,1,1,1,1),已在图 5-19 中用粗线画出,求得的最大团如图 5-20 所示。

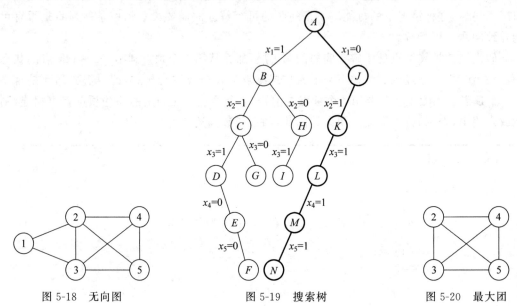

图 5-18　无向图　　　　　　图 5-19　搜索树　　　　　　图 5-20　最大团

(4)算法描述。

令一维数组 x 记录当前解,一维数组 bestx 记录当前最优解,变量 cn、bestn 分别记录当前已包含在团里的顶点个数和当前最优解包含的在团里的顶点个数,初始时均为 0。找出最大团的关键是判断当前顶点是否能够放入团里的约束条件,如果能放入团,就进行更深一层搜索;否则判断限界函数是否满足,如果满足,则进行更深一层搜索,反之,回溯到最近的活结点。回溯搜索的算法描述如下:

```cpp
void Backtrack(int t)
  {
    if (t > n)                        //到达叶结点
      {
      for(int i = 1; i <= n; i++)
          bestx[i] = x[i];
      bestn = cn;
      return;
      }
    if (Place(t))                     //进入左子树
```

```
        {
            x[t] = 1;
            cn++;
            Backtrack(t + 1);
            cn -- ;
        }
    if (cn + n - t > bestn)                //进入右子树
        {
            x[t] = 0;
            Backtrack(t + 1);
        }
}                                          //end Backtrack
```

搜索解空间树时要从根结点开始,以深度优先的方式进行。故初始化工作完成后,只需要调用 Backtrack(1)便可求得最大团。

(5) 算法分析。

判断约束函数需耗时 $O(n)$,在最坏情况下,有 $2^n - 1$ 个左子树,约束函数耗时最坏为 $O(n2^n)$。判断限界函数需要 $O(1)$ 时间,在最坏情况下,有 $2^n - 1$ 个右孩子结点需要判断限界函数,耗时最坏为 $O(2^n)$。因此,最大团问题的回溯算法所需的计算时间为 $O(2^n) + O(n2^n) = O(n2^n)$。

(6) C++实战。

相关代码如下。

```cpp
# include < iostream >
using namespace std;
class Max_Clique{
    public:
        Max_Clique( int n, int cn, int bestn)
        {
            this - > n = n;
            this - > cn = cn;
            this - > bestn = bestn;
        }
        void Backtrack( int t);
        void print()
        {
            cout <<"最优解为: ";
            for( int i = 1; i <= n; i++)
                cout << bestx[ i]<<" ";
            cout << endl;
        }
        bool place( int t);
        int * x;
        int ** a;
        int * bestx;
        int n;
```

```cpp
        int cn;
        int bestn;
};
bool Max_Clique::place(int t)
{
    bool OK = true;
    for (int j = 1; j < t; j++)
        if (x[j] && a[t][j] == 0)            // 顶点 t 与顶点 j 不相连
        {
            OK = false;
            break;
        }
    return OK;
}
void Max_Clique::Backtrack(int t)
{
    if (t > n)                               // 到达叶结点
    {
        for(int i = 1; i <= n; i++)
            bestx[i] = x[i];
        bestn = cn;
        return;
    }
    if (place(t))                            // 进入左子树
    {
        x[t] = 1;
        cn++;
        Backtrack(t + 1);
        cn -- ;
    }
    if (cn + n - t > bestn)                  // 进入右子树
    {
        x[t] = 0;
        Backtrack(t + 1);
    }
}//end Backtrack
int main(){
    cout <<"请输入图的顶点数 n:";
    int n;
    cin >> n;
    Max_Clique clique(n, 0, 0);
    clique.bestx = new int[n + 1];
    clique.x = new int[n + 1];
    clique.a = new int * [n + 1];
    for(int i = 0; i <= n; i++)
    {
        clique.a[i] = new int [n + 1];
    }
    for(int i = 0; i <= n; i++){
        for(int j = 0; j <= n; j++)
```

```
            cin >> clique.a[i][j];
    }
    clique.Backtrack(1);
    clique.print();
    cout << "最大团顶点个数为: " << clique.bestn << endl;
    delete []clique.bestx;
    delete []clique.x;
    delete [] clique.a;
}
```

5.1.3 排列树

1. 概述

排列树是用回溯算法解题时经常遇到的第二种典型的解空间树。当所给的问题是从 n 个元素的排列中找出满足某种性质的一个排列时,相应的解空间树称为排列树。此类问题解的形式为 n 元组 $(x_1, x_2, \cdots, x_n)$,分量 $x_i(i=1,2,\cdots,n)$ 表示第 i 个位置的元素。n 个元素组成的集合为 $S=\{1,2,\cdots,n\}, x_i \in S-\{x_1, x_2, \cdots, x_{i-1}\}, i=1,2,\cdots,n$。

$n=3$ 时的排列树如图 5-21 所示。

在排列树中从根到叶子的路径描述了 n 个元素的一个排列。如 3 个元素的位置为 $\{1,2,3\}$,从根结点 A 到叶结点 L 的路径描述的一个排列为 $(1,3,2)$,即第 1 个位置的元素是 1,第 2 个位置的元素是 3,第 3 个位置的元素是 2;从根结点 A 到叶结点 M 的路径描述的一个排列为 $(2,1,3)$;从根结点 A 到叶结点 P 的路径描述的一个排列为 $(3,2,1)$。

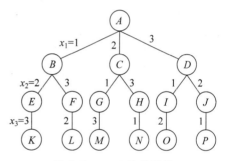

图 5-21 $n=3$ 的排列树

在排列树中,树的根结点表示初始状态(所有位置全部没有放置元素);中间结点表示某种情况下的中间状态(中间结点之前的位置上已经确定了元素,中间结点之后的位置上还没有确定元素);叶子结点表示结束状态(所有位置上的元素全部确定);分支表示从一个状态过渡到另一个状态的行为(在特定位置上放置元素);从根结点到叶子结点的路径表示一个可能的解(所有元素的一个排列)。排列树的深度等于问题的规模。

解空间树为排列树的问题有很多,例如:

n 皇后问题:满足显约束为不同行、不同列的解空间树。约定不同行的前提下,n 个皇后的列位置是 n 个列的一个排列,这个排列必须满足 n 个皇后的位置不在一条斜线上。

旅行商问题:找出 n 个城市的一个排列,沿着这个排列的顺序遍历 n 个城市,最后回到出发城市,求长度最短的旅行路径。

批处理作业调度问题:给定 n 个作业的集合 $\{J_1, J_2, \cdots, J_n\}$,要求找出 n 个作业的一个排列,按照这个排列进行调度,使得完成时间和达到最小。

圆排列问题：给定 n 个大小不等的圆 $c_1,c_2,\cdots,c_n$，现要将这 n 个圆放入一个矩形框，且要求各圆与矩形框的底边相切。圆排列问题要求从 n 个圆的所有排列中找出具有最小长度的圆排列。

电路板排列问题：将 n 块电路板以最佳排列方式插入带有 n 个插槽的机箱。n 块电路板的不同排列方式对应于不同的电路板插入方案。设 $B=\{1,2,\cdots,n\}$ 是 n 块电路板的集合，$L=\{N_1,N_2,\cdots,N_m\}$ 是连接这 n 块电路板中若干电路板的 m 个连接块。N_i 是 B 的一个子集，且 N_i 中的电路板用同一条导线连接在一起。设 x 表示 n 块电路板的一个排列，即在机箱的第 i 个插槽中插入的电路板编号是 x_i。x 所确定的电路板排列 Density(x) 密度定义为：跨越相邻电路板插槽的最大连线数。在设计机箱时，插槽一侧的布线间隙由电路板排列的密度确定。因此，电路板排列问题要求对于给定的电路板连接条件，确定电路板的最佳排列，使其具有最小排列密度。

可见，对于要求从 n 个元素中找出它们的一个排列，该排列需要满足一定的特性这类问题，均可采用排列树描述它们的解空间结构。这类问题在解题时可采用统一的算法设计模式。

2. 排列树的算法描述模式

具体描述如下：

```
void Backtrack(int t)
{
    if (t > n) output(x);
    else
      for (int i = t; i <= n; i++)
      {
          swap(x[t], x[i]);
          if (constraint(t) && bound(t))
             Backtrack(t + 1);
          swap(x[t], x[i]);
      }
}
```

这里，形式参数 t 表示扩展结点在解空间树中所处的层次，n 表示问题的规模，即解空间树的深度，$x[\ ]$ 是用来存储当前解的数组，初始化 $x[i]=i(i=1,2,\cdots,n)$，constraint() 为约束函数，bound() 为限界函数，swap() 函数实现两个元素位置的交换。

3. 排列树的构造实例

【例 5-5】 批处理作业调度问题。

(1) 问题描述。

给定 n 个作业的集合 $\{J_1,J_2,\cdots,J_n\}$。每个作业必须先由机器 1 处理，再由机器 2 处理。作业 J_i 需要机器 j 的处理时间为 t_{ji}。对于一个确定的作业调度，设 F_{ji} 是作业 J_i 在机器 j 上完成处理的时间。所有作业在机器 2 上完成处理的时间和称为该作业调度的完成时间和。批处理作业调度问题要求对于给定的 n 个作业，制定出最佳作业调度方案，使其完成时间和达到最小。

（2）问题分析。

根据问题描述可知，批处理作业调度问题要求找出 n 个作业 $\{J_1,J_2,\cdots,J_n\}$ 的一个排列，按照这个排列的顺序进行调度，使得完成 n 作业的完成时间和最小。按照回溯算法的算法框架，首先需要定义问题的解空间，然后确定解空间的组织结构，最后进行搜索。搜索前要解决两个关键问题，一是确定问题是否需要约束条件（判断是否有可能产生可行解的条件），如果需要，如何设置。由于作业的任何一种调度次序不存在无法调度的情况，均是合法的。因此，任何一个排列都表示问题的一个可行解。故不需要约束条件；二是确定问题是否需要限界条件，如果需要，如何设置。在 n 个作业的 $n!$ 种调度方案（排列）中，存在完成时间和多与少的情况，该问题要求找出完成时间和最少的调度方案。因此，需要设置限界条件。

（3）解题步骤。

步骤 1：确定问题的解空间。

批处理作业调度问题解的形式为 $(x_1,x_2,\cdots,x_n)$，分量 $x_i(i=1,2,\cdots,n)$ 表示第 i 个要调度的作业编号。设 n 个作业组成的集合为 $S=\{1,2,\cdots,n\}$，$x_i\in S-\{x_1,x_2,\cdots,x_{i-1}\}$，$i=1,2,\cdots,n$。

步骤 2：解空间的组织结构。

解空间的组织结构是一棵排列树，树的深度为 n。

步骤 3：搜索解空间。

步骤 3-1：由于不需要约束条件，故无须设置。

步骤 3-2：设置限界条件。

用 cf 表示当前已完成调度的作业所用的时间和，用 bestf 表示当前找到的最优调度方案的完成时间和。显然，继续向纵深处搜索时，cf 不会减少，只会增加。因此当 cf≥bestf 时，没有继续向纵深处搜索的必要。限界条件可描述为：cf＜bestf，cf 的初始值为 0，bestf 的初始值为 $+\infty$。

步骤 3-3：搜索过程。扩展结点沿着某个分支扩展时需要判断限界条件，如果满足，则进入深一层继续搜索；如果不满足，则将扩展生成的结点剪掉。搜索到叶子结点时，即找到当前最优解。搜索过程直到全部活结点变成死结点为止。

（4）批处理作业调度问题的构造实例。

注：行分别表示作业 J_1,J_2 和 J_3；列分别表示机器 1 和机器 2。表中数据表示 t_{ji}，即作业 J_i 需要机器 j 的处理时间。

考虑 $n=3$ 的实例，每个作业在两台机器上的处理时间如表 5-1 所示。

表 5-1　作业的处理时间

作　　业	机器 1	机器 2
J_1	2	1
J_2	3	1
J_3	2	3

搜索过程如图 5-22～图 5-28 所示：从根结点 A 开始，结点 A 成为活结点，并且是当前的扩展结点，如图 5-22(a)所示。扩展结点 A 沿着 $x_1=1$ 的分支扩展，$F_{11}=2$，$F_{21}=3$，故 $cf=3$，bestf$=+\infty$，$cf<$bestf，限界条件满足，扩展生成的结点 B 成为活结点，并且成为当前的扩展结点，如图 5-22(b)所示。扩展结点 B 沿着 $x_2=2$ 的分支扩展，$F_{12}=5$，$F_{22}=6$，故 $cf=F_{21}+F_{22}=9$，bestf$=+\infty$，$cf<$bestf，限界条件满足，扩展生成的结点 E 成为活结点，并且成为当前的扩展结点，如图 5-22(c)所示。扩展结点 E 沿着 $x_3=3$ 的分支扩展，$F_{13}=7$，$F_{23}=10$，故 $cf=F_{21}+F_{22}+F_{23}=19$，bestf$=+\infty$，$cf<$bestf，限界条件满足，扩展生成的结点 K 是叶子结点。此时，找到当前最优的一种调度方案(1,2,3)，同时修改 bestf$=19$，如图 5-22(d)所示。

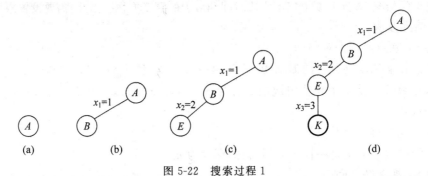

图 5-22　搜索过程 1

叶子结点 K 不具备扩展能力，开始回溯到活结点 E。结点 E 只有一个分支，且已搜索完毕，因此结点 E 成为死结点，继续回溯到活结点 B，结点 B 再次成为扩展结点，如图 5-23(a)所示。扩展结点 B 沿着 $x_2=3$ 的分支扩展，$cf=10$，bestf$=19$，$cf<$bestf，限界条件满足，扩展生成的结点 F 成为活结点，并且成为当前的扩展结点，如图 5-23(b)所示。扩展结点 F 沿着 $x_3=2$ 的分支扩展，$cf=18$，bestf$=19$，$cf<$bestf，限界条件满足，扩展生成的结点 L 是叶子结点。此时，找到比先前更优的一种调度方案(1,3,2)，修改 bestf$=18$，如图 5-23(c)所示。从叶子结点 L 开始回溯到活结点 F。结点 F 的一个分支已搜索完毕，结点 F 成为死结点，回溯到活结点 B。结点 B 的两个分支已搜索完毕，回溯到活结点 A，结点 A 再次成为扩展结点，如图 5-23(d)所示。

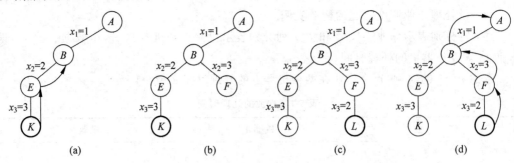

图 5-23　搜索过程 2

扩展结点 A 沿着 $x_1=2$ 的分支扩展,cf=4,bestf=18,cf<bestf,限界条件满足,扩展生成的结点 C 成为活结点,并成为当前的扩展结点,如图 5-24(a)所示。扩展结点 C 沿着 $x_2=1$ 的分支扩展,cf=10,bestf=18,cf<bestf,限界条件满足,扩展生成的结点 G 成为活结点,并成为当前的扩展结点,如图 5-24(b)所示。扩展结点 G 沿着 $x_3=3$ 的分支扩展,cf=20,bestf=18,cf>bestf,限界条件不满足,扩展生成的结点被剪掉,如图 5-24(c)所示。

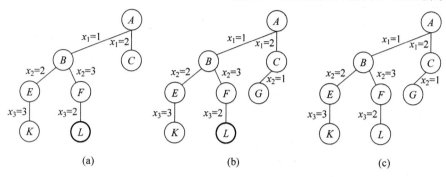

图 5-24 搜索过程 3

结点 G 的一个分支搜索完毕,结点 G 成为死结点,继续回溯到活结点 C,如图 5-25(a)所示。扩展结点 C 沿着 $x_2=3$ 的分支扩展,cf=12,bestf=18,cf<bestf,限界条件满足,扩展生成的结点 H 成为活结点,并成为当前的扩展结点,如图 5-25(b)所示。扩展结点 H 沿着 $x_3=1$ 的分支扩展,cf=21,bestf=18,cf>bestf,限界条件不满足,扩展生成的结点被剪掉。结点 H 的一个分支搜索完毕,开始回溯到活结点 C。此时,结点 C 的两个分支已搜索完毕,继续回溯到活结点 A,结点 A 再次成为当前的扩展结点,如图 5-25(c)所示。

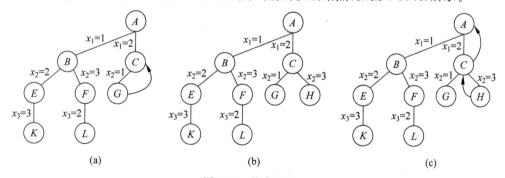

图 5-25 搜索过程 4

扩展结点 A 沿着 $x_1=3$ 的分支扩展,cf=5,bestf=18,cf<bestf,限界条件满足,扩展生成的结点 D 成为活结点,并成为当前的扩展结点,如图 5-26(a)所示。扩展结点 D 沿着 $x_2=1$ 的分支扩展,cf=11,bestf=18,cf<bestf,限界条件满足,扩展生成的结点 I 成为活结点,并成为当前的扩展结点,如图 5-26(b)所示。

扩展结点 I 沿着 $x_3=2$ 的分支扩展,cf=19,bestf=18,cf>bestf,限界条件不满足,扩展生成的结点被剪掉,回溯到活结点 D,结点 D 再次成为当前的扩展结点,如图 5-27(a)所示。

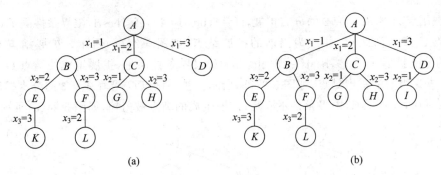

图 5-26　搜索过程 5

扩展结点 D 沿着 $x_2=2$ 的分支扩展，cf＝11，bestf＝18，cf＜bestf，限界条件满足，扩展生成的结点 J 成为活结点，并成为当前的扩展结点，如图 5-27(b)所示。

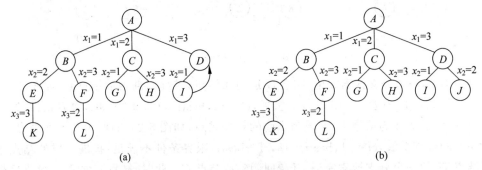

图 5-27　搜索过程 6

扩展结点 J 沿着 $x_3=1$ 的分支扩展，cf＝19，bestf＝18，cf＞bestf，限界条件不满足，扩展生成的结点被剪掉，回溯到活结点 D，结点 D 的两个分支搜索完毕，继续回溯到活结点 A，如图 5-28(a)所示。活结点 A 的 3 个分支也已搜索完毕，结点 A 变成死结点，搜索结束。至此，找到的最优的调度方案为从根结点 A 到叶子结点 L 的路径(1，3，2)，如图 5-28(b)所示。

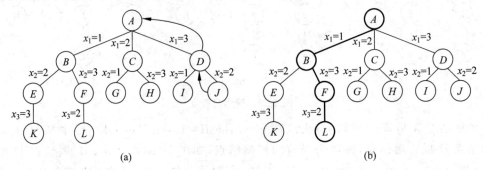

图 5-28　搜索过程 7

（5）算法描述。

为了对解决该问题的方法进行描述，设置了数组 x、bestx 和 m，变量 $f1$、$f2$、cf 和 bestf，其中数组 x 用来记录当前调度，bestx 用来记录当前最优调度，初始时，$x[i]=i$， bestx$[i]=0,i=1,2,\cdots,n$。二维数组 m 记录各作业分别在两台机器上的处理时间；$f1$ 记录作业在第一台机器上的完成时间和，$f2$ 记录作业在第二台机器上的完成时间和，cf 记录当前在第二台机器上的完成时间和，bestf 记录当前最优调度的完成时间和。求解该问题的算法描述如下：

```
void Backtrack(int t)
{
    int tempf,j;
    if(t > n)                              //到达叶子结点
      {for(int i = 1;i <= n;i++)
          bestx[i] = x[i];
      bestf = cf;
      return;
    }//end if
for(j = t; j <= n; j++)                    //非叶子结点
    {f1 += m[x[j]][1];tempf = f2;          //保存上一个作业在机器 2 的完成时间
    f2 = (f1 > f2?f1:f2) + m[x[j]][2];     //当前作业在机器 2 的完成时间
    cf += f2;                              //以确定的调度作业在机器 2 上的完成时间和
    if(cf < bestf)
      {swap(x[t], x[j]);                   //交换两个元素的值
       Backtrack(t + 1);
       swap(x[t], x[j]);
      }
    f1 -= m[x[j]][1];
    cf -= f2;
    f2 = tempf;
    }//end for
}
```

求解问题时，先将相关量初始化，然后从根结点开始搜索，即 Backtrack(1) 就可以求得问题的最优解。

（6）算法分析。

计算限界函数需要 $O(1)$ 时间，需要判断限界函数的结点在最坏情况下有 $1+n+n(n-1)+n(n-1)(n-2)+\cdots+n(n-1)+\cdots+2\leqslant nn!$ 个，故耗时 $O(nn!)$；在叶子结点处记录当前最优解需要耗时 $O(n)$，在最坏情况下，会搜索到每一个叶子结点，叶子结点有 $n!$ 个，故耗时为 $O(nn!)$。因此，批处理作业调度问题的回溯算法所需的计算时间为 $O(nn!)+O(nn!)=O(nn!)=O((n+1)!)$。

（7）C++实战。

相关代码如下。

```
# include < iostream >
# include < cfloat >
# define INF DBL_MAX
using namespace std;
```

```cpp
class Jobs_Schedule{
    public:
        Jobs_Schedule(int n,double cf,double bestf,double f1,double f2)
        {
            this->n = n;
            this->cf = cf;
            this->bestf = bestf;
            this->f1 = f1;
            this->f2 = f2;
        }
        void Backtrack(int t);
        void print()
        {
            cout <<"最优解为: ";
            for(int i = 1;i <= n;i++)
                cout << bestx[i]<<" ";
            cout << endl;
        }
        int * x;
        double ** m;                          //存储作业编号及作业在机器上的处理实践
        double f1,f2;                         //f1 为第一台机器的完成时间和,f2 为第二台机
                                              //器上的完成时间和
        int * bestx;                          //最优解
        int n;                                //作业个数
        double cf;                            //当前第二台机器上的完成时间和
        double bestf;                         //第二台机器的当前最小的完成时间和
};
void Jobs_Schedule::Backtrack(int t)
{
    int tempf,j,temp;
    if(t > n)                                 //到达叶子结点
    {
        for(int i = 1;i <= n;i++)
            bestx[i] = x[i];
        bestf = cf;
        return;
    }//end if
    for(j = t; j <= n; j++)                   //非叶子结点
    {
        f1 += m[x[j]][1];
        tempf = f2;                           //保存上一个作业在机器 2 的完成时间
        f2 = (f1 > f2?f1:f2) + m[x[j]][2];    //当前作业在机器 2 的完成时间
        cf += f2;                             //以确定的调度作业在机器 2 上的完成时间和
        if(cf < bestf)
          {swap(x[t], x[j]);                  //交换两个元素的值
           Backtrack(t + 1);
           swap(x[t], x[j]);
          }
```

```
        f1 -= m[x[j]][1];
        cf -= f2;
    f2 = tempf;
    }//end for
}//end Backtrack
int main(){
    cout <<"请输入图作业数 n:";
    int n;
    cin >> n;
    Jobs_Schedule schedule(n,0,INF,0,0);
    schedule.bestx = new int[n+1];
    schedule.x = new int[n+1];
    schedule.m = new double * [n+1];
    for(int i = 0;i <= n;i++)
    {
        schedule.m[i] = new double[3];
        schedule.x[i] = i;
    }
    //m的第0行舍弃,第一行是第一个作业在第一台和第二台机器上的处理时间
    //m中存储的元素为(编号,第一台机器的处理时间,第二台机器的处理时间)
    for(int i = 0;i <= n;i++){
        for(int j = 1;j < 3;j++)
            cin >> schedule.m[i][j];
        schedule.m[i][0] = i;
    }
    schedule.Backtrack(1);
    schedule.print();
    cout <<"最小完成时间和为: "<< schedule.bestf << endl;
    delete []schedule.bestx;
    delete []schedule.x;
    for(int i = 0;i <= n;i++)
        delete [] schedule.m[i];
    delete [] schedule.m;
}
```

【例 5-6】 旅行商问题。

（1）问题描述。

设有 n 个城市组成的交通图，一个售货员从住地城市出发，到其他城市各一次去推销货物，最后回到住地城市。假定任意两个城市 i,j 之间的距离 $d_{ij}(d_{ij}=d_{ji})$ 是已知的，问应该怎样选择一条最短的路线？

（2）问题分析。

旅行商问题给定 n 个城市组成的无向带权图 $G=(V,E)$，顶点代表城市，权值代表城市之间的路径长度。要求找出以住地城市开始的一个排列，按照这个排列的顺序推销货物，所经路径长度是最短的。问题的解空间是一棵排列树。显然，对于任意给定的一个无向带权图，存在某两个城市（顶点）之间没有直接路径（边）的情况。也就是说，并不是任何一个以住地城市开始的排列都是一条可行路径（问题的可行解），因此需要设置约束条件，判断排列中

相邻两个城市之间是否有边相连,有边相连则能走通;反之,不是可行路径。另外,在所有可行路径中,要找一条最短的路线,因此需要设置限界条件。

(3)解题步骤。

步骤1:定义问题的解空间。

旅行商问题的解空间形式为 n 元组 $(x_1, x_2, \cdots, x_n)$,分量 $x_i(i=1,2,\cdots,n)$ 表示第 i 个去推销货物的城市号。假设住地城市编号为城市1,其他城市顺次编号为 $2,3,\cdots,n$。n 个城市组成的集合为 $S=\{1,2,\cdots,n\}$。由于住地城市是确定的,因此 x_1 的取值只能是住地城市,即 $x_1=1, x_i \in S - \{x_1, x_2, \cdots, x_{i-1}\}, i=2, \cdots, n$。

步骤2:确定解空间的组织结构。

该问题的解空间是一棵排列树,树的深度为 n。$n=4$ 的旅行商问题的解空间树如图 5-29 所示。

步骤3:搜索解空间。

步骤3-1:设置约束条件。

用二维数组 $g[][]$ 存储无向带权图的邻接矩阵,如果 $g[i][j] \neq \infty$ 表示城市 i 和城市 j 有边相连,能走通。

步骤3-2:设置限界条件。

用 cl 表示当前已走过的城市所用的路径长度,用 bestl 表示当前找到的最短路径的路径长度。显然,继续向纵深处搜索时,cl 不会减少,只会增加。因此当 cl≥bestl 时,没有继续向纵深处搜索的必要。限界条件可描述为:cl<bestl,cl 的初始值为0,bestf 的初始值为 $+\infty$。

步骤3-3:搜索过程。扩展结点沿着某个分支扩展时需要判断约束条件和限界条件,如果两者都满足,则进入深一层继续搜索。反之,剪掉扩展生成的结点。搜索到叶子结点时,找到当前最优解。搜索过程直到全部活结点变成死结点。

(4)旅行商问题的构造实例。

考虑 $n=5$ 的无向带权图,如图 5-30 所示。

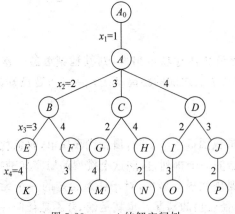

图 5-29　$n=4$ 的解空间树

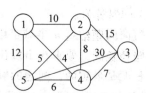

图 5-30　无向带权图

搜索过程如图 5-31～图 5-35 所示：由于排列的第一个元素已经确定，即推销员的住地城市 1，搜索从根结点 A_0 的孩子结点 A 开始，结点 A 是活结点，并且成为当前的扩展结点，如图 5-31(a)所示。扩展结点 A 沿着 $x_2=2$ 的分支扩展，城市 1 和城市 2 有边相连，约束条件满足；cl=10，bestl=∞，cl<bestl，限界条件满足，扩展生成的结点 B 成为活结点，并且成为当前的扩展结点，如图 5-31(b)所示。扩展结点 B 沿着 $x_3=3$ 的分支扩展，城市 2 和城市 3 有边相连，约束条件满足；cl=25，bestl=∞，cl<bestl，限界条件满足，扩展生成的结点 C 成为活结点，并且成为当前的扩展结点，如图 5-31(c)所示。扩展结点 C 沿着 $x_4=4$ 的分支扩展，城市 3 和城市 4 有边相连，约束条件满足；cl=32，bestl=∞，cl<bestl，限界条件满足，扩展生成的结点 D 成为活结点，并且成为当前的扩展结点，如图 5-31(d)所示。

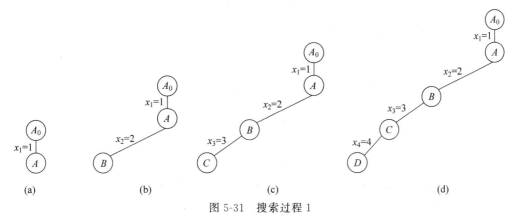

图 5-31 搜索过程 1

扩展结点 D 沿着 $x_5=5$ 的分支扩展，城市 4 和城市 5 有边相连，约束条件满足；cl=38，bestl=∞，cl<bestl，限界条件满足，扩展生成的结点 E 是叶子结点。由于城市 5 与住地城市 1 有边相连，故找到一条当前最优路径(1,2,3,4,5)，其长度为 50，修改 bestl=50，如图 5-32(a)所示。接下来开始回溯到结点 D，再回溯到结点 C，C 成为当前的扩展结点，如图 5-32(b)所示。

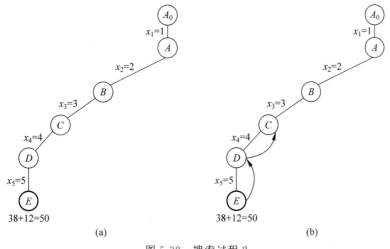

图 5-32 搜索过程 2

以此类推,第一次回溯到第二层的结点 A 时的搜索树如图 5-33 所示。结点旁边的"×"表示不能从推销货物的最后一个城市回到住地城市。

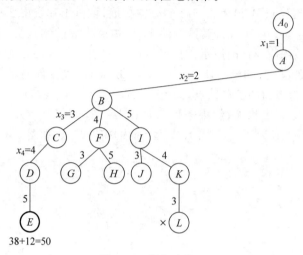

图 5-33　搜索过程 3

第二层的结点 A 再次成为扩展结点,开始沿着 $x_2=3$ 的分支扩展,城市 1 和城市 3 之间没有边相连,不满足约束条件,扩展生成的结点被剪掉。沿着 $x_2=4$ 的分支扩展,满足约束条件和限界条件,进入其扩展的孩子结点继续搜索。搜索过程略。此时,找到当前最优解 $(1,4,3,2,5)$,路径长度为 43。直到第二次回溯到第二层的结点 A 时所形成的搜索树如图 5-34 所示。

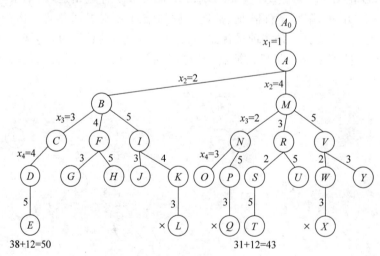

图 5-34　搜索过程 4

结点 A 沿着 $x_2=5$ 的分支扩展,满足约束条件和限界条件,进入其扩展的孩子结点继续搜索,搜索过程略。直到第三次回溯到第二层的结点 A 时所形成的搜索树如图 5-35 所示。此时,搜索过程结束,找到的最优解为图 5-35 中粗线条描述的路径 $(1,4,3,2,5)$,路径长度为 43。

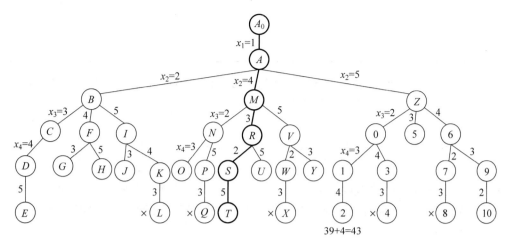

图 5-35　搜索过程 5

（5）算法描述。

该问题的算法描述中，二维数组 g 表示图的邻接矩阵，数组 x、bestx 分别记录当前路径和当前最优路径。注意，初始时，x 数组中各元素的值和其所在的位置下标相等，bestx 中的元素全部为 0，即 $x[i]=i$，bestx$[i]=0$，$i=1,2,\cdots,n$。变量 cl 和 bestl 分别表示当前路径长度和当前最短路径的路径长度。cl$=0$，bestl$=\infty$。求解该问题的算法描述如下：

```
void Traveling( int t)
 {
 if(t > n)                      //到达叶子结点
   {
 //推销货物的最后一个城市与住地城市有边相连并且路径长度比当前最优值小,说明找到了一条
 //更好的路径,记录相关信息
     if(g[x[n]][1] != ∞ && (cl + g[x[n]][1]< bestl))
       {
       for(j = 1;j < = n;j++)
             bestx[j] = x[j];
       bestl = cl + g[x[n]][1];
       }
 }
 else                          //没有到达叶子结点
 for(j = t;j < = n;j++)         //搜索扩展结点的所有分支
    //如果第 t - 1 个城市与第 t 个城市有边相连并且有可能得到更短的路线
    if(g[x[t-1]][x[j]] != ∞ && (cl + g[x[t-1]][x[j]]< bestl))
       {//保存第 t 个要去的城市编号到 x[t]中,进入第 t + 1 层
        swap(x[t],x[j]);        //交换两个元素的值
        cl + = g[x[t-1]][x[t]];
        Traveling(t + 1);       //从第 t + 1 层的扩展结点继续搜索
       //第 t + 1 层搜索完毕,回溯到第 t 层
        cl - = g[x[t-1]][x[t]];
```

```
            swap(x[t],x[j]);
        }
    }
```

由于旅行商从住地出发,首先推销商品的城市是住地城市,因此,求旅行商最短路径的时候,只需要从解空间树的第二层结点开始搜索就行,即 Traveling(2)。

（6）算法分析。

判断限界函数需要 $O(1)$ 时间,在最坏情况下,有 $1+(n-1)+[(n-1)(n-2)]+\cdots+[(n-1)(n-2)\cdots 2]\leqslant n(n-1)!$ 个结点需要判断限界函数,故耗时 $O(n!)$；在叶子结点处记录当前最优解需要耗时 $O(n)$,在最坏情况下,会搜索到每一个叶子结点,叶子结点有 $(n-1)!$ 个,故耗时为 $O(n!)$。因此,旅行售货员问题的回溯算法所需的计算时间为 $O(n!)+O(n!)=O(n!)$。

（7）C++实战。

相关代码如下。

```cpp
# include < iostream >
# include < cfloat >
# define INF DBL_MAX
using namespace std;
class Traving_salesman_problem{
    public:
        Traving_salesman_problem( int n,double cl,double bestl)
        {
            this -> n = n;
            this -> cl = cl;
            this -> bestl = bestl;
        }
        void Traveling( int t)
        {
            if(t > n)                        //到达叶子结点
            {
            //推销货物的最后一个城市与住地城市有边相连并且路径长度比当前最优值小,说
            //明找到了一条更好的路径,记录相关信息
                if(g[x[n]][1] != INF && (cl + g[x[n]][1]< bestl))
                {
                    for( int j = 1;j <= n;j++)
                        bestx[j] = x[j];
                    bestl = cl + g[x[n]][1];
                }
            }
            else                             //没有到达叶子结点
                for(int j = t;j <= n;j++)    //搜索扩展结点的所有分支
                //如果第 t-1 个城市与第 t 个城市有边相连并且有可能得到更短的路线
                {
                    if(g[x[t-1]][x[j]] != INF && (cl + g[x[t-1]][x[j]]< bestl))
```

```
                    {//保存第 t 个要去的城市编号到 x[t]中,进入第 t+1 层
                        swap(x[t],x[j]); //交换两个元素的值
                        cl += g[x[t-1]][x[t]];
                        Traveling(t+1); //从第 t+1 层的扩展结点继续搜索
                        //第 t+1 层搜索完毕,回溯到第 t 层
                        cl -= g[x[t-1]][x[t]];
                        swap(x[t],x[j]);
                    }
                }

        }
        void print()
        {
            cout <<"最优解为: ";
            for(int i=1;i<=n;i++)
                cout << bestx[i]<<" ";
            cout << endl;
        }
        int * x;
        double ** g;                        //存储作业编号及作业在机器上的处理实践
        int * bestx;                        //最优解
        int n;                              //作业个数
        double cl;                          //当前第二台机器上的完成时间和
        double bestl;                       //第二台机器的当前最小的完成时间和
};

int main(){
    cout <<"请输入图作业数 n:";
    int n;
    cin >> n;
    Traving_salesman_problem tsp(n,0,INF);
    tsp.bestx = new int[n+1];
    tsp.x = new int[n+1];
    tsp.g = new double * [n+1];
    for(int i=0;i<=n;i++)
    {
        tsp.g[i] = new double[n+1];
        tsp.x[i] = i;                       //解向量初始化,必须是下标与顶点编号一致, 按照
                                            //顶点编号的顺序初始化 x
    }
    //g 为图的邻接矩阵,其第 0 行、0 列舍弃,第一行是 1 号顶点和其他顶点的邻接情况
    for(int i=0;i<=n;i++){
        for(int j=1;j<=n;j++)
            cin >> tsp.g[i][j];
        tsp.g[i][0] = 0;
    }
    tsp.Traveling(2);
    tsp.print();
    cout <<"最短路径长度为: "<< tsp.bestl << endl;
    delete []tsp.bestx;
```

```
        delete []tsp.x;
        for(int i = 0;i <= n;i++)
            delete [] tsp.g[i];
        delete [] tsp.g;
}
```

微课视频

微课视频

5.1.4 满 m 叉树

1. 概述

满 m 叉树是用回溯算法解题时经常遇到的第三种典型的解空间树,也可以称为组合树。当所给问题的 n 个元素中每一个元素均有 m 种选择,要求确定其中的一种选择,使得对这 n 个元素的选择结果组成的向量满足某种性质,即寻找满足某种特性的 n 个元素取值的一种组合。这类问题的解空间树称为满 m 叉树。此类问题解的形式为 n 元组$(x_1,x_2,\cdots,x_n)$,分量 $x_i(i=1,2,\cdots,n)$表示第 i 个元素的选择为 x_i。$n=3$ 时的满 $m=3$ 叉树如图 5-36 所示。

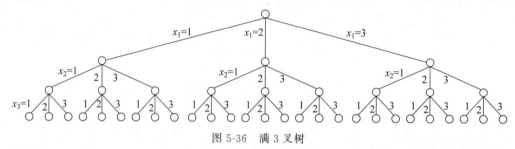

图 5-36　满 3 叉树

在满 m 叉树中从根到叶子的路径描述了 n 个元素的一种选择。树的根结点表示初始状态(任何一个元素都没有确定),中间结点表示某种情况下的中间状态(一些元素的选择已经确定,另一些元素的选择没有确定),叶子结点表示结束状态(所有元素的选择均已确定),分支表示从一个状态过渡到另一个状态的行为(特定元素做何种选择),从根结点到叶子结点的路径表示一个可能的解(所有元素的一个排列)。满 m 叉树的深度等于问题的规模 n。

解空间树为满 m 叉树的问题有很多,如:

n 皇后问题:显约束为不同行的解空间树,在不同行的前提下,任何一个皇后的列位置都有 n 种选择。n 个列位置的一个组合必须满足 n 个皇后的位置不在同一列或不在同一条斜线上的性质。这个问题的解空间便是一棵满 $m(m=n)$叉树。

图的 m 着色问题:给定无向连通图 G 和 m 种不同的颜色。用这些颜色为图 G 的各顶点着色,每个顶点着一种颜色。如果有一种着色法使 G 中有边相连的两个顶点着不同颜色,则称这个图是 m 可着色的。图的 m 着色问题是对于给定图 G 和 m 种颜色,找出所有不同的着色法。这个问题实质上是用给定的 m 种颜色给无向连通图 G 的顶点着色。每一个顶点所着的颜色有 m 种选择,找出 n 个顶点着色的一个组合,使其满足有边相连的两个顶点之间所着颜色不相同。很明显,这是一棵满 m 叉树。

最小重量机器设计问题可以看作给机器的 n 个部件找供应商,也可以看作 m 个供应商供应机器的哪个部件。如果看作给机器的 n 个部件找供应商,则问题实质为:n 个部件中的每一个部件均有 m 种选择,找出 n 个部件供应商的一个组合,使其满足 n 个部件的总价格不超过 c 且总重量是最小的。问题的解空间是一棵满 m 叉树。如果看作 m 个供应商供应机器的哪个部件,则问题的解空间是一棵排列树,读者可以自己思考一下原因。

可见,对于要求找出 n 个元素的一个组合,该组合需要满足一定特性这类问题,均可采用满 m 叉树描述它们的解空间结构。这类问题在解题时可采用统一的算法设计模式。

2. 满 m 叉树的算法描述模式

```
void Backtrack(int t)
{
    if (t > n) output(x);
    else
      for (int i = 1; i <= m; i++)
         if (constraint(t)&&bound(t))
          {
               x[t] = i;
               做其他相关标识;
               Backtrack(t + 1);
               做其他相关标识的反操作;    //退回相关标识
          }
}
```

这里,形式参数 t 表示扩展结点在解空间树中所处的层次,n 表示问题的规模,即解空间树的深度,m 表示每一个元素可选择的种数。x 是用来存放解的一维数组,初始化为 $x[i]=0(i=1,2,\cdots,n)$,constraint()为约束函数,bound()为限界函数。

3. 满 m 叉树的构造实例

【例 5-7】 图的 m 着色问题。

(1) 问题描述。

给定无向连通图 $G=(V,E)$ 和 m 种不同的颜色。用这些颜色为图 G 的各顶点着色,每个顶点着一种颜色。如果有一种着色法使 G 中有边相连的两个顶点着不同颜色,则称这个图是 m 可着色的。图的 m 着色问题是对于给定图 G 和 m 种颜色,找出所有不同的着色方法。

(2) 问题分析。

该问题中每个顶点所着的颜色均有 m 种选择,n 个顶点所着颜色的一个组合是一个可能的解。根据回溯算法的算法框架,定义问题的解空间及其组织结构是很容易的。需要不需要设置约束条件和限界条件呢?从给定的已知条件来看,无向连通图 G 中假设有 n 个顶点,它肯定至少有 $n-1$ 条边,有边相连的两个顶点所着颜色不相同,n 个顶点所着颜色的所有组合中必然存在不是问题着色方案的组合,因此需要设置约束条件;而针对所有可行解(组合),不存在可行解优劣的问题,所以,不需要设置限界条件。

(3) 解题步骤。

步骤1:定义问题的解空间。

图的 m 着色问题的解空间形式为 $(x_1, x_2, \cdots, x_n)$，分量 $x_i(i=1,2,\cdots,n)$ 表示第 i 个顶点着第 x_i 号颜色。m 种颜色的色号组成的集合为 $S=\{1,2,\cdots,m\}, x_i \in S, i=1,2,\cdots,n$。

步骤 2：确定解空间的组织结构。

问题的解空间组织结构是一棵满 m 叉树，树的深度为 n。

步骤 3：搜索解空间。

步骤 3-1：设置约束条件。

当前顶点要和前面已确定颜色且有边相连的顶点所着颜色不相同。假设当前扩展结点所在的层次为 t，则下一步扩展就是要判断第 t 个顶点着什么颜色，第 t 个顶点所着的颜色要与已经确定所着颜色的第 $1\sim(t-1)$ 个顶点中与其有边相连的颜色不相同。

约束函数可描述为：

```
bool OK( int t)
{      for( int j = 1;j < t;j++)
       if(a[t][j])                           //a 表示邻接矩阵
          if(x[j] == x[t])                    //x 记录当前解
             return false;
    return true;
}
```

步骤 3-2：无须设置限界条件。

步骤 3-3：搜索过程。扩展结点沿着某个分支扩展时需要判断约束条件，如果满足，则进入深一层继续搜索；如果不满足，则扩展生成的结点被剪掉。搜索到叶子结点时，找到一种着色方案。搜索过程直到全部活结点变成死结点为止。

(4) 图的 m 着色问题构造实例。

给定如图 5-37 所示的无向连通图和 $m=3$。

搜索过程如图 5-38～图 5-43 所示：从根结点 A 开始，结点 A 是当前的活结点，也是当前的扩展结点，它代表的状态是给定无向连通图中任何一个顶点还没有着色，如图 5-38(a) 所示。沿着 $x_1=1$ 分支扩展，满足约束条件，生成的结点 B 成为活结点，并成为当前的扩展结点，如图 5-38(b) 所示。扩展结点 B 沿着 $x_2=1$ 分支扩展，不满足约束条件，生成的结点被剪掉。然后沿着 $x_2=2$ 分支扩展，满足约束条件，

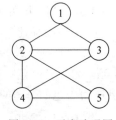

图 5-37　无向连通图

生成的结点 C 成为活结点，并成为当前的扩展结点，如图 5-38(c) 所示。扩展结点 C 沿着 $x_3=1$ 和 $x_3=2$ 分支扩展，均不满足约束条件，生成的结点被剪掉。然后沿着 $x_3=3$ 分支扩展，满足约束条件，生成的结点 D 成为活结点，并成为当前的扩展结点，如图 5-38(d) 所示。

扩展结点 D 沿着 $x_4=1$ 分支扩展，满足约束条件，生成的结点 E 成为活结点，并成为当前的扩展结点，如图 5-39(a) 所示。扩展结点 E 沿着 $x_5=1$ 和 $x_5=2$ 分支扩展，均不满足约束条件，生成的结点被剪掉。然后沿着 $x_5=3$ 分支扩展，满足约束条件，生成的结点 F 是叶子结点。此时，找到了一种着色方案，如图 5-39(b) 所示。从叶子结点 F 回溯到活结点 E，

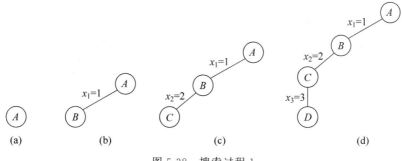

图 5-38 搜索过程 1

结点 E 的所有孩子结点已搜索完毕，因此它成为死结点。继续回溯到活结点 D，结点 D 再次成为扩展结点，如图 5-39(c)所示。

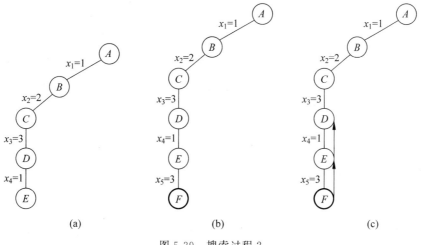

图 5-39 搜索过程 2

扩展结点 D 沿着 $x_4=2$ 和 $x_4=3$ 分支扩展，均不满足约束条件，生成的结点被剪掉。再回溯到活结点 C。结点 C 的所有孩子结点搜索完毕，它成为死结点，继续回溯到活结点 B，结点 B 再次成为扩展结点，如图 5-40(a)所示。扩展结点 B 沿着 $x_2=3$ 分支继续扩展，满足约束条件，生成的结点 G 成为活结点，并成为当前的扩展结点，如图 5-40(b)所示。扩展结点 G 沿着 $x_3=1$ 分支扩展，不满足约束条件，生成的结点被剪掉；然后沿着 $x_3=2$ 分支扩展，满足约束条件，生成的结点 H 成为活结点，并成为当前的扩展结点，如图 5-40(c)所示。

扩展结点 H 沿着 $x_4=1$ 分支扩展，满足约束条件，生成的结点 I 成为活结点，并且成为当前的扩展结点，如图 5-41(a)所示。扩展结点 I 沿着 $x_5=1$ 分支扩展，不满足约束条件，生成的结点被剪掉；然后沿着 $x_5=2$ 分支扩展，满足约束条件，J 已经是叶子结点，找到第 2 种着色方案，如图 5-41(b)所示。从叶子结点 J 回溯到活结点 I，结点 I 再次成为扩展结点，如图 5-41(c)所示。

沿着结点 I 的 $x_5=3$ 分支扩展的结点不满足约束条件，被剪掉。此时结点 I 成为死结点。继续回溯到活结点 H，结点 H 再次成为扩展结点，如图 5-42(a)所示。沿着结点 H 的

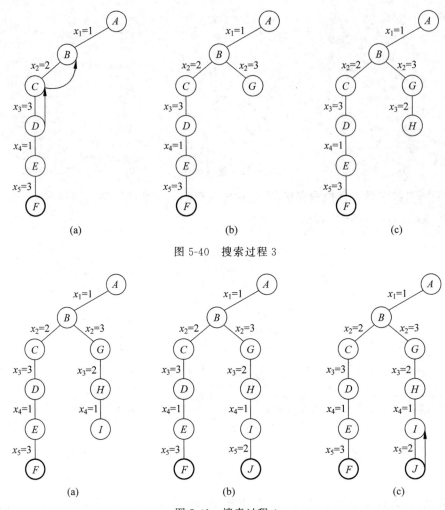

图 5-40　搜索过程 3

图 5-41　搜索过程 4

$x_4=2$ 和 $x_4=3$ 分支扩展的结点不满足约束条件,被剪掉。此时结点 H 成为死结点。继续回溯到活结点 G,结点 G 再次成为扩展结点,如图 5-42(b)所示。沿着结点 G 的 $x_3=3$ 分支扩展的结点不满足约束条件,被剪掉。此时结点 G 成为死结点。继续回溯到活结点 B,结点 B 的孩子结点已搜索完毕,继续回溯到结点 A,如图 5-42(c)所示。

　　以此类推,扩展结点 A 沿着 $x_1=2$ 和 $x_1=3$ 分支扩展的情况如图 5-43 所示。

　　最终找到 6 种着色方案,分别为根结点 A 到如图 5-43(b)所示的叶子结点 F、J、O、S、X、I 的路径,即$(1,2,3,1,3)$、$(1,3,2,1,2)$、$(2,1,3,2,3)$、$(2,3,1,2,1)$、$(3,1,2,3,2)$ 和 $(3,2,1,3,1)$。

　　(5) 算法描述。

　　在算法描述中,数组 x 记录着色方案;变量 sum 记录着色方案的种数,初始为 0;m 为给定的颜色数;n 为图的顶点个数。该算法的关键是判断当前顶点可以着哪种颜色。图的

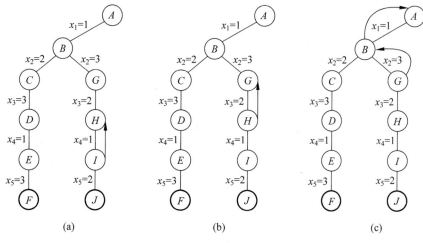

图 5-42 搜索过程 5

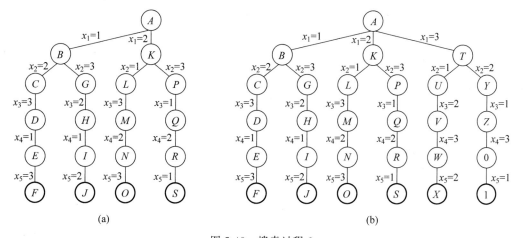

图 5-43 搜索过程 6

着色问题的算法描述如下：

```
void Backtrack(int t)                    //搜索函数
{
    if(t > n)
    {
      sum++;
      printf("第%d种方案：\n",sum);
      for(int i = 1;i <= n;i++)
          cout << x[i]<<"   ";
      cout << endl;
    }
    else
      for(int i = 1;i <= m;i++)
        {
```

```
            x[t] = i;
            if(OK(t))
                Backtrack(t + 1);
        }
}
```

从根结点开始搜索着色方案,即 Backtrack(1)。

(6) 算法分析。

计算限界函数需要 $O(n)$ 时间,需要判断限界函数的结点在最坏情况下,有 $1+m+m^2+m^3+\cdots+m^{n-1}=(m^n-1)/(m-1)$ 个,故耗时 $O(nm^n)$;在叶子结点处输出着色方案需要耗时 $O(n)$,在最坏情况下,会搜索到每一个叶子结点,叶子结点有 m^n 个,故耗时为 $O(nm^n)$。图的 m 着色问题的回溯算法所需的计算时间为 $O(nm^n)+O(nm^n)=O(nm^n)$。

(7) C++实战。

相关代码如下。

```cpp
#include<iostream>
#include<cfloat>
#define INF DBL_MAX
using namespace std;
class Graphic_m_colors{
    public:
        Graphic_m_colors(int n, int m, int sum){
            this->n = n;
            this->m = m;
            this->sum = sum;
        }
        bool OK(int t){
            for(int j = 1; j < t; j++)
                if(a[t][j])
                    if(x[j] == x[t])
                        return false;
            return true;
        }
        void Backtrack(int t)                //搜索函数
        {
            if(t > n)
            {
                sum++;
                cout <<"第"<< sum <<"种方案为: "<< endl;
                for(int i = 1; i <= n; i++)
                    cout << x[i]<<" ";
                cout << endl;
            }
            else
                for(int i = 1; i <= m; i++)
                {
```

```
                        x[t] = i;
                        if(OK(t))
                            Backtrack(t + 1);
                    }
            }
        int * x;                        //记录一种着色方案
        int ** a;                       //图的邻接矩阵
        int n;                          //图的顶点个数
        int m;                          //颜色数
        int sum;                        //方案数
    };

int main(){
    cout <<"请输入图的顶点数 n 和颜色数 m:";
    int n,m;
    cin >> n >> m;
    Graphic_m_colors gmc(5,3,0);
    gmc.x  =  new int[n + 1];
    gmc.a  =  new int * [n + 1];
    for(int i = 0; i <= n; i++)
        gmc.a[i]  =  new int [n + 1];
    //g 为图的邻接矩阵,其第 0 行、0 列舍弃,从第一行是 1 号顶点和其他顶点的连接边及边权情况
    for(int i = 0; i <= n; i++){
        for(int j = 1; j <= n; j++)
            cin >> gmc.a[i][j];
        gmc.a[i][0] = 0;
    }
    gmc.Backtrack(1);
    cout <<"共: "<< gmc.sum <<"种着色方案."<< endl;
    delete []gmc.x;
    for(int i = 0; i <= n; i++)
        delete [] gmc.a[i];
    delete [] gmc.a;
}
```

【例 5-8】 最小重量机器设计问题。

(1) 问题描述。

设某一机器由 n 个部件组成,每一个部件可以从 m 个不同的供应商处购得。设 w_{ij} 是从供应商 j 处购得的部件 i 的重量,c_{ij} 是相应的价格。试设计一个算法,给出总价格不超过 c 的最小重量机器设计。

(2) 问题分析。

该问题实质上是为机器部件选供应商。机器由 n 个部件组成,每个部件有 m 个供应商可以选择,要求找出 n 个部件供应商的一个组合,使其满足 n 个部件总价格不超过 c 且总重量是最小的。显然,这个问题存在 n 个部件供应商的组合不满足总价格不超过 c 的条件,因此需要设置约束条件;在 n 个部件供应商的组合满足总价格不超过 c 的前提下,哪个组合的总重量最小呢?要求找出总重量最小的组合,故需要设置限界条件。

(3) 解题步骤。

步骤 1：定义问题的解空间。

该问题的解空间形式为 $(x_1, x_2, \cdots, x_n)$，分量 $x_i(i=1,2,\cdots,n)$ 表示第 i 个部件从第 x_i 个供应商处购买。m 个供应商的集合为 $S=\{1,2,\cdots,m\}$，$x_i \in S, i=1,2,\cdots,n$。

步骤 2：确定解空间的组织结构。

问题解空间的组织结构是一棵满 m 叉树，树的深度为 n。

步骤 3：搜索解空间。

步骤 3-1：设置约束条件。约束条件设置为 $\sum\limits_{i=1}^{n} c_{ix_i} \leqslant c$。

步骤 3-2：设置限界条件。

假设当前扩展结点所在的层次为 t，则下一步扩展就是要判断第 t 个零件从哪个供应商处购买。如果第 $1 \sim t$ 个部件的重量之和大于或等于当前最优重量，则没有继续深入搜索的必要。因为，再继续深入搜索也不会得到比当前最优解更优的一个解。令第 $1 \sim t$ 个部件的重量之和用 $cw = \sum\limits_{i=1}^{t} w_{ix_i}$ 表示，价格之和用 cc 表示，二者初始值均为 0。当前最优重量用 bestw 表示，初始值为 $+\infty$，限界条件可描述为：cw<bestw。

步骤 3-3：搜索过程。与图的 m 着色问题相同。

(4) 最小重量机器设计问题的构造实例。

注：行分别表示部件 1、2 和 3；列分别表示供应商 1、2 和 3；表中数据表示 w_{ij}：从供应商 j 处购得的部件 i 的重量；c_{ij} 表示从供应商 j 处购得的部件 i 的价格。

考虑 $n=3, m=3, c=7$ 的实例。部件的重量如表 5-2 所示，价格如表 5-3 所示。

表 5-2　部件的重量表

部　件	供应商 1	供应商 2	供应商 3
部件 1	1	2	3
部件 2	3	2	1
部件 3	2	3	2

表 5-3　部件的价格表

部　件	供应商 1	供应商 2	供应商 3
部件 1	1	2	3
部件 2	5	4	2
部件 3	2	2	2

搜索过程如图 5-44～图 5-49 所示。（注：图中结点旁括号内的数据为已选择部件的重量之和和价格之和。）

从根结点 A 开始进行搜索，A 是活结点且是当前的扩展结点，如图 5-44(a) 所示。扩展结点 A 沿 $x_1=1$ 分支扩展，cc=1≤c，满足约束条件；cw=1，bestw=∞，cw<bestw，满足限界条件。扩展生成的结点 B 成为活结点，并成为当前的扩展结点，如图 5-44(b) 所示。扩展结点 B 沿 $x_2=1$ 分支扩展，cc=6≤c，满足约束条件；cw=4，bestw=∞，cw<bestw，满足限界条件。扩展生成的结点 C 成为活结点，并成为当前的扩展结点，如图 5-44(c) 所示。扩展结点 C 沿 $x_3=1$ 分支扩展，cc=8>c，不满足约束条件，扩展生成的结点被剪掉。然后沿 $x_3=2$ 分支扩展，cc=7≤c，满足约束条件；cw=7，bestw=∞，cw<bestw，满足限界条件。扩展生成的结点 D 已经是叶子结点，找到了当前最优解，最优重量为 7，将 bestw 修改

为 7,如图 5-44(d)所示。

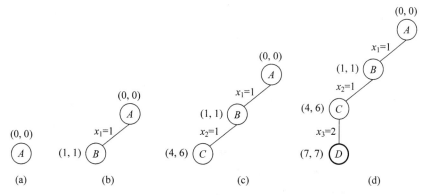

图 5-44 搜索过程 1

从叶子结点 D 回溯到活结点 C,活结点 C 再次成为当前的扩展结点。沿着它的 $x_3=3$ 分支扩展,不满足约束条件,扩展生成的结点被剪掉。继续回溯到活结点 B,结点 B 成为当前的扩展结点,如图 5-45(a)所示。扩展结点 B 沿 $x_2=2$ 分支扩展,$\mathrm{cc}=5\leqslant c$,满足约束条件;$\mathrm{cw}=3$,$\mathrm{bestw}=7$,$\mathrm{cw}<\mathrm{bestw}$,满足限界条件。扩展生成的结点 E 成为活结点,并成为当前的扩展结点,如图 5-45(b)所示。扩展结点 E 沿 $x_3=1$ 分支扩展,$\mathrm{cc}=7\leqslant c$,满足约束条件;$\mathrm{cw}=5$,$\mathrm{bestw}=7$,$\mathrm{cw}<\mathrm{bestw}$,满足限界条件。扩展生成的结点 F 已经是叶子结点,找到了当前最优解,最优重量为 5,将 bestw 修改为 5,如图 5-45(c)所示。

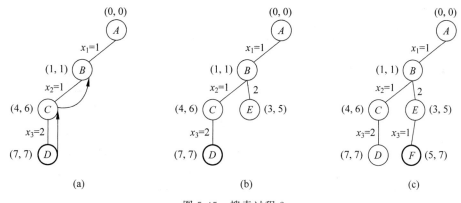

图 5-45 搜索过程 2

从叶子结点 F 回溯到活结点 E,沿着它的 $x_3=2$ 和 $x_3=3$ 分支扩展,均不满足限界条件,扩展生成的结点被剪掉。继续回溯到活结点 B,结点 B 成为当前的扩展结点,如图 5-46(a)所示。扩展结点 B 沿 $x_2=3$ 分支扩展,$\mathrm{cc}=3\leqslant c$,满足约束条件;$\mathrm{cw}=2$,$\mathrm{bestw}=5$,$\mathrm{cw}<\mathrm{bestw}$,满足限界条件。扩展生成的结点 G 成为活结点,并成为当前的扩展结点,如图 5-46(b)所示。扩展结点 G 沿 $x_3=1$ 分支扩展,$\mathrm{cc}=5\leqslant c$,满足约束条件;$\mathrm{cw}=4$,$\mathrm{bestw}=5$,$\mathrm{cw}<\mathrm{bestw}$,满足限界条件。扩展生成的结点 H 已经是叶子结点,找到了当前最优解,其重量为 4,bestw 修改为 4,如图 5-46(c)所示。

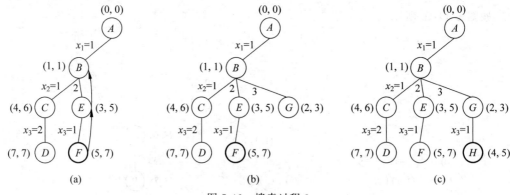

图 5-46　搜索过程 3

　　从叶子结点 H 回溯到活结点 G,沿着它的 $x_3=2$ 和 $x_3=3$ 分支扩展,均不满足限界条件,扩展生成的结点被剪掉。继续回溯到活结点 B,结点 B 的 3 个分支均搜索完毕,继续回溯到活结点 A,结点 A 成为当前的扩展结点,如图 5-47(a)所示。扩展结点 A 沿 $x_1=2$ 分支扩展,cc$=2 \leqslant c$,满足约束条件;cw$=2$,bestw$=4$,cw$<$bestw,满足限界条件。扩展生成的结点 I 成为活结点,并成为当前的扩展结点,如图 5-47(b)所示。

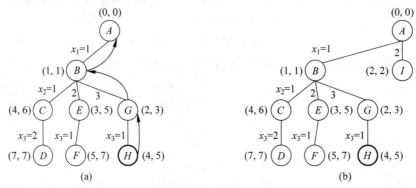

图 5-47　搜索过程 4

　　扩展结点 I 沿 $x_2=1$ 和 $x_2=2$ 分支扩展,不满足限界条件,扩展生成的结点被剪掉。沿着 $x_2=3$ 分支扩展,cc$=4 \leqslant c$,满足约束条件;cw$=3$,bestw$=4$,cw$<$bestw,满足限界条件。扩展生成的结点 J 成为活结点,并成为当前的扩展结点,如图 5-48(a)所示。扩展结点 J 沿 $x_3=1$、$x_3=2$ 和 $x_3=3$ 分支扩展,均不满足限界条件,扩展生成的结点被剪掉。开始回溯到活结点 I。结点 I 的 3 个分支已搜索完毕,继续回溯到活结点 A,结点 A 再次成为扩展结点,如图 5-48(b)所示。

　　扩展结点 A 沿 $x_1=3$ 分支扩展,cc$=3 \leqslant c$,满足约束条件;cw$=3$,bestw$=4$,cw$<$bestw,满足限界条件。扩展生成的结点 K 成为活结点,并成为当前的扩展结点,如图 5-49(a)所示。扩展结点 K 沿 $x_2=1$、$x_2=2$ 和 $x_2=3$ 分支扩展,均不满足限界条件,扩展生成的结点被剪掉。开始回溯到活结点 A。此时,结点 A 的 3 个分支均搜索完毕,搜索结束。找到了问题的最优解为从根结点 A 到叶子结点 H 的路径$(1,3,1)$,最优重量为 4,如图 5-49(b)所示。

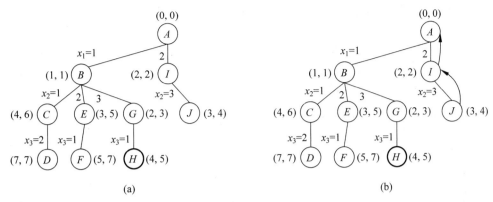

图 5-48 搜索过程 5

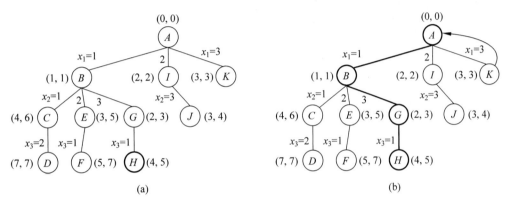

图 5-49 搜索过程 6

（5）算法描述。

最小重量机器设计问题涉及部件个数、部件重量、价格、供应商信息，用数组 w、c 分别存储部件的重量和价格，数组 x、bestx 分别记录当前解和当前最优解，变量 cw、cc、bestw 分别记录当前重量、当前花费、当前最优重量。将算法中用到的数据及对数据的操作定义为一个类，具体描述如下：

```
class MinMachine
{
int n;                              //部件个数
int m;                              //供应商个数
double COST;                        //题目中的 C
double cw;                          //当前的重量
double cc;                          //当前花费
double bestw;                       //当前最小重量
int * bestx; int * x;
double ** w;
double ** c;
public:
    MinMachine();                   //构造函数
```

```
        void Backtrack(int i);              //回溯搜索
        void print();                       //输出最优解和最优重量最优价格
        ~MinMachine();                      //析构函数,释放 new 动态开辟的空间
    };
```

类 MinMachine 的构造函数用于对数据成员的初始化,其描述如下:

```
MinMachine::MinMachine()
 {
    cw = 0;                                 //当前的重量
    cc = 0;                                 //当前花费
    bestw = + ∞ ;                           //当前最小重量
    cout <<"请输入部件个数: "; cin >> n;
    cout <<"请输入供应商个数: "; cin >> m;
    cout <<"请输入总价格不超过: "; cin >> COST;
    w = new double * [n + 1];
    c = new double * [n + 1];
    for(int i = 0;i <= n;i++)
    {
        w[i] = new double[m + 1];
        c[i] = new double[m + 1];
        bestx = new int[n + 1];
        x = new int[n + 1];
    }
    for(int j = 1;j <= m;j++)
      for(i = 1;i <= n;i++)
        {
            cout <<"请输入第 "<< j <<" 个供应商的第 "<< i <<" 个部件的重量: ";
            cin >> w[i][j];
            cout <<"请输入第 "<< j <<" 个供应商的第 "<< i <<" 个部件的价格: ";
            cin >> c[i][j];
            if(w[i][j]< 0 || c[i][j]< 0)
              {cout <<"重量或价钱不能为负数!\n";i = i - 1;}
        }
 }
```

类 MinMachine 的成员函数 Backtrack()用于搜索解空间树。搜索问题的解时,从根结点开始,给形式参数 t 传递 1。搜索过程中,沿其中一个分支扩展,判断约束条件和限界条件是否满足,如果满足,则更深一层搜索;如果不满足,则换其他分支继续搜索;如果没有其他分支,则回溯到最近的活结点继续搜索。其描述如下:

```
void MinMachine::Backtrack(int t)
{
    if(t > n)                               //到达叶子结点
    { bestw = cw;
        for(int j = 1;j <= n; j++)          //保存当前最优解
          bestx[j] = x[j];
```

```
              return;
          }
      for(int j = 1; j <= m; j++)              //非叶子结点,依次搜索每一个供应商
        { x[t] = j;
          if(cc + c[t][j] <= COST && cw + w[t][j] < bestw)   //判断约束条件和限界条件
            {
              cc += c[t][j];cw += w[t][j];
              Backtrack(t + 1); cc -= c[t][j];cw -= w[t][j];
            }
        }
}
```

类 MinMachine 的成员函数 print()用于求解满足条件的问题的最优解并输出问题,即输出最优解及其对应的最小重量和所花费的钱数。其描述如下:

```
void MinMachine∷print()
{
  double Totalc = 0;                       //用于记录最优解所花费的钱数
  Backtrack(1);                            //从根结点开始搜索解空间树,找出满足条件的解
  cout <<"\n 最小重量机器的重量是: "<< bestw << endl;
  for(int k = 1; k <= n; k++)
   {
     cout <<" 第 "<< k <<" 部件来自供应商 "<< bestx[k]<<"\n";
     Totalc += c[k][bestx[k]];
   }
cout <<"\n 该机器的总价钱是: "<< Totalc << endl;
}
```

类 MinMachine 的析构函数~MinMachine()用于释放 new 动态开辟的空间。其描述如下:

```
MinMachine∷~MinMachine()
{
    for(int i = 0;i <= n;i++)
    {
        delete[ ]w[i];
        delete[ ]c[i];
    }
    delete [ ]w;
    delete [ ]c;
    delete [ ]bestx;
    delete [ ]x;
}
```

(6) 算法分析。

计算约束函数和限界函数需要 $O(1)$ 时间,需要判断约束函数和限界函数的结点在最坏情况下,有 $1 + m + m^2 + m^3 + \cdots + m^{n-1} = (m^n - 1)/(m - 1)$ 个,故耗时 $O(m^{n-1})$;在叶子

结点处记录当前最优方案需要耗时 $O(n)$，在最坏情况下，会搜索到每一个叶子结点，叶子结点有 m^n 个，故耗时为 $O(nm^n)$。最小重量机器设计问题的回溯算法所需的计算时间为 $O(m^{n-1})+O(nm^n)=O(nm^n)$。

(7) C++实战。

相关代码如下。

```cpp
# include < iostream >
# include < cfloat >
# define INF DBL_MAX
using namespace std;
class MinMachine
{
        public:
        int n;                          //部件个数
        int m;                          //供应商个数
        double COST;                    //题目中的 C
        double cw;                      //当前的重量
        double cc;                      //当前花费
        double bestw;                   //当前最小重
        int * bestx;
        int * x;
        double ** w;
        double ** c;
    public:
        MinMachine();                   //构造函数
        void Backtrack(int i);          //回溯搜索
        void print();                   //输出最优解和最优重量最优价格
        ~MinMachine();                  //析构函数,释放 new 动态开辟的空间
};
MinMachine::MinMachine()
{
    cw = 0;                             //当前的重量
    cc = 0;                             //当前花费
    bestw = INF;                        //当前最小重量
    cout <<"请输入部件个数: "; cin >> n;
    cout <<"请输入供应商个数: "; cin >> m;
    cout <<"请输入总价格不超过: "; cin >> COST;
    w = new double * [n+1];
    c = new double * [n+1];
    for (int i = 0; i <= n; i++)
    {
        w[i] = new double[m+1];
        c[i] = new double[m+1];
        bestx = new int[n+1];
        x = new int[n+1];
    }
    for(int j = 1; j <= m; j++)
        for(int i = 1; i <= n; i++)
```

```
        {
            cout <<"请输入第 "<< j <<" 个供应商的第 "<< i <<" 个部件的重量: ";
            cin >> w[i][j];
            cout <<"请输入第 "<< j <<" 个供应商的第 "<< i <<" 个部件的价格: ";
            cin >> c[i][j];
            if(w[i][j]< 0 || c[i][j]< 0)
            {
                cout <<"重量或价钱不能为负数!\n";
                i = i - 1;
            }
        }
    }
}
void MinMachine::Backtrack(int t)
{
    if(t > n)                          //到达叶子结点
    {
        bestw = cw;
        for(int j = 1;j <= n; j++)     //保存当前最优解
            bestx[j] = x[j];
        return;
    }
    for(int j = 1; j <= m; j++)        //非叶子结点,依次搜索每一个供应商
    {
        x[t] = j;
        if(cc + c[t][j]<= COST && cw + w[t][j]< bestw)      //判断约束条件和限界条件
        {
            cc += c[t][j];cw += w[t][j];
            Backtrack(t + 1);
            cc -= c[t][j];
            cw -= w[t][j];
        }
    }
}
void MinMachine::print()
{
    double Totalc = 0;                 //用于记录最优解所花费的钱数
    Backtrack(1);                      //从根结点开始搜索解空间树,找出满足条件的解
    cout <<"\n 最小重量机器的重量是: "<< bestw << endl;
    for(int k = 1; k <= n; k++)
        cout <<" 第 "<< k <<" 部件来自供应商 "<< bestx[k]<<"\n";
    cout <<"\n 该机器的总价钱是: "<< Totalc << endl;
}
MinMachine::~MinMachine()
{
    for (int i = 0;i <= n;i++)
    {
        delete []w[i];
        delete []c[i];
    }
    delete []w;
```

```
        delete []c;
        delete []bestx;
        delete []x;
    }
    int main(){
        MinMachine min_machine;
        min_machine.print();                    //从根结点开始搜索解空间树，找出满足条件的解
    }
```

5.2 分支限界算法

微课视频

5.2.1 分支限界算法的基本思想

分支限界算法类似于回溯算法，也是一种在问题的解空间树中搜索问题解的算法，它常以宽度优先或以最小耗费(最大效益)优先的方式搜索问题的解空间树。分支限界算法首先将根结点加入活结点表(用于存放活结点的数据结构)，接着从活结点表中取出根结点，使其成为当前扩展结点，一次性生成其所有孩子结点，判断孩子结点是舍弃还是保留，舍弃那些导致不可行解或导致非最优解的孩子结点，其余的被保留在活结点表中。再从活结点表中取出一个活结点作为当前扩展结点，重复上述扩展过程，一直持续到找到所需的解或活结点表为空时为止。由此可见，每一个活结点最多只有一次机会成为扩展结点。

可见，分支限界算法搜索过程的关键在于判断孩子结点是舍弃还是保留。因此，在搜索之前要设定孩子结点是舍弃还是保留的判断标准，这个判断标准与回溯算法搜索过程中用到的约束条件和限界条件含义相同。活结点表的实现通常有两种方法：一是先进先出队列，二是优先级队列，它们对应的分支限界算法分别称为队列式分支限界算法和优先队列式分支限界算法。

队列式分支限界算法按照队列先进先出(FIFO)的原则选取下一个结点作为当前扩展结点。优先队列式分支限界算法按照规定的优先级选取队列中优先级最高的结点作为当前扩展结点。优先队列一般用二叉堆来实现：最大堆实现最大优先队列，体现最大效益优先；最小堆实现最小优先队列，体现最小费用优先。

分支限界算法的一般解题步骤为：

(1) 定义问题的解空间。

(2) 确定问题的解空间组织结构(树或图)。

(3) 搜索解空间。搜索前要定义判断标准(约束函数或限界函数)，如果选用优先队列式分支限界算法，则必须确定优先级。

5.2.2 0-1背包问题

分别用队列式分支限界算法和优先队列式分支限界算法解 0-1 背包问题：$n=4, w=$

$[3,5,2,1], v=[9,10,7,4], C=7$。

1. 求解步骤

步骤 1：定义问题的解空间。

该实例的解空间为 (x_1, x_2, x_3, x_4)，$x_i = 0$ 或 $1(i=1,2,3,4)$。

步骤 2：确定问题的解空间组织结构。

该实例的解空间是一棵子集树，深度为 4。

步骤 3：搜索解空间。

根据采用的搜索方法不同定义合适的约束条件和限界条件，然后开始搜索。初始时将根结点放入活结点表中。从活结点表中取出一个活结点作为当前的扩展结点，一次性生成扩展结点的所有孩子结点，判断是否满足约束条件和限界条件，如果满足，则将其插入活结点表；反之则舍弃。搜索过程直到找到问题的解或活结点表为空为止。

2. 0-1 背包问题实例的搜索过程演示

(1) 队列式分支限界算法。

定义约束条件为 $\sum_{i=1}^{n} w_i x_i \leqslant C$，限界条件为 cp+rp>bestp。其中，cp 表示当前已装入背包的物品总价值，初始值为 0；rp 表示剩余物品的总价值，初始值为所有物品的价值之和；bestp 表示当前最优解，初始值为 0，当 cp>bestp 时，更新 bestp 为 cp。

采用队列式分支限界算法对该实例的搜索过程如图 5-50～图 5-53 所示。（注：图中深色结点表示死结点，已不在活结点表中；结点旁括号内的数据表示背包的剩余容量、已装入背包的物品价值。）

初始时，将根结点 A 插入活结点表中，结点 A 是唯一的活结点，如图 5-50(a)所示。从活结点表中取出 A，结点 A 是当前的扩展结点，一次性生成它的两个孩子结点 B 和 C，结点 B 满足约束条件，将 bestp 改写为结点 B 的 cp，即 bestp=9；对于结点 C，由于 cp=0，rp=21，bestp=9，满足限界条件，依次将 B 和 C 插入活结点表，如图 5-50(b)所示。再从活结点表中取出一个活结点 B 作为当前的扩展结点，一次性生成 B 的两个孩子结点，左孩子结点不满足约束条件，舍弃；对于右孩子结点 D，由于 cp=9，rp=11，bestp=9，满足限界条件，将结点 D 保存到活结点表中，如图 5-50(c)所示。

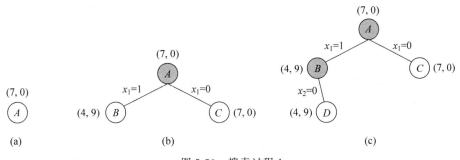

图 5-50　搜索过程 1

重复上述过程,从活结点表中取出 C,结点 C 是当前的扩展结点,一次性生成它的两个孩子结点 E 和 F,结点 E 满足约束条件,将 bestp 改写为结点 E 的 cp,bestp=10。由于 cp=0,rp=11,bestp=10,结点 F 满足限界条件。依次将 E 和 F 插入活结点表中,如图 5-51(a)所示。从活结点表中取出 D,结点 D 是当前的扩展结点,一次性生成它的两个孩子结点 G 和 H,结点 G 满足约束条件,将 G 插入活结点表,bestp 改写为结点 G 的 cp,bestp=16。由于 cp=9,rp=4,bestp=16,结点 H 不满足限界条件,舍弃,如图 5-51(b)所示。

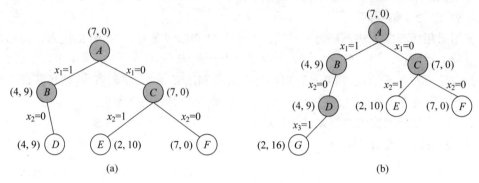

图 5-51　搜索过程 2

从活结点表中取出 E,结点 E 是当前的扩展结点,一次性生成它的两个孩子结点 I 和 J,结点 I 满足约束条件。将其插入活结点表,修改 bestp=17。对于结点 J,由于 cp=10,rp=4,bestp=17,不满足限界条件,舍弃,如图 5-52(a)所示。从活结点表中取出 F,结点 F 是当前的扩展结点,一次性生成它的两个孩子结点 K 和 L,结点 K 满足约束条件,插入活结点表。由于 cp=0,rp=4,bestp=17,结点 L 不满足限界条件,舍弃,如图 5-52(b)所示。

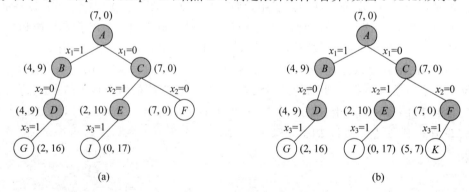

图 5-52　搜索过程 3

从活结点表中取出 G,结点 G 是当前的扩展结点,一次性生成它的两个孩子结点 M 和 N,左孩子结点 M 满足约束条件且已经是叶子结点,此时找到了当前最优解,将 M 暂存临时变量 bestJ 中,修改 bestp=20,右孩子结点 N 不满足限界条件,舍弃。如图 5-53(a)所示。从活结点表中取出活结点 I,它扩展生成的孩子结点不满足约束条件或限界条件,舍弃。再取一个活结点 K,它扩展生成的左孩子结点 O 满足约束条件且已是叶子结点,又找到了一个解,由于该解对应的 cp<bestp,故不保存;K 扩展生成的右孩子不满足限界条件,舍弃。

此时活结点表为空,算法结束,找到了问题的最优解,即从根结点 A 到叶子结点 M 的路径(粗线条表示的路径)$(1,0,1,1,)$,最优值为 20,如图 5-53(b)所示。

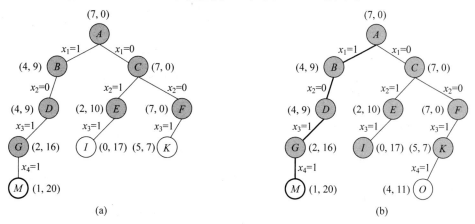

图 5-53　搜索过程 4

（2）优先队列式分支限界算法。

优先级定义为:活结点代表的部分解所描述的装入背包的物品价值上界,该价值上界越大,优先级越高。活结点的价值上界 up＝活结点的 cp＋剩余物品装满背包剩余容量的最大价值 $r'p$。

约束条件:与队列式分支限界算法相同。限界条件:up＝cp+$r'p$>bestp。

采用优先队列式分支限界算法对上述实例的搜索过程如图 5-54、图 5-55 所示。

初始时,将根结点 A 插入活结点表,结点 A 是唯一的活结点,如图 5-54(a)所示。从活结点表中取出 A,结点 A 是当前的扩展结点,一次性生成它的两个孩子结点 B 和 C,结点 B 满足约束条件,将结点 B 插入活结点表,其 up＝$9+4+7+\dfrac{1}{5}\times10=22$,bestp＝cp＝9;结点 C 的 up＝$0+4+7+\dfrac{4}{5}\times10=19$,满足限界条件,将 C 插入活结点表,如图 5-54(b)所示。从活结点表中取出一个优先级最高的活结点 B 作为当前的扩展结点,一次性生成 B 的两个孩子结点,左孩子结点不满足约束条件,舍弃;右孩子结点 D 的 up＝$9+4+7=20$,满足限界条件,将结点 D 保存到活结点表中,如图 5-54(c)所示。从活结点表中取出优先级最高的活结点 D,结点 D 是当前的扩展结点,一次性生成它的两个孩子结点 E 和 F,结点 E 满足约束条件,其 bestp＝16,up＝$16+4=20$,将 E 插入活结点表;结点 F 的 up＝$9+4=11$,不满足限界条件,舍弃,如图 5-54(d)所示。

从活结点表中取出优先级最高的活结点 E,结点 E 是当前的扩展结点,一次性生成它的两个孩子结点,左孩子结点 G 满足约束条件且是叶子结点,其 bestp＝20,up＝20,将 G 插入活结点表;右孩子结点的 up＝16,不满足限界条件,舍弃,如图 5-55(a)所示。从活结点表取出优先级最高的活结点 G,由于 G 已经是叶子结点,搜索结束,找到了问题的最优解,即从根结点到叶结点的路径$(1,0,1,1)$,bestp＝20。如图 5-55(b)中粗线条所示。

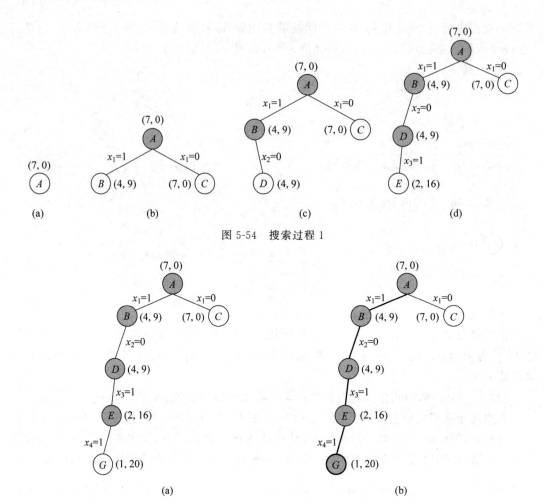

图 5-54　搜索过程 1

图 5-55　搜索过程 2

　　思考：如果将队列式分支限界算法中的限界条件改为 $cp+r'p>bestp$，搜索树有何变化？同样，如果将优先队列式分支限界算法中的限界条件改为 $cp+rp>bestp$，搜索树又有何变化？如果选用活结点的 cp 作为优先级呢？这些情况下的搜索树留给读者练习。

3. 算法描述

　　注：针对上述优先队列式分支限界算法进行算法描述。

　　采用最大堆来实现活结点优先队列，堆中元素 N 的优先级由 uprofit 给出。算法采用的数据结构包括子集树结点类型，最大堆结点类型和最大堆结构体类型，具体描述如下：

　　（1）子集树结点类。

```
class bbnode
{
    public:
```

```
    friend class Knap;
    friend int Knapsack( int p[ ], int w[ ], int c, int n);
    private:
    bbnode   * parent;              //指向父结点的指针,构造最优解使用
    bool   LChild;                  //左孩子结点标志,"1"表示左孩子,"0"表示不是左孩子
};
```

（2）最大堆结点类。

```
class HeapNode
{
    public:
        friend class Knap;
        operator int() const {return uprofit;}
        int uprofit,                //结点的价值上界
        int profit;                 //结点所对应的价值
        int weight;                 //结点所对应的重量
        int level;                  //活结点在子集树中所处的层序号
        bbnode * ptr;               //指向活结点在子集树中相应结点的指针
};
```

（3）堆类型的结构体。

```
typedef struct
{
    int capacity;
    int size;
    HeapNode * Elem;
}Heap, * MaxHeap;
```

定义了堆类型的结构体以后,要对堆进行初始化,即确定堆中最多允许存放的元素个数并开辟足够的空间,当前无任何元素。堆结构体的初始化如下:

```
MaxHeap initH( int maxElem)
{
    MaxHeap H;
    H = new Heap;
    H -> capacity = maxElem;         //堆中最多允许存放的元素个数
    H -> Elem = new HeapNode[maxElem]; //开辟足够的空间
    H -> size = 0;                   //堆中实际存放的元素个数
    return H;
}
```

对堆结构的操作,主要是将一个元素插入堆或从堆中删除并调整成新堆,堆的插入和删除操作描述如下:

（1）插入堆结点的描述。

```cpp
void InsertH(HeapNode x, MaxHeap H)
{
    if(H->size>=H->capacity){
        cout<<"堆已满,插入失败"<<endl;
        return;
    }
    H->Elem[++H->size]=x;
    int sindex=H->size/2;
    while(sindex>=1){
        if(H->Elem[H->size].uprofit>H->Elem[sindex].uprofit)
            swap(H->Elem[H->size],H->Elem[sindex]);
        else
            break;
        sindex = sindex/2;
    }
}
```

（2）删除堆结点的算法描述。

```cpp
HeapNode   DeleteMaxH(MaxHeap H)
{   HeapNode HeapTop;
    HeapTop=H->Elem[1];
    H->Elem[1]=H->Elem[H->size--];
    int m=0; int i=1,i1,i2;
    do{
        m=i,i1=2*m,i2=2*m+1;
        if((i1<=H->size)&&(H->Elem[i1].uprofit>H->Elem[i]).uprofit)i=i1;
        if((i2<=H->size)&&(H->Elem[i2].uprofit>H->Elem[i]).uprofit)i=i2;
        if(i!=m)
            swap(H->Elem[i],H->Elem[m]);
    }while(i!=m);
    return HeapTop;
}
```

算法中用到的类 Knap 与用回溯算法解该问题时用到的类 Knap 很相似,它们的主要区别在于本节的类 Knap 中没有成员函数 Backtrack,而增加了新的成员函数 AddLiveNode,用于将活结点插入最大堆；成员函数 MaxKnapsack 用于求问题的最大价值和最优解。

```cpp
class Knap
{
  public:
    friend int Knapsack(int p[], int w[], int c, int n, int bestx[]);
    int MaxKnapsack();
  private:
    MaxHeap H; int Bound(int i);
```

```
        void AddLiveNode(int up, int cp, int cw, bool ch, int level);
        bbnode * E;                    //指向扩展结点的指针
        int c;                         //背包容量
        int n;                         //物品数
        int * w;                       //物品重量数组
        int * p;                       //物品价值数组
        int cw;                        //当前装包重量
        int cp;                        //当前装包价值
        int bestp;                     //最大价值
        int * bestx;                   //最优解
    };
```

类 Knap 的成员函数 Bound 与回溯算法解决该问题时的相同,具体描述参见 5.1.2 节的详细描述。

成员函数 AddLiveNode 主要负责将活结点插入活结点表,调用插入堆结点的操作完成。具体描述如下:

```
void Knap∷AddLiveNode(int up, int cp, int cw, bool ch, int lev)
{
    //将一个新的活结点插入子集树和最大堆 H
    bbnode * b = new bbnode;
    b -> parent = E;
    b -> LChild = ch;
    HeapNode N;
    N.uprofit = up;
    N.profit = cp;
    N.weight = cw;
    N.level = lev;
    N.ptr = b;
    InsertH(N, H);
}
```

类 Knap 的成员函数 MaxKnapsack 根据分支限界法的搜索思想搜索解空间树,找出问题的最优解和最优值(最大价值)。具体描述如下:

```
int Knap∷MaxKnapsack()
{
    //定义最大堆的容量为 1000
    H = initH(1000); bestx = new int[n + 1];
    int i = 1; E = 0; cw = cp = 0; int bestp = 0;      //当前最优值
    int up = Bound(1);                                 //价值上界
    while(i!= n + 1)                                   //搜索子集空间树
      {                                                //检查当前扩展结点的左孩子结点
        if(cw + w[i]<= c)                              //左孩子结点为可行结点
        {
          if(cp + p[i]> bestp)   bestp = cp + p[i];
          AddLiveNode(up, cp + p[i], cw + w[i], true, i + 1);
```

```
            }
        up = Bound(i + 1);
        if(up > = bestp)   AddLiveNode(up, cp, cw, false, i + 1); //检查当前扩展结点的右孩子结点
          //取下一扩展结点
            HeapNode N;
            N = DeleteMaxH(H);
            E = N. ptr; cw = N. weight; cp = N. profit; up = N. uprofit;
            i = N. level;
        }//end while
        for(i = n;i > 0;i -- )                            //构造当前最优解
            { bestx[ i] = E - > LChild; E = E - > parent; }
        return cp;
    }
```

　　类的友元函数 Knapsack 完成对输入数据的预处理。其主要任务是对相关变量的初始化、将各物品按照单位重量的价值由大到小排序,然后调用 MaxKnapsack 完成对解空间树的优先队列式分支限界搜索。具体实现与 5.2.2 节中的 Knapsack 类似,请读者参阅 5.2.2 节的 Knapsack 函数的描述自行设计。

4. C++实战

相关代码如下。

```cpp
# include < iostream >
# include < algorithm >
using namespace std;
//子集树结点类
class bbnode
{
    public:
        friend class Knap;
        friend int Knapsack( int p[ ], int w[ ], int c, int n);
        private:
        bbnode * parent;            //指向父结点的指针,构造最优解使用
        bool LChild;                //左孩子结点标志,1 表示左孩子结点,0 表示不是左孩子结点
};
//最大堆结点类
class HeapNode
{
    public:
        friend class Knap;
        operator int( ) const {return uprofit;}
        int uprofit;            //结点的价值上界
        int profit;             //结点所对应的价值
        int weight;             //结点所对应的重量
        int level;              //活结点在子集树中所处的层序号
        bbnode * ptr;           //指向活结点在子集树中相应结点的指针
};
//堆类型的结构体
```

```cpp
typedef struct
{
    int capacity;
    int size;
    HeapNode * Elem;
}Heap, * MaxHeap;
//堆结构的初始化函数
MaxHeap initH( int maxElem)
{
    MaxHeap H;
    H = new Heap;
    H -> capacity = maxElem;             //堆中最多允许存放的元素个数
    H -> Elem = new HeapNode[maxElem];   //开辟足够的空间
    H -> size = 0;                       //堆中实际存放的元素个数
    return H;
}
//堆插入操作
void InsertH(HeapNode x, MaxHeap H)
{
    if(H -> size > = H -> capacity){
        cout <<"堆已满,插入失败"<< endl;
        return;
    }
    H -> Elem[++H -> size] = x;
    int sindex = H -> size/2;
    while(sindex > = 1){
        if(H -> Elem[H -> size].uprofit > H -> Elem[sindex].uprofit)
            swap(H -> Elem[H -> size],H -> Elem[sindex]);
        else
            break;
        sindex = sindex/2;
    }
}
//堆删除操作
HeapNode DeleteMaxH(MaxHeap H)
{
    HeapNode HeapTop;
    HeapTop = H -> Elem[1];
    H -> Elem[1] = H -> Elem[H -> size -- ];
    int m = 0;
    int i = 1,i1,i2;
    do{
        m = i, i1 = 2 * m, i2 = 2 * m + 1;
        if((i1 < = H -> size)&&(H -> Elem[i1].uprofit > H -> Elem[i].uprofit))
            i = i1;
        if((i2 < = H -> size)&&(H -> Elem[i2].uprofit > H -> Elem[i].uprofit))
            i = i2;
        if(i!= m)
            swap(H -> Elem[i],H -> Elem[m]);
    }while(i!= m);
```

```
            return HeapTop;
    }
class Knap
{
    public:
        friend int Knapsack( int p[ ], int w[ ], int c, int n);
        int MaxKnapsack( );
        void print( )
            {
                cout <<"按照单位重量的价值降序排列的最优解为: ";
                for( int k = 1;k < = n;k++ )
                    cout << bestx[k]<<" ";
                cout << endl;
            }
    private:
        MaxHeap H;
        int Bound( int i);
        void AddLiveNode( int up, int cp, int cw, bool ch, int level);
        bbnode * E;                      //指向扩展结点的指针
        int c;                           //背包容量
        int n;                           //物品数
        int * w;                         //物品重量数组
        int * p;                         //物品价值数组
        int cw;                          //当前装包重量
        int cp;                          //当前装包价值
        int bestp;                       //最大价值
        int * bestx;                     //最优解
};

int Knap::Bound( int i)                  //计算上界
{
    int cleft = c - cw;                  //剩余容量
    int b = cp;
    //以物品单位重量价值递减序装入物品
    while( i < = n && w[ i]< = cleft)
    {
        cleft -= w[ i];
        b += p[ i];i++;
    }
    //装满背包
    if( i < = n)
        b += p[ i]/w[ i] * cleft;
    return b;
}

void Knap::AddLiveNode( int up, int cp, int cw, bool ch, int lev)
{
    //将一个新的活结点插入子集树和最大堆 H 中
    bbnode * b = new bbnode;
    b -> parent = E;
```

```
        b - > LChild = ch;
        HeapNode N;
        N. uprofit = up;
        N. profit = cp;
        N. weight = cw;
        N. level = lev;
        N. ptr = b;
        InsertH(N, H);
}

int Knap::MaxKnapsack()
{
        //定义最大堆的容量为1000
        H = initH(1000);
        bestx = new int[n + 1];
        int i = 1;
        E = 0;
        cw = cp = 0;
        bestp = 0;                      //当前最优值
        int up = Bound(1);              //价值上界
        while(i!= n + 1)                //搜索子集空间树
        { //检查当前扩展结点的左孩子结点
            if(cw + w[i]<= c)           //左孩子结点为可行结点
            {
                if(cp + p[i]> bestp)
                    bestp = cp + p[i];
                AddLiveNode(up, cp + p[i], cw + w[i], true, i + 1);
            }
            up = Bound(i + 1);
            if(up > = bestp)
                AddLiveNode(up, cp, cw, false, i + 1);          //检查当前扩展结点的右孩子结点
            //取下一扩展结点
            HeapNode N;
            N = DeleteMaxH(H);
            E = N. ptr;
            cw = N. weight;
            cp = N. profit;
            up = N. uprofit;
            i = N. level;
        }//end while
        for(i = n;i > 0;i -- )          //构造当前最优解
        {
            bestx[i] = E - > LChild;
            E = E - > parent;
        }
        return cp;
}
class Object
{
        public:
```

```
                friend int Knapsack(int p[], int w[], int c, int n);
                int operator <(const Object &a)
                { return(this -> d > a. d); }
        private:
                int id;                              //物品编号
                float d;                             //单位重量的价值
    };


    int Knapsack(int p[], int w[], int c, int n)
    { //初始化
        int W = 0; int P = 0; int i = 1;
        Object * Q = new Object[n];
        for(i = 1; i <= n; i++)
        {
            Q[i-1]. id = i;
            Q[i-1]. d = 1.0 * p[i]/w[i];
            P += p[i];
            W += w[i];
        }
        if(W <= c) return P;                         //装入所有物品
        //依物品单位重量降序排序
        sort(Q, Q + n);                              //将数组 Q 中的元素按照单位重量的价值由大到小排列
        Knap K;
        K. p = new int[n + 1];
        K. w = new int[n + 1];
        K. bestx = new int[n + 1];
        int * bestx = new int[n + 1];
        K. bestx[0] = 0;
        for(i = 1; i <= n; i++)                      //按单位重量的价值降序排列物品重量和价值
        {
            K. p[i] = p[Q[i - 1]. id];
            K. w[i] = w[Q[i - 1]. id];
        }
        K. cp = 0;
        K. cw = 0;
        K. c = c;
        K. n = n;
        K. bestp = 0;
        //分支限界算法搜索
        K. bestp = K. MaxKnapsack();
        K. print();                                  //输出最优解
        cout <<"装入的重量为: "<< K. cw << endl;
        cout <<"装入的物品编号为: ";
        for(int i = 1; i <= n; i++)
            if(K. bestx[i])
                cout << Q[i - 1]. id <<" ";
        cout << endl;
        delete [] Q;
        delete [] K. w;
        delete [] K. p;
```

```
    delete [ ] K.bestx;
    delete [ ] bestx;
    return K.bestp;                        //返回最优值
}
int main(){
    int p[] = {0,9,10,7,4};
    int w[] = {1,3,5,2,1};
    int c = 7;
    int n = 4;
    int bestp = Knapsack(p,w,c,n);
    cout <<"最大价值为: "<< bestp << endl;
    return 0;
}
```

5.2.3 旅行商问题

旅行商问题(TSP)的解空间和解空间组织结构已在 5.1 节的例 5-6 中详细分析过。在此基础上,讨论如何用分支限界算法进行搜索。

考虑 $n=4$ 的实例,如图 5-56 所示,城市 1 为售货员所在的住地城市。

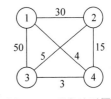

对于该实例,简单做如下分析:

(1) 问题的解空间 (x_1,x_2,x_3,x_4),其中令 $S=\{1,2,3,4\}$, $x_1=1,x_2\in S-\{x_1\},x_3\in S-\{x_1,x_2\},x_4\in S-\{x_1,x_2,x_3\}$。

图 5-56　无向连通图

(2) 解空间的组织结构是一棵深度为 4 的排列树。

(3) 搜索:设置约束条件 $g[i][j]!=\infty$,其中 $1\leqslant i\leqslant 4,1\leqslant j\leqslant 4$,$g$ 是该图的邻接矩阵;设置限界条件:cl<bestl,其中 cl 表示当前已经走的路径长度,初值值为 0;bestl 表示当前最短路径长度,初值值为∞。

搜索过程:

① 队列式分支限界算法对该实例的搜索过程如图 5-57～图 5-59 所示(注:图中结点旁的数据为 cl 的值)。

由于 x_1 的取值是确定的,所以从根结点 A_0 的孩子结点 A 开始搜索即可。将结点 A 插入活结点表,结点 A 是活结点并且是当前的扩展结点,如图 5-57(a)所示。从活结点表中取出活结点 A 作为当前的扩展结点,一次性生成它的 3 个孩子结点 B、C、D,均满足约束条件和限界条件,依次插入活结点表,结点 A 变成死结点,如图 5-57(b)所示。从活结点表中取出活结点 B 作为当前的扩展结点,一次性生成它的两个孩子结点 E、F,均满足约束条件和限界条件,依次插入活结点表,结点 B 变成死结点,如图 5-57(c)所示。

从活结点表中取出活结点 C 作为当前的扩展结点,一次性生成它的两个孩子结点 G、H,均满足约束条件和限界条件,依次插入活结点表,结点 C 变成死结点,如图 5-58(a)所示。从活结点表中取出活结点 D 作为当前的扩展结点,一次性生成它的两个孩子结点 I、J,均满足约束条件和限界条件,依次插入活结点表,结点 D 变成死结点,如图 5-58(b)所示。

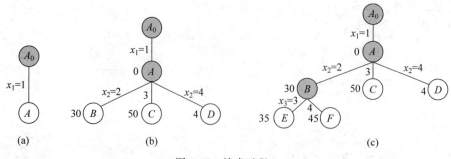

图 5-57 搜索过程 1

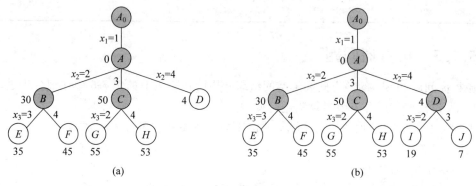

图 5-58 搜索过程 2

从活结点表中取出活结点 E 作为当前的扩展结点,一次性生成它的一个孩子结点 K,满足约束条件和限界条件,结点 K 已经是叶子结点,且顶点 4 与住地城市 1 有边相连,说明已找到一个当前最优解,记录该结点,最短路径长度为 42,修改 bestl=42,如图 5-59(a)所示。从活结点表中依次取出活结点 F、G、H、I、J,一次性生成它们的孩子结点,均不满足限界条件,舍弃,这些结点变成死结点。此时,活结点表为空,算法结束,找到的最优解是从根结点到叶子结点 K 的路径(1,2,3,4),路径长度为 42,如图 5-59(b)所示。

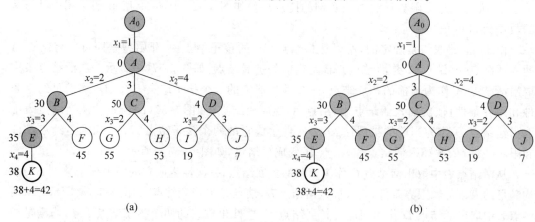

图 5-59 搜索过程 3

②　优先队列式分支限界算法对该实例的搜索过程如图 5-60～图 5-62 所示(注：结点旁的数据为 cl 的值)。

优先级定义为：活结点所对应的已经走过的路径长度 cl，长度越短，优先级越高。

从结点 A 开始，结点 A 插入活结点表，结点 A 是活结点并且是当前的扩展结点，如图 5-60(a)所示。从活结点表中取出活结点 A 作为当前的扩展结点，一次性生成它的 3 个孩子结点 B、C、D，均满足约束条件和限界条件，依次插入活结点表，结点 A 变成死结点，如图 5-60(b)所示。从活结点表中取出优先级最高的活结点 D 作为当前的扩展结点，一次性生成它的两个孩子结点 E、F，均满足约束条件和限界条件，依次插入活结点表，结点 D 变成死结点，如图 5-60(c)所示。

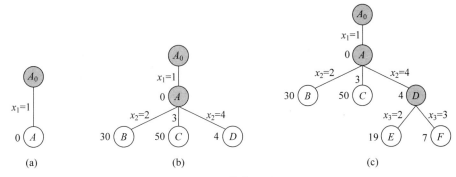

图 5-60　搜索过程 1

从活结点表中取出优先级最高的活结点 F 作为当前的扩展结点，一次性生成它的一个孩子结点 G，满足约束条件和限界条件将 G 插入活结点表。由于结点 G 已经是叶子结点，此时找到了当前最优解，最短路径长度为 42，修改 bestl＝42，如图 5-61(a)所示。从活结点表中取出优先级最高的活结点 E 作为当前的扩展结点，一次性生成它的一个孩子结点，不满足限界条件，舍弃，结点 E 变成死结点，如图 5-61(b)所示。

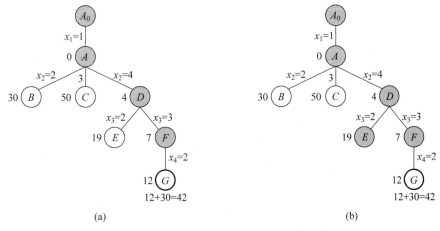

图 5-61　搜索过程 2

从活结点表中取出优先级最高的活结点 B 作为当前的扩展结点,一次性生成它的两个孩子结点 H、I,结点 H 满足约束条件和限界条件,将其插入活结点表;结点 I 不满足限界条件,舍弃。结点 B 变成死结点,如图 5-62(a)所示。从活结点表中取出优先级最高的活结点 H 作为当前的扩展结点,生成的孩子结点不满足限界条件,舍弃,结点 H 变成死结点。再从活结点表中取出优先级最高的活结点 G 作为当前的扩展结点,G 已经是叶子结点,此时找到问题的最优解,算法结束,找到问题的最优解是从根结点 A_0 到叶子结点 G 的最短路径(1,4,3,2),最短路径长度为 42,如图 5-62(b)中粗线所示。

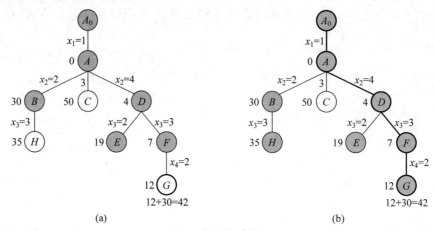

(a)   (b)

图 5-62　搜索过程 3

(4)算法优化。

根据题意,每个城市各去一次销售商品。因此,可以估计路径长度的下界(用 zl 表示),初始时,zl 等于图中每个顶点权最小的出边权之和。随着搜索的深入,可以估计剩余路径长度的下界(用 rl 表示)。故可以考虑用 zl(zl＝当前路径长度 cl＋剩余路径长度的下界 rl)作为活结点的优先级,同时将限界条件优化为 zl＝cl＋rl>bestl,cl 的初始值为 0,rl 初始值为每个顶点权最小的出边权之和。那么,按照该限界条件,上述搜索过程形成的搜索树如图 5-63 所示。

(5)算法描述。

根据上述讨论,优先队列式分支限界算法搜索解空间树时,需要设置优先级和判断孩子结点是舍弃还是保留的判断标准。在具体实现时,用邻接矩阵表示所给的图 G,在类 Traveling 中用二维数组 a 存储图 G 的邻接矩阵,cl 和 bestl 分别表示当前已走的路径长度和当前最短路径长度。类 Traveling 的定义如下:

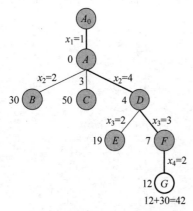

图 5-63　优化条件下的搜索树

```
class Traveling
{
  public:
    Traveling(int n, double ** a, double cl, double bestl)
    {
      this -> n = n;
      this -> a = a;
      this -> cl = cl;
      this -> bestl = bestl;
    }
    double  TSP();
    double ShortestEdge(double * Minout, double & MinSum);
    void print(){
        for(int i = 1; i <= n; i++)
            cout << bestx[i]<<"  ";
        cout << end;
    }
  private:
    int n * bestx;               //图 G 的顶点数
    double ** a,  cl,  bestl;
    //a 表示邻接矩阵, cl 表示当前路径长度, bestl 表示当前最小路径长度
};
```

　　根据旅行商问题的特点,每个城市去且仅去一次,可设置该问题的优先级为子树的最短路径长度,其长度越短,优先级越高,故优先队列采用最小堆来实现。最小堆结点结构的定义如下:

```
class MinHeapNode
{
  friend class Traveling;
  public:
      double zl,  cl, rl; //zl 表示子树路径长度的下界, cl 表示当前路径长度, rl 表示
                          //x[s+1:n]中顶点最短出边路径长度和
      int s, * x, n;      //s 表示根结点到当前结点的路径为 x[1:s-1], x 表示需要进一步搜索
                          //的结点为 x[s:n], n 表示总结点数
};
//定义按照 zl 构建小顶堆
struct Cmp{
      bool operator()(MinHeapNode a, MinHeapNode b){
      return a.zl > b.zl;
      }
}
```

　　类 Traveling 的成员函数 TSP 中,首先创建一个最小堆,找出所有顶点出边最短路径长度并用 Minout 记录,其中 Minout[i]记录了第 i 个顶点的最短出边权;然后计算并用变量 MinSum 记录所有最短出边的路径长度和。数组 x 记录最短路径,初始化为 $x[i] = i, i =$

$1,2,\cdots,n$。由于 x_1 的取值必为住地城市,故搜索最短路径时只需要从解空间树的第二层开始搜索,即 s 初始化为 2。

① 计算每个顶点的最短出边及它们的长度之和。

```
double Traveling::ShortestEdge(double * Minout,double & MinSum)
{
 for(int i = 1;i <= n;i++)                //计算最小出边及其路径长度和
   { double Min = ∞;
    for(int j = 1;j <= n;j++)
       if(a[i][j]!= ∞ && (a[i][j]< Min))  Min = a[i][j];
    if(Min == ∞)   return  Min;          //无回路
      Minout[i] = Min;MinSum += Min;
    }
}
return 1;
```

② TSP 算法描述。

```
double Traveling::TSP(int v[])            //求解旅行售货员的优先队列式分支限界算法
  {
   priority - queue < MinHeapNode,vector < MinHeapNode >,Cmp > H;
   double MinSum,Minout[n + 1];
   bestx = new int[n + 1];
   if(ShortestEdge(Minout,MinSum,n) == ∞)   return - 1;
   else
     { MinHeapNode E;E.x = new int[n + 1];
       for(i = 1;i <= n;i++)   E.x[i] = i;
       E.s = 2;E.n = n;                  //需记录总结点数,方可分配空间
       E.cl = 0;E.rl = MinSum;double bestl = ∞;
       H.push(E);
     //搜索排列树
     while(E.s <= n&&!H.empty())         //非叶结点
       {
       E = H.top();                      //取下一活结点扩展 H.pop();
        if(E.s == n)                     //当前扩展结点是叶结点的父结点
           {if(a[E.x[n - 1]][E.x[n]]!= ∞ && a[E.x[n]][1]!= ∞ &&
            (E.cl + a[E.x[n - 1]][E.x[n]] + a[E.x[n]][1]< bestl))
             {//再加两条边构成回路,判断回路是否优于当前最优解
             cl = E.cl + a[E.x[n - 1]][E.x[n]] + a[E.x[n]][1];
              if(E.cl < best)  {
                  bestl = E.cl;
                  for(int i = 1;i <= n;i++)
                     bestx[i] = E.x[i];   }
             }}
       else{                             //非叶结点的父结点时,产生当前扩展结点的所有子结点
       for(i = E.s;i <= n;i++)
         if(a[E.x[E.s - 1]][E.x[i]]!= ∞)  //可行子结点
           { double cl = E.cl + a[E.x[E.s - 1]][E.x[i]];double rl = E.rl - MinOut[E.x[E.s - 1]];
```

```
                Type b = cl + rl;                 //子结点的下界
                if(b < bestl)                     //子树可能含有最优解,结点插入最小堆
                    {MinHeapNode  N;N.x = new int[n + 1];
                    for(j = 1;j < = n;j++) N.x[j] = E.x[j];
                    N.x[E.s] = E.x[i];N.x[i] = E.x[E.s];N.cl = cl;N.s = E.s + 1;
                    N.n = n; N.zl = b;N.key = N.zl; N.rl = rl;H.push(N);
                    }
                }
        }//end else
    }//end while(E.s < = n)
      if(bestl == ∞)   return - 1;        //无回路
        return bestl;
    }//end else
}
```

(6) C++实战。

相关代码如下。

```cpp
# include < iostream >
# include < cfloat >
# include < algorithm >
# include < queue >
# define INF DBL_MAX
using namespace std;
class Traveling
{
    public:
        Traveling(int n,double ** a,double cl,double bestl)
        {
            this -> n = n;
            this -> a = a;
            this -> cl = cl;
            this -> bestl = bestl;
        }
        double TSP();
        double ShortestEdge(double * Minout,double & MinSum);
        void print(){
            for(int i = 1;i < = n;i++)
                cout << bestx[i]<<" ";
            cout << endl;
        }
    private:
        int n;                            //图 G 的顶点数
        double ** a,cl,bestl;             //a 表示邻接矩阵,cl 表示当前路径长度,bestl 表示当
                                          //前最小路径长度
        int * bestx;
};
//最小堆结构的类
class MinHeapNode
```

```
{
    friend class Traveling;
    public:
        double zl,cl,rl;                        //zl 表示子树路径长度的下界,cl 表示当前路径长度,
                                                //rl 表示 x[s + 1:n]中顶点最小出边路径长度和
        int s, * x, n;                          //s 表示根结点到当前结点的路径为 x[1:s - 1],x 表示
                                                //需要进一步搜索的结点为 x[s:n],n 表示总结点数
};
//定义按照 zl 构建小顶堆
struct Cmp{
    bool operator()(MinHeapNode a,MinHeapNode b){
    return a.zl > b.zl;
    }
};
//计算每个顶点的最短出边及它们的长度之和
double Traveling::ShortestEdge(double * MinOut,double &MinSum)
{
    for(int i = 1;i < = n;i++)                  //计算最小出边及其路径长度和
    {
        double Min = INF;
        for(int j = 1;j < = n;j++)
            if(a[i][j]!= INF && (a[i][j]< Min))
                Min = a[i][j];
        if(Min == INF)
            return Min;                         //无回路
        MinOut[i] = Min;
        MinSum += Min;
    }
    return 1;
}
//解旅行售货员的优先队列分支限界算法
double Traveling::TSP()
{
    priority_queue < MinHeapNode,vector < MinHeapNode >,Cmp > H;
    double MinSum,MinOut[n + 1];
    bestx = new int [n + 1];
    if(ShortestEdge(MinOut,MinSum) == INF)
        return - 1;
    else
    {
        MinHeapNode E;
        E.x = new int[n + 1];
        for(int i = 1;i < = n;i++)
            E.x[i] = i;
        E.s = 2;
        E.n = n;                                //需记录总结点数,方可分配空间
        E.cl = 0;
        E.rl = MinSum;
        double bestl = INF;
        H.push(E);
```

```
//搜索排列树
    while(E.s <= n && !H.empty())      //非叶结点
    {
        E = H.top();                    //取下一活结点扩展
        H.pop();
        if(E.s == n)                    //当前扩展结点是叶结点的父结点
        {
            if(a[E.x[n-1]][E.x[n]]!= INF && a[E.x[n]][1]!= INF && (E.cl + a[E.x[n-1]]
[E.x[n]] + a[E.x[n]][1]< bestl))
            {
                //再加2条边构成回路,判断回路是否优于当前最优解
                E.cl = E.cl + a[E.x[n-1]][E.x[n]] + a[E.x[n]][1];
                if(E.cl < bestl)
                {
                    bestl = E.cl;
                    for(int i = 1;i <= n;i++)
                    bestx[i] = E.x[i];

                }
            }
        }
        else
        { //非叶结点的父结点时,产生当前扩展结点的所有子结点
            for(int i = E.s;i <= n;i++)
                if(a[E.x[E.s-1]][E.x[i]]!= INF)   //可行子结点
                {
                    double cl = E.cl + a[E.x[E.s-1]][E.x[i]];
                    double rl = E.rl - MinOut[E.x[i]];
                    double b = cl + rl;             //子结点的下界
                    if(b < bestl)                   //子树可能含有最优解,结点插入最小堆
                    {
                        MinHeapNode N;
                        N.x = new int[n+1];
                        for(int j = 1;j <= n;j++)
                            N.x[j] = E.x[j];
                        N.x[E.s] = E.x[i];
                        N.x[i] = E.x[E.s];
                        N.cl = cl;
                        N.s = E.s +1;
                        N.n = n;
                        N.zl = b;
                        N.rl = rl;
                        H.push(N);
                    }
                }
        }//end else
    }//end while(E.s <= n)
    if(bestl == INF)
        return -1;                              //无回路
    return bestl;
```

```
        }//end else
    }
int main(){
    cout <<"请输入城市个数 n: ";
    int n;
    cin >> n;
    double ** a = new double * [n + 1];
    for(int i = 0;i <= n;i++)
        a[i] = new double[n + 1];
    for(int i = 1;i <= n;i++)
        for(int j = 1;j <= n;j++)
            cin >> a[i][j];
    Traveling traveling(n,a,0,INF);
    double bestl = traveling.TSP();
    cout <<"最短路径为: "<< bestl << endl;
    cout <<"最优解为: "<< endl;
    traveling.print();
    return 0;
}
```

微课视频

5.2.4　布线问题

1. 问题描述

布线问题就是在 $N \times M$ 的方格阵列中,指定一个方格的中点为 a,另一个方格的中点为 b,如图 5-64 所示,要求找出 a 到 b 的最短布线方案(即最短路径)。布线时只能沿直线或直角,不能走斜线。黑色的单元格代表不可以通过的封锁方格。

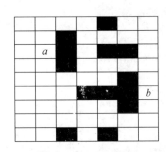
图 5-64　9×7 阵列

2. 问题分析

将方格抽象为顶点,中心方格和相邻 4 个方向(上、下、左、右)能通过的方格用一条边连起来。这样,可以把问题的解空间定义为一个图。

该问题是特殊的最短路径问题,特殊之处在于用布线走过的方格数代表布线的长度,也就是说,布线时每布一个方格,布线长度累加 1。由问题描述可知,从 a 点开始布线,只能朝上、下、左、右 4 个方向进行布线,并且遇到以下几种情况均不能布线:封锁方格、超出方格阵列的边界、已布过线的方格。把能布线的方格插入活结点表,然后从活结点表中取出一个活结点作为当前扩展结点继续扩展,搜索直到找到问题的目标点或活结点表为空为止。采用队列式分支限界算法。

3. 解题步骤

搜索从起始点 a 开始,到目标点 b 结束。约束条件为有边相连且未曾布线。

搜索过程:从 a 开始将其作为第一个扩展结点,沿 a 的上、下、左、右 4 个方向的相邻结点扩展。判断约束条件是否成立,如果成立,则放入活结点表,并将这些方格标记为 1。接着从活结点队列中取出队首结点作为下一个扩展结点,并将与当前扩展结点相邻且未标记过的方格记为 2。以此类推,直到算法搜索到目标方格或活结点表为空为止。目标方格里的数据表示布线长度。

构造最优解过程。从目标点开始,沿着上、下、左、右 4 个方向。判断如果某个方向方格里的数据比扩展结点方格里的数据小 1,则进入该方向方格,使其成为当前的扩展结点。以此类推,搜索过程一直持续到起始点。如图 5-64 所示实例的搜索过程为:结点 a 的扩展情况如图 5-65(a)所示,方格为 1 的结点扩展情况如图 5-65(b)所示,以此类推,搜索到目标点时的情况如图 5-65(c)所示,构造最优解的过程(上、下、左、右)如图 5-65(d)所示。

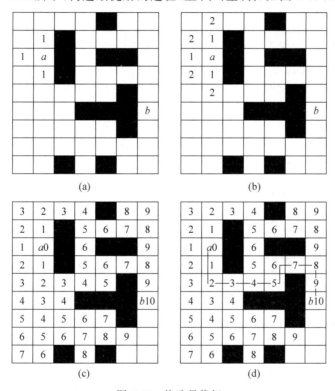

图 5-65 构造最优解

4. 算法描述

在实现布线问题的算法时,需要存储方格阵列、封锁标记、布线的起点和终点位置、4 个方向的相对位置、边界标识等。在下面的算法描述中,用二维数组 grid 表示给定方阵阵列,grid[i][j]等于 -1,表示第 i 行、第 j 列的方格未曾布线;grid[i][j]大于或等于 0,表示第 i 行、第 j 列的方格已布线;grid[i][j]$=-2$,表示第 i 行、第 j 列的方格已被封锁。为了便于判断是否到达阵列边界,在方格阵列的外围加了一堵"围墙",其值也为 -2,即布线不能通过。

```
typedef struct
{ int row; int col;}Position;
```

```
bool findpath(Position start, Position finish, int&PathLen,Position * &path)
{   if ((start.row == finish.row)&&(start.col == finish.col))       //起点与终点相同,不用布线
            { pathLen = 0;return true;}
    for(int i = 0;i <= m + 1;i++)            //方格阵列的上、下"围墙"
    grid[0][i] = grid[n + 1][i] = - 2;
for(int i = 0; i <= n + 1;i++)            //方格阵列的左、右"围墙"
    grid[i][0] = grid[i][n + 1] = - 2;
//初始化四个扩展方向相对位置
Position offset[4];
offset[0].row = 0;offset[0].col = 1;offset[1].row = 1;offset[1].col = 0;
offset[2].row = 0;offset[2].col = - 1;offset[3].row = - 1;offset[3].col = 0;
int NumofNbrs = 4                    //4 个方向
Position here, nbr;                        //here 记录当前扩展方格,nbr 记录扩展方向的方格
here.row = start.row;here.col = start.col;grid[start.row][start.col] = 0
LinkedQueue < Position > Q;
do {
        for(int i = 0; i < Numofnbrs;i++)   //沿着扩展结点的右、下、左、上 4 个方向扩展
          {
            nbr.row = here.row + offset[i].row;nbr.col = here.col + offset[i].col;
            if(grid[nbr.row][nbr.col] == - 1) //如果这个方格还没有扩展
                grid[nbr.row][nbr.col] = grid[here.row][here.col] + 1;
            if((nbr.row == finish.row)&&(nbr.col == finish.col))   break;
                //如果到达终点结束
                Q.Add(nbr);                  //将此邻结点放入队列
          }
        if((nbr.row == finish.row)&&(nbr.col == finish.col))   break;      //完成布线
        if(Q.Isempty()) return;                //如果扩展结点都用完了,还到不了终点,则无解
          Q.Delete(here);                      //从队列中取下一个扩展结点
      } while(true)
//逆向构造最短布线方案
PathLen = grid[finish.row][finish.col];path = new Position[Pathlen];
here = finish;
for(int j = PathLen - 1;j >= 0;j -- )
  {
    path[j] = here;
    for(int i = 0;i < Numofnbrs;i++)
      { nbr.row = here.row + offset[i].row;nbr.col = here.col + offset[i].col;
        if (grid[nbr.row][nbr.col] == j) break;
      }
    here = nbr;                              //往回推进
  }
  return true;
}
```

5. C++实战

相关代码如下。

```
# include < iostream >
# include < queue >
```

```
using namespace std;
typedef struct{
    int row;
    int col;
}Position;
bool findpath(int n, int m, int ** grid, Position start, Position finish, int&PathLen, Position
* &path)
{
    if ((start.row == finish.row)&&(start.col == finish.col))        //起点与终点相同,不用布线
    {
        PathLen = 0;
        return true;
    }
    for(int i = 0;i <= m + 1;i++)              //方格阵列的上、下"围墙"
        grid[0][i] = grid[n + 1][i] = - 2;
    for(int i = 0;i <= n + 1;i++)              //方格阵列的左、右"围墙"
        grid[i][0] = grid[i][m + 1] = - 2;
    //初始化 4 个扩展方向相对位置
    Position offset[4];
    offset[0].row = 0;
    offset[0].col = 1;
    offset[1].row = 1;
    offset[1].col = 0;
    offset[2].row = 0;
    offset[2].col = - 1;
    offset[3].row = - 1;
    offset[3].col = 0;
    int Numofnbrs = 4;                         //4 个方向
    Position here, nbr;                        //here 记录当前扩展方格,nbr 记录扩展方向的方格
    here.row = start.row;
    here.col = start.col;
    grid[start.row][start.col] = 0;
    queue < Position > Q;
    do
    {
        for(int i = 0; i < Numofnbrs;i++)      //沿着扩展结点的右、下、左、上 4 个方向扩展
        {
            nbr.row = here.row + offset[i].row;
            nbr.col = here.col + offset[i].col;
            if(grid[nbr.row][nbr.col] == - 1)//如果这个方格还没有扩展
            {
                grid[nbr.row][nbr.col] = grid[here.row][here.col] + 1;
                Q.push(nbr);                   //将此邻结点放入队列
            }
            if((nbr.row == finish.row)&&(nbr.col == finish.col))
                break;                         //如果到达终点结束
        }
        if((nbr.row == finish.row)&&(nbr.col == finish.col))
            break;                             //完成布线
        if(Q.empty())
```

```
                return 0;                    //如果扩展结点用完,还到不了终点,则无解
            here = Q.front();                //从队列中取下一个扩展结点
            Q.pop();
        } while(true);
        //逆向构造最短布线方案
        PathLen = grid[finish.row][finish.col];
        path = new Position[PathLen];
        here = finish;
        for(int j = PathLen - 1;j > = 0;j -- )
        {
            path[j] = here;
            for(int i = 0;i < Numofnbrs;i++)
            {
                nbr.row = here.row + offset[i].row;
                nbr.col = here.col + offset[i].col;
                if (grid[nbr.row][nbr.col] == j)
                    break;
            }
            here = nbr;                      //往回推进
        }
        return true;
    }
    int main(){
        cout <<"请输入棋盘的行列数 n,m:";
        int n,m;
        cin >> n >> m;
        //n = 9, m = 7; 对应图 5-64 中的 9 × 7 阵列
        int ** grid = new int * [n + 2];
        for(int i = 0;i < = n + 1;i++)
            grid[i] = new int[m + 2];
        //初始化为 - 1,标识未访问过的方格
        for(int i = 0;i < = n + 1;i++)
            for(int j = 0;j < = m + 1;j++)
                grid[i][j] = - 1;
        //设置障碍物,对应图 5-64 中的 9 × 7 阵列
        grid[1][5] = grid[2][3] = grid[3][3] = grid[3][5] = grid[3][6] = - 2;
        grid[4][3] = grid[5][6] = grid[6][4] = grid[6][5] = grid[6][6] = - 2;
        grid[7][6] = grid[9][3] = grid[9][5] = - 2;
        Position start,finish;
        cout <<"请输入起点: ";
        cin >> start.row >> start.col;
        cout <<"请输入终点: ";
        cin >> finish.row >> finish.col;
        int PathLen = 0;
        Position * path;
        bool res = findpath(n,m,grid,start,finish,PathLen,path);
        if(res)
        {
            cout <<"最短路径长度为: "<< PathLen << endl;
            cout <<"最短路径为: "<< endl;
```

```
            cout << start.row <<" "<< start.col << endl;
            for(int i = 0;i < PathLen;i++)
                cout << path[i].row <<" "<< path[i].col << endl;
        }
        else
            cout <<"start 到 finish 走不通!"<< endl;
        return 0;
    }
```

5.2.5　分支限界算法与回溯算法的比较

通过以上几小节的学习,容易得知分支限界算法与回溯算法类似。

1. 相同点

(1) 均需要先定义问题的解空间,确定的解空间组织结构一般都是树或图。

(2) 在问题的解空间树上搜索问题解。

(3) 搜索前均需确定判断条件,该判断条件用于判断扩展生成的结点是否为可行结点。

(4) 搜索过程中必须判断扩展生成的结点是否满足判断条件,如果满足,则保留该扩展生成的结点,否则舍弃。

2. 不同点

(1) 在一般情况下,分支限界算法与回溯算法的求解目标不同。回溯算法的求解目标是找出解空间树中满足约束条件的所有解,而分支限界算法的求解目标则是找出满足约束条件的一个解。换言之,分支限界算法是在满足约束条件的解中找出使某一目标函数值达到极大或极小的解,即在某种意义下的最优解。

(2) 由于求解目标不同,导致分支限界算法与回溯算法在解空间树上的搜索方式也不相同。回溯算法以深度优先的方式搜索解空间树,而分支限界算法则以宽度优先或以最小耗费(最大效益)优先的方式搜索解空间树。

(3) 由于搜索方式不同,直接导致当前扩展结点的扩展方式也不相同。在分支限界算法中,当前扩展结点一次性生成所有的孩子结点,舍弃那些导致不可行解或导致非最优解的孩子结点,其余孩子结点被加入活结点表,而后自己变成死结点。因此,每一个活结点最多只有一次机会成为扩展结点。在回溯算法中,当前扩展结点选择其中某一个孩子结点进行扩展,如果扩展的孩子结点是可行结点,则进入该孩子结点继续搜索,等到以该孩子结点为根的子树搜索完毕,则回溯到最近的活结点继续搜索。因此,每一个活结点有可能多次成为扩展结点。

在解决实际问题时,有些问题用回溯算法或分支限界算法解决效率都比较高,但是有些用分支限界算法解决比较好,而有些用回溯算法解决比较好。如:

(1) 一个比较适合采用回溯算法解决的问题——n 皇后问题。

n 皇后问题的解空间可以组织成一棵排列树,问题的解与解之间不存在优劣差异。直到搜索到叶结点时才能确定出一组解。如果用回溯算法可以系统地搜索 n 皇后问题的全部解,而且由于解空间树是排列树的特性,代码的编写十分容易。在最坏的情况下,堆栈的深度不会超过 n。如果采取分支限界算法,在解空间树的第一层就会产生 n 个活结点,如果不考虑剪枝,将在第二层产生 $n \times (n-1)$ 个活结点,如此下去对队列空间的要求太高。

另外,n 皇后问题不适合使用分支限界算法处理的根源在于 n 皇后问题需要找出所有解的组合,而不是某种最优解(事实上也没有最优解可言)。

(2)一个既可以采用回溯算法也可以采用分支限界算法解决的问题——0-1 背包问题。

0-1 背包问题的解空间树是一棵子集树,问题的解要求具有最优性质。如果采用回溯算法解决这个问题,可采用如下的搜索策略:只要一个结点的左孩子结点是一个可行结点就搜索其左子树;而对于右子树,用贪心算法构造一个上界函数,这个函数表明这个结点的子树所能达到的最大价值,只有在这个上界函数的值超过当前最优解时才进行搜索。随着搜索进程的推进,最优解不断得到加强,对搜索的限制就越来越严格。如果采用优先队列式分支限界算法解决这个问题,同样需要用到贪心算法构造的上界函数。不同的是,这个上界函数的作用不仅仅在于判断是否进入一个结点的子树继续搜索,还用作一个活结点的优先队列的优先级,这样一旦有一个叶结点成为扩展结点,就表明已经找到了最优解。

可以看出,用两种方法处理 0-1 背包问题都有一定的可行性,相比之下回溯算法的思路容易理解一些。但是这是一个寻找最优解的问题,由于采用了优先队列处理,不同的结点没有相互之间的牵制和联系,用分支限界算法处理效果一样很好。

(3)一个比较适合采用分支限界算法解决的问题——布线问题。

布线问题的解空间是一个图,适合采用队列式分支限界算法来解决。从起始位置 a 开始将它作为第一个扩展结点。与该结点相邻并且可达的方格被加入活结点表,并将这些方格标记为1,表示它们到 a 的距离为1。接着从活结点队列中取出队首元素作为下一个扩展结点,并将与当前扩展结点相邻且未标记过的方格标记为2,并加入活结点表。这个过程一直继续到算法搜索到目标方格 b 或活结点表为空时为止(表示没有通路)。如果采用回溯算法,这个解空间需要搜索完毕才确定最短布线方案,效率很低。

请读者考虑一下,最大团问题、单源最短路径问题、符号三角形问题、图的 m 着色问题等适合采用回溯算法还是分支限界算法来求解。

拓展知识:蚁群算法

群体智能(Swarm Intelligence,SI)是一种人工智能技术,主要探讨由多个简单个体构成的群体的集体行为,这些个体之间相互作用,个体与环境之间也相互影响。尽管没有集中控制机制来指导个体的行为,个体之间的局部交互也能够导致某一社会模式的出现。自然界中诸如此类的现象很多,如蚁群、鸟群、兽群、蜂群等,由这种自然现象引发的“群类算法”,如蚁群算法、粒子群算法能够成功地解决现实中的优化问题。SI 与其他进化算法有共同之处,都是基于种群的,系统从一个由多个个体(潜在解)组成的种群开始,这些个体模仿昆虫或动物的社会行为来代代繁殖,以寻求最优。不同于其他进化算法的是,群体智能模式不使用交叉、变异这些进化算子，个体只是根据自身与群体中其他个体、与周围环境的关系来不断更新，以求得最优。

蚁群算法是模拟自然界蚂蚁觅食过程的一种分布式、启发式群体智能算法，最早于1991年由学者Colorni、Dorigo和Maniezzo提出，用于求解复杂的组合优化问题，如旅行商问题（TSP）、加工调度问题（JSSP）、图着色问题（GCP）等。

像蚂蚁这类群居昆虫，虽然单个个体的行为极为简单，但由这样的个体组成的蚁群却表现出极其复杂的行为，能够完成复杂的任务，不仅如此，蚂蚁还能适应环境的变化，如在运动的路线上遇到障碍物时，蚂蚁能够很快重新找到最优路径。那么蚁群是如何寻找最优路径的呢？

1. 蚂蚁觅食过程中的最短路径搜索策略

Colorni、Dorigo和Maniezzo三位学者在对大自然中真实蚁群的集体行为进行研究的过程中发现：蚂蚁这类群居昆虫虽然没有视觉，却能找到由蚁巢到食物源的最短路径。再经过进一步的大量细致观察研究发现，蚂蚁个体之间通过一种称为信息素（pheromone）的物质进行信息传递，信息素中记录了食物源的远近与食物量的多少，蚂蚁在运动过程中，能够在它所经过的路径上留下该物质，而其他蚂蚁通过触角能够检测识别到这种信息素，并能够感知这种物质的强度，以此指导自己的运动方向，蚂蚁倾向于朝着该物质强度高的方向移动。因此，由大量蚂蚁组成的蚁群的集体行为便表现出一种信息正反馈现象：某一路径上走过的蚂蚁越多，则后来者选择该路径的概率就越大。蚂蚁个体之间就是通过这种信息的交流达到搜索食物的目的。蚁群算法模拟真实蚁群的协作过程，算法由许多蚂蚁共同完成，每只蚂蚁在候选解的空间中独立地搜索解，并在所寻得的解上留下一定的信息素，解的性能越好蚂蚁留在其上的信息素越大，信息素越大的解被选择的可能性就越大。在算法的初级阶段所有解上的信息素是相同的，随着算法的推进，较优解上的信息素增加，算法渐渐收敛，即最终找到一条最短的路线，此后所有的蚂蚁都将走这条最短路径到达食物源。

如图5-66(a)所示，假设从蚁穴到食物源有两条等长路线NAF和NBF（NAF＝NBF）。开始时，两条路线上都没有信息素，各个蚂蚁将随机选择其中一条路线，并沿途散播信息素；随时间的推移，各路线会挥发掉部分信息素，也不断地增加新的蚂蚁带来的信息素，这是一个正反馈的过程；后来的蚂蚁再选择路线时，浓度较高的路线被选择的概率较大；一段时间后，越来越多的蚂蚁会选择同一条路线，而另一条路线上的蚂蚁数量越来越少，且其上的信息素逐渐挥发殆尽。

如图5-66(b)所示，对于两条不等长的路线NAF和NBF（NAF＞NBF）来说，开始时，两条路线上都没有信息素，各蚂蚁是随机选择其中一条路线，即有一些走NAF路线，另一些走NBF路线，并沿途散播信息素，两条路线上的蚂蚁数大致相等；假设蚂蚁的行走速度相同，则选择走NBF路线（较短路线）的蚂蚁比选择走NAF路线（较长路线）的蚂蚁先到达食物源F；当走NBF路线的蚂蚁返回到蚁穴时，走NAF路线的蚂蚁仍在途中C点处，即2NBF＝NAF＋FAC，可以看出，线段NC上的信息素要少于别处；下次蚂蚁再选择路线时，会以较高概率走较短路径，这使得较长路线上的信息素浓度越来越低，较短路线上的信息素

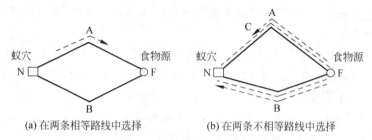

(a) 在两条相等路线中选择　　　　(b) 在两条不相等路线中选择

图 5-66　蚂蚁觅食时最短路径选择

浓度越来越高；一段时间后，所有的蚂蚁都将选择较短的路线。

　　蚁群算法就是从蚂蚁觅食时寻找最短路径的现象中得到启示而设计的，由计算机编程实现的分布式并行搜索策略。蚂蚁通过别的蚂蚁留下来的信息素的强弱作为自己选择路径的参数，信息素越强的路径被选择的可能性越大。信息素的更新策略是越好的路径上获得的信息素越多，通过这个正反馈来寻找更好的路径，这是蚁群算法工作的基本原理。单个蚂蚁的规则相当简单，但是通过蚂蚁群体的协同工作，产生对复杂环境的认知，以实现对解空间进行有效的搜索。

2. 蚁群算法的基本步骤

　　上述介绍的只是有关蚁群算法的简单原理，当然要设计出切实可行的算法并建立模型需要将模型进一步精确，如要计算信息素的挥发（即信息素的浓度将随时间而逐步降低）等。

　　据蚁群算法的基本原理，人们设计了一个寻找最优路径的蚁群算法：

　　(1) 一群蚂蚁随机从出发点出发，遇到食物，衔住食物，沿原路返回。

　　(2) 蚂蚁在往返途中，在路上留下信息素标志。

　　(3) 信息素随时间逐渐蒸发（一般可用负指数函数来表示）。

　　(4) 由蚁穴出发的蚂蚁，其选择路径的概率与各路径上的信息素浓度成正比。

　　利用同样原理可以描述蚁群进行多食物源的寻食情况。

3. 基本蚁群算法模型

　　因为蚂蚁觅食的过程与旅行商问题非常相似，下面通过求解 n 个城市的 TSP 为例来说明基本的蚁群算法模型，其他问题可以对此模型稍做修改便可应用。

　　首先设在 TSP 中城市 i 与城市 j 之间的距离为 d_{ij}，m 为蚁群中蚂蚁的数量，$b_i(t)$ 表示 t 时刻位于城市 i 的蚂蚁数量，则有 $m = \sum_{i=1}^{n} b_i(t)$。$\tau_{ij}(t)$ 表示 t 时刻弧 (i,j) 上的信息素量。初始时刻各弧上的信息素量相等，$\tau_{ij}(0) = C$，C 为常数。蚂蚁 k 在运动过程中，根据各弧上的信息素量来决定移动的方向，$p_{ij}^k(t)$ 表示在 t 时刻蚂蚁 k 由点 i 向点 j 移动的概率，则有

$$p_{ij}^k(t) = \begin{cases} \dfrac{\tau_{ij}^{\alpha}(t)\eta_{ij}^{\beta}(t)}{\sum\limits_{s \in J_k(i)} \tau_{is}^{\alpha}(t)\eta_{is}^{\beta}(t)}, & \text{若 } j \in J_k(i) \\ 0, & \text{其他} \end{cases} \tag{5-4}$$

其中，$J_k(i)$ 表示城市 i 上的蚂蚁 k 下一步允许选择的城市集合。α,β 分别表示蚂蚁在移动过程中所积累的信息素 $\tau_{ij}(t)$ 及启发式因子 $\eta_{ij}(t)$ 在蚂蚁择路时的重要程度。η_{ij} 表示由城市 i 到城市 j 的期望值，可模拟某种启发式算法具体确定。另外，蚁群算法还具有记忆功能，用 $\text{tab } u_k(k=1,2,\cdots,m)$ 记录蚂蚁 k 当前所走过的城市，集合 $\text{tab } u_k$ 随进化过程做动态调整。随时间的推移，以前留下的信息素逐渐挥发，用参数 $1-\rho$ 表示信息素挥发程度，经过 l 个时刻，蚂蚁完成一次循环，各弧上的信息素量做以下调整

$$\tau_{ij}(t+l)=\rho \cdot \tau_{ij}(t)+\Delta\tau_{ij} \tag{5-5}$$

$$\Delta\tau_{ij}=\sum_{k=1}^{m}\Delta\tau_{ij}^{k} \tag{5-6}$$

$\Delta\tau_{ij}^{k}$ 表示第 k 只蚂蚁在本次循环中留在弧 $<i,j>$ 上的信息素量，$\Delta\tau_{ij}$ 表示本次循环中弧 $<i,j>$ 上的信息素的总增量，则有

$$\Delta\tau_{ij}^{k}=\begin{cases}\dfrac{Q}{L_k}, & \text{若第 } k \text{ 只蚂蚁在本次循环中经过弧}<i,j>\\ 0, & \text{其他}\end{cases} \tag{5-7}$$

其中，Q 是常数，L_k 表示第 k 只蚂蚁在本次循环中所走路径的总长度。

此模型中，参数 Q,C,α,β,ρ 通常由实验确定其最佳值。

蚁群算法解 TSP 的主要步骤描述如下：

步骤1：迭代次数 nc=0；各 τ_{ij} 和 $\Delta\tau_{ij}$ 初始化；将 m 个蚂蚁置于 n 个顶点上。

步骤2：将各蚂蚁的初始出发点置于当前解路线集中；对每个蚂蚁 $k(k=1,2,\cdots,m)$，按式(5-4)的概率 p_{ij}^{k} 移至下一顶点 j；将顶点 j 置于当前解路线集中。

步骤3：计算各蚂蚁的目标函数值 Z_k；记录当前最好解。

步骤4：按更新式(5-5)修改轨迹强度。

步骤5：对各弧 (i,j)，置 $\Delta\tau_{ij}=0$，nc=nc+1。

步骤6：若 nc<预定迭代次数且无退化行为（即找到的都是相同解），则转步骤2；否则，算法结束。

算法的时间复杂度为 $O(\text{nc}\cdot m\cdot n^2)$。就 TSP 而言，经验结果是，当 m 约等于 n 时，效果最佳，此时的时间复杂度为 $O(\text{nc}\cdot n^3)$。

4. 蚁群算法的特点

蚁群算法是继模拟退火算法、遗传算法、禁忌搜索算法、人工神经网络算法等搜索算法以后的又一种应用于组合优化问题的随机搜索算法。众多的研究结果已经证明，蚁群算法具有较强的发现较好解的能力，这是因为该算法不仅利用了正反馈原理（在一定程度上可以加快进化过程），而且它本质上是一种并行算法，不同个体之间不断地进行信息的交流和传递，从而能够相互协作，有利于发现较好的解。该算法可以解释为一种特殊的强化学习(Reinforcement Learning)算法。

从查新情况分析，研究和应用蚁群算法主要集中在比利时、意大利、英国等欧洲国家，日本和美国也是近些年开始启动研究的。国内则于 1998 年末到 1999 年初才开始有少量的公

开报道和研究成果,多局限于 TSP。

该算法具有如下的优点:

(1) 自组织性。算法初期,单个的蚂蚁无序地寻找解,经过一段时间的演化,蚂蚁间通过信息素的作用,自发地越来越趋向于寻找到接近最优解的一些解,是个从无序到有序的过程。

(2) 较强的鲁棒性。对蚁群算法模型稍加修改,便可以应用于其他问题。

(3) 本质上并行。蚁群在问题空间的多点同时开始进行独立的解搜索,增强了算法的全局搜索能力。

(4) 正反馈。蚁群能够最终找到最短路径,直接依赖于最短路径上信息素的堆积,而信息素的堆积却是一个正反馈的过程。

(5) 易于与其他方法结合。蚁群算法很容易与多种启发式算法结合,以改善算法的性能。

蚁群算法也存在一些缺陷:

(1) 需要较长的搜索时间。当群体规模较大时,很难在较短的时间内从大量杂乱无章的路径中找出一条较好的路径。

(2) 容易出现停滞现象(Stagnation Behavior),即在搜索进行到一定程度后,所有个体所发现的解完全一样,以致不能对解空间进一步进行搜索,不利于发现更好的解。

许多研究者已经注意到上述两个问题,并提出了一些改善措施,如 M. Dorigo 提出蚁量系统(Ant-Quantity System),Thomas 等提出最大最小蚁群系统(Max-Min Ant System,MMAS),郝晋等提出具有扰动特性的蚁群系统(Stochastic Distributed Ant System,SDAS),陈烨提出带杂交算子的蚁群算法,等等。

5. 蚁群算法的应用情况

由于蚁群算法不依赖于问题的具体领域,所以在很多学科有广泛的应用。例如:

(1) 函数优化。蚁群算法应用的领域之一,也是评价蚁群算法性能的主要方法。

(2) 组合优化。用于二次分配问题、背包问题、TSP、加工车间(job-shop)问题等。

(3) 人工生命。蚁群算法在人工生命及复杂系统的模拟设计等方面应用前景广阔。

(4) 机器学习。基于蚁群算法的机器学习在许多领域得到了应用。例如,利用蚁群算法进行神经网络训练、神经网络的优化设计等。

此外,蚁群算法在集成电路布线、数据挖掘、生产调度等方面也有广泛应用。

特别需要指出的是:由于蚁群算法在求解复杂组合优化问题方面具有并行化、正反馈、鲁棒性强等先天优越性,所以在解决一些组合优化问题时所取得的结果无论是在解的质量上,还是在收敛速度上都优于或至少等效于模拟退火及其他启发式算法。

本章习题

5-1 叙述回溯算法和分支限界算法的思想。

5-2 试说明回溯算法与分支限界算法的异同点。

5-3 部落卫队问题。原始部落中的居民们为了争夺有限的资源,经常发生冲突。几乎每个居民都有仇敌。部落酋长为了组织一支保卫部落的队伍,希望从部落的居民中选出最多的居民入伍,并保证队伍中任何两个人都不是仇敌。给定部落中居民间的仇敌关系,编程计算组成部落卫队的最佳方案。

5-4 子集和问题。该问题的一个实例为$<s, t>$,其中$s = \{x_1, x_2, \cdots, x_n\}$是一个正整数的集合,$t$是一个正整数,判定是否存在$s$的一个子集$s_1$,使得$s_1$的元素和等于$t$。

5-5 有一批共n个集装箱要装上两艘载重量分别为c_1和c_2的轮船,其中集装箱i的重量为w_i,且$\sum_{i=1}^{n} w_i \leqslant c_1 + c_2$。要求确定是否可以将这个集装箱装上这两艘轮船。如果有,找出一种合理的装载方案。

5-6 给定n个大小不等的圆$c_1, c_2, \cdots, c_n$,现要将这n个圆排进一个矩形框中,且要求各圆与矩形框的底边相切。要求从n个圆的所有排列中找出有最小长度的圆排列。例如,当$n = 3$,且给定的3个圆的半径分别为1,1,2时,这3个圆的最小长度的圆排列如图5-67所示。其最小长度为$2 + 4\sqrt{2}$。

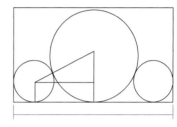

图5-67 题5-6

5-7 运动员最佳匹配问题。羽毛球队有男女运动员各n人。给定两个$n \times n$矩阵P和Q。$P[i][j]$是男运动员i和女运动员j配对组成混合双打的男运动员竞赛优势;$Q[i][j]$是女运动员i和男运动员j配合的女运动员竞赛优势。由于技术配合和心理状态等各种因素影响,$P[i][j]$不一定等于$Q[j][i]$。男运动员i和女运动员j配对组成混合双打的男女双方竞赛优势为$P[i][j] \times Q[j][i]$。设计一个算法,计算男女运动员最佳配对法,使各组男女双方竞赛优势的总和达到最大。

5-8 最小长度电路板排列问题。最小长度电路板排列问题是大规模电子系统设计中提出的实际问题。该问题的提法是,将n块电路板以最佳排列方案插入带有n个插槽的机箱。n块电路板的不同的排列方式对应不同的电路板插入方案。设$B = \{1, 2, \cdots, n\}$是n块电路板的集合。集合$L = \{N_1, N_2, \cdots, N_m\}$是$n$块电路板的$m$个连接块。其中每个连接块$N_i$是$B$的一个子集,且$N_i$中的电路板用同一根导线连接在一起。

5-9 设有n个顾客同时等待一项服务。顾客i需要的服务时间为T_i,其中$1 \leqslant i \leqslant n$。共有$s$处可以提供此项服务。应如何安排$n$个顾客的服务次序才能使平均等待时间达到最小?平均等待时间是n个顾客等待服务时间的总和除以n。

5-10 整数变换问题。关于整数i的变换f和g定义如下:$f(i) = 3i$,$g(i) = \lfloor i/2 \rfloor$。试设计一个算法,对于给定的两个整数$n$和$m$,用最少的$f$和$g$变换次数将$n$变换为$m$。例如,可以用4次变换将整数15变换为整数4:$4 = \text{gfgg}(15)$。当整数$n$不可能变换为整数$m$时,算法应如何处理?

5-11 推箱子问题。码头仓库是划分为$n \times m$个格子的矩形阵列。有公共边的格子是相邻格子。当前仓库中有的格子是空闲的,有的格子则已经堆放了沉重的货物。由于堆放的货物很重,单凭仓库管理员的力量是无法移动的。仓库管理员有一项任务,要将一个小箱子推到指定的格子上。管理员可以在仓库中移动,但不能跨过已经堆放了货物的格子。管理员站在与箱子相对的空闲格子上时,可以做一次推动,把箱子推到相邻的空闲格子。只能向管理员的对面方向推箱子。由于要推动的箱子很重,仓库管理员希望尽量减少推箱子的次数。请设计一算法,使仓库管理员推箱子的次数最少。

5-12 喷漆机器人。F 大学开发出一种喷漆机器人 Rob,能用指定颜色给一块矩形材料喷漆。Rob 每次拿起一种颜色的喷枪,为指定颜色的小矩形区域喷漆。喷漆工艺要求:一个小矩形区域只能在所有紧靠它上方的矩形区域都喷过漆后,才能开始喷漆,且小矩形区域开始喷漆后必须一次性喷完,不能只喷一部分。为 Rob 编写一个自动喷漆程序,使 Rob 拿起喷枪的次数最少。

第6章

随机化算法

前面各章讨论的算法每一计算步骤都是确定的,而本章讨论的随机化算法允许算法在执行过程中随机选择下一个计算步骤。这种算法的新颖之处是把随机性注入算法,该策略使算法的设计与分析更加灵活,解决问题的能力也大为改观。

6.1 随机化算法概述

微课视频

随机化算法与现实生活息息相关,例如,人们经常会通过掷骰子看结果,通过投硬币决定行动,这就牵涉到一个问题——随机。

随机化算法看上去是凭着运气做事。其实,这种算法有一定的理论作基础,且很少单独使用,多与其他算法(如贪心算法、查找算法等)配合使用,求解效果往往出人意料。

6.1.1 随机化算法的类型及特点

随机化算法的一个基本特征是：对所求解问题的同一实例用同一随机化算法求解两次可能得到完全不同的效果,这两次求解问题所需的时间甚至所得到的结果可能会有相当大的差别。一般情况下,可将随机化算法大致分为如下 4 类。

1. 数值随机化算法

这类算法常用于数值问题的求解,所得到的解往往都是近似解,而且近似解的精度随计算时间的增加不断提高。

使用该算法的理由是：在许多情况下,待求解的问题在原理上可能就不存在精确解,或者说精确解存在但无法在可行时间内求得,因此用数值随机化算法可得到相当满意的解。

2. 蒙特卡洛算法

蒙特卡洛算法是计算数学中的一种计算方法,它的基本特点是以概率与统计学中的理论和方法为基础,以是否适合于在计算机上使用为重要标志。蒙特卡洛是摩纳哥的一个著名城市,以赌博闻名于世。为了表明该算法的上述基本特点,蒙特卡洛算法象征性地借用这一城市的名称来命名。蒙特卡洛算法作为一种可行的计算方法,首先由 Ulam(乌拉姆)和 von Neumann(冯·诺依曼)在 20 世纪 40 年代中叶提出并加以运用,目的是为了解决研制核武器中的计算问题。

该算法用于求问题的准确解。对于许多问题来说,近似解毫无意义。例如,一个判定问题的解为“是”或“否”,二者必居其一,不存在任何近似解答。

蒙特卡洛算法的特点是:它能求得问题的一个解,但这个解未必是正确的。求得正确解的概率依赖于算法执行时所用的时间,所用的时间越多得到正确解的概率就越高。一般情况下,蒙特卡洛算法不能有效地确定求得的解是否正确。

3. 拉斯维加斯算法

该算法绝不返回错误的解,也就是说,使用拉斯维加斯算法不会得到不正确的解,一旦找到一个解,那么这个解肯定是正确的。但是有时候拉斯维加斯算法可能找不到解。

与蒙特卡洛算法类似,拉斯维加斯算法得到正确解的概率随着算法执行时间的增加而提高。对于所求解问题的任一实例,只要用同一拉斯维加斯算法对该实例反复求解足够多的次数,可使求解失效的概率任意小。

4. 舍伍德算法

当一个确定性算法在最坏情况下的计算时间复杂性与其在平均情况下的计算复杂性有较大差异时,可在这个确定性算法中引入随机性来降低最坏情况出现的概率,进而消除或减少问题好坏实例之间的这种差异,这样的随机化算法称为舍伍德算法。因此,舍伍德算法不会改变对应确定性算法的求解结果,每次运行都能够得到问题的解,且所得到的解是正确的。舍伍德算法的精髓不是避免算法最坏情况的发生,而是降低最坏情况发生的概率。故而,舍伍德算法不改变原有算法的平均性能,只是设法保证以更高概率获得算法的平均计算性能。

6.1.2 随机数发生器

随机数在随机化算法的设计中扮演着十分重要的角色。因为在随机化算法中要随时接收一个随机数,以便在算法的运行过程中按照这个随机数进行所需要的随机选择。随机数发生器用于产生随机数。

真正的随机数是利用物理现象产生的,比如掷钱币、骰子、转轮、使用电子元件的噪声、核裂变等。这样的随机数发生器叫作物理性随机数发生器,它们的缺点是技术要求比较高。

在现实计算机上无法产生真正的随机数,因此在随机化算法中使用的随机数都是在一定程度上随机,通常称这些随机数为伪随机数。这些数“似乎”是随机的数,实际上是通过一个固定的、可以重复的计算方法产生的,产生这些数的发生器叫作伪随机数发生器。在真正关键性的应用中,比如在密码学中,一般要求使用真正的随机数。

目前,在计算机上产生随机数还是一个难题,因为在原理上,这个问题只能近似解决。通常,计算机中产生伪随机数的方法是线性同余法,产生的随机数序列为:$a_0, a_1, \cdots, a_n$,它们满足

$$\begin{cases} a_0 = d \\ a_n = (ba_{n-1} + c) \bmod m, \quad n = 1, 2, \cdots \end{cases}$$

其中:d 为种子;b 为系数,满足 $b \geq 0$;c 为增量,满足 $c \geq 0$;m 为模数,满足 $m > 0$。b、c 和 m 越大且 b 与 m 互质可使随机函数的随机性能变得更好。当 b、c 和 m 的值确定后,给定一个随机种子,由上式产生的随机数序列也就确定了。换句话说,如果随机种子相同,同一个随机数发生器将会产生相同的随机数序列,印证了在随机化算法中生成的随机数是伪随机数的说法。

为了在设计随机化算法时便于产生所需的随机数,建立一个随机数类 RandomNumber,RandomNumber.h 头文件内容如下:

```
class RandomNumber
{
  private:
      unsigned long d;                              //d 为当前种子
  public:
      RandomNumber(unsigned long s = 0);           //默认值 0 表示由系统自动产生种子
      unsigned short random(unsigned long n);      //产生 0～(n-1)的随机整数
      double fRandom(void);                        //产生[0,1)范围的随机实数
};
```

RandomNumber.cpp 文件内容如下:

```
# include "RandomNumber.h"
# include < ctime >
# define m 65536L
# define b 1194211693L
# define c 12345L
//函数 RandomNumber 用来产生种子
RandomNumber∷RandomNumber(unsigned long s)
  {   if(s == 0)    d = time(NULL);                 //由系统时间产生种子
      else   d = s;                                 //由用户提供种子
  }
//函数 random 用来产生 0～(n-1)的随机整数
unsigned short RandomNumber∷random(unsigned long n)
  {   d = b * d + c;                                //用线性同余式计算新的种子 d
      return (unsigned short)((d >> 16) % n);       //把 d 的高 16 位映射到 0～(n-1)的范围内
```

```
  }
//函数 fRandom 用来产生[0,1)之间的随机实数
double RandomNumber∷fRandom(void)
{ return random(m)/double(m); }
```

函数 random(n)在每次计算时,用线性同余式计算出新的种子 d,用它作为产生下一个随机数的种子。这里的同余运算是由系统自动进行的,因为对于无符号整数的运算,当结果超过 unsigned long 类型的最大值时,系统会自动进行同余求模运算。新的 32 位的 d 是一个随机数,它的高 16 位的随机性比较好,取高 16 位并映射到 $0 \sim (n-1)$ 的范围内,就产生了一个需要的随机数。通常 random(n)产生的随机序列是均匀的。

微课视频

6.2 数值随机化算法

6.2.1 计算 π 值的问题及分析

将 n 个点随机投向一个正方形,设落入此正方形内切圆(半径为 r)中的点的数目为 k,如图 6-1(a)所示。

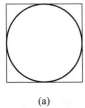 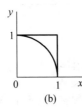

(a)　　　　(b)

图 6-1　随机投点实验估算 π 值示意图

假设所投入的点落入正方形的任一点的概率相等,则所投入的点落入圆内的概率为 $\dfrac{\pi r^2}{4r^2} = \dfrac{\pi}{4}$。当 $n \to \infty$ 时,$\dfrac{k}{n} \to \dfrac{\pi}{4}$,从而 $\pi \approx \dfrac{4k}{n}$。简单起见,在具体实现时只以第一象限为样本且 r 取值为 1,建立直角坐标系,如图 6-1(b)所示。使用随机投点实验估算 π 值的数值随机化,算法描述如下:

```
double Darts_pi(int n)
{
  static RandomNumber darts;      //定义一个 RandomNumber 类的对象 darts
  int k = 0,i;
  double x,y;
  for(i = 1;i < = n;i++)
    {
    x = darts.fRandom();          //调用类的函数 fRandom 产生一个[0,1)的实数,赋给 x
    y = darts.fRandom();          //调用类的函数 fRandom 产生一个[0,1)的实数,赋给 y
    if((x * x + y * y)< = 1)
        k++;
    }
  return 4 * k/double(n);
}
```

相关代码如下。

```
#include<iostream>
#include<cmath>
#include "RandomNumber.h"
using namespace std;
//计算 PI 的值
double Darts_pi(int n)
{
    static RandomNumber darts;          //定义一个 RandomNumber 类的对象 darts
    int k = 0,i;
    double x,y;
    for(i = 1;i < = n;i++)
    {
        x = darts.fRandom();            //调用类的函数 fRandom 产生一个[0,1)的实数,赋给 x
        y = darts.fRandom();            //调用类的函数 fRandom 产生一个[0,1)的实数,赋给 y
        if((x * x + y * y)< = 1)
            k++;
    }
    return 4 * k/double(n);
}
int main(int argc, char ** argv) {
    cout <<"请输入随机实验次数 n:";
    int n;
    cin >> n;
    double s = Darts_pi(n);
    cout <<"估算的 PI 值为: "<< s << endl;
    return 0;
}
```

6.2.2 计算定积分

1. 问题及分析

设 $f(x)$ 是$[0,1]$上的连续函数且 $0 \leqslant f(x) \leqslant 1$,需要计算积分值 $I = \int_0^1 f(x) \mathrm{d}x$。 积分值 I 等于图 6-2 中的阴影区域 G 的面积。

可采用随机投点实验计算定积分。在如图 6-2 所示的正方形内均匀地做投点实验,则随机点落在 G 内的概率 p 为

$$p = \int_0^1 \int_0^{f(x)} \mathrm{d}y \mathrm{d}x = \int_0^1 f(x)\mathrm{d}x = I$$

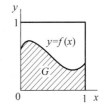

图 6-2 随机投点实验估算
I 值示意图

假设向单位正方形内随机投入 n 个点,如果有 m 个点落入 G 内,则 I 近似等于随机点落入 G 内的概率,即 $I \approx m/n$。显然,I 的值随 n 的增加而逐渐趋于精确。

2. 算法描述

计算积分 I 的数值随机化算法描述如下:

```
double Darts_Definite_integral(int n)
 {
    static RandomNumber dart;              //定义一个 RandomNumber 类的对象 dart
    int k = 0,i;double x,y;
    for(i = 1;i < = n;i++)
      {
         x = dart.fRandom();               //调用类的函数 fRandom 产生一个[0,1)的实数,赋给 x
         y = dart.fRandom();               //调用类的函数 fRandom 产生一个[0,1)的实数,赋给 y
         if(y < = f(x))   k++;
      }
    return k/double(n);
 }
```

3. C++实战

相关代码如下。

```
# include < iostream >
# include < cmath >
# include "RandomNumber.h"
using namespace std;
//计算定积分,f(x) = |sin(x)|
double f(double x){
    return abs(sin(x));
}
double Darts_Definite_integral(int n)
{
    static RandomNumber dart;              //定义一个 RandomNumber 类的对象 dart
    int k = 0,i;
    double x,y;
    for(i = 1;i < = n;i++)
    {
        x = dart.fRandom();                //调用类的函数 fRandom 产生一个[0,1)的实数,赋给 x
        y = dart.fRandom();                //调用类的函数 fRandom 产生一个[0,1)的实数,赋给 y
        if(y < = f(x))
            k++;
    }
    return k/double(n);
}
int main(int argc, char ** argv) {
    cout <<"请输入随机实验次数 n:";
    int n;
    cin >> n;
    double s = Darts_Definite_integral(n);
    cout <<"f(x)的定积分为: "<< s << endl;
    return 0;
}
```

6.3 蒙特卡洛算法

蒙特卡洛算法的基本思想：设 p 是一个实数，且 $0.5<p<1$，如果蒙特卡洛算法对于问题的任一实例得到正确解的概率不小于 p，则称该算法是 p 正确的；对于同一实例，蒙特卡洛算法不会给出两个不同的正确解，则称该算法是一致的；而对于一个一致的 p 正确的蒙特卡洛算法，要想提高获得正确解的概率，只需执行该算法若干次，从中选择出现频率最高的解即可。

在一般情况下，设蒙特卡洛算法是一致的 p 正确的。那么至少调用多少次蒙特卡洛算法，可以使得蒙特卡洛算法得到正确解的概率不低于 $1-\varepsilon(0<\varepsilon\leqslant1-p)$？

假设至少调用 x 次，则 $p+(1-p)p+(1-p)^2p+\cdots+(1-p)^{x-1}p\geqslant1-\varepsilon$，即 $1-(1-p)^x\geqslant1-\varepsilon$，因为 $0<1-p<\dfrac{1}{2}$，所以 $x\geqslant\log_{1-p}\varepsilon$，故 $x=\left\lceil\dfrac{\log_2\varepsilon}{\log_2(1-p)}\right\rceil$。由此可见，无论 ε 的取值多么小，都可以通过多次调用的方法使得蒙特卡洛算法的优势增强，最终得到一个可接受的错误概率的算法。

6.3.1 主元素问题

1. 问题及分析

设 $T[1:n]$ 是一个含有 n 个元素的数组。当 $|\{i\,|\,T[i]\text{ 等于 }x\}|>n/2$ 时，称元素 x 是数组 T 的主元素。对于给定的含有 n 个元素的数组 T，设计确定数组 T 中是否存在主元素。

该问题要求对任意给定的 n 个元素，统计每个元素出现的次数，如果存在出现次数超过总元素个数一半的，则有主元素，返回 True，否则返回 False。

2. 算法描述

主元素问题蒙特卡洛算法描述如下：

```
template < class Type >
bool majority(Type T[], int n)          //判定主元素的蒙特卡洛算法
 {
    RandomNumber rnd;
    int i = rnd. random(n) + 1;         //产生 1~n 的随机下标
    Type x = T[i];                      //随机选择数组元素
    int k = 0;
    for (int j = 1; j < = n; j++)
        if (T[j] == x) k++;
    return (k > n/2);                   //当 k > n/2 时，T 含有主元素
}
```

由主元素的定义可知，如果 T 中含有主元素，上述蒙特卡洛算法返回 true 的概率大于

$1/2$；如果 T 中不含有主元素，则肯定返回 false。

在实际使用过程中，蒙特卡洛算法得到解的可信度至少为 50%，这是让人无法接受的。为此，可通过重复调用该算法的方法提高算法的可信度，使其错误概率降低到可接受的范围内。

对于任意给定的 ε，重复调用蒙特卡洛算法 $\left\lceil \dfrac{\log \varepsilon}{\log (1-p)} \right\rceil$ 次，可使得算法的可信度大于 $1-\varepsilon$，即错误概率小于 ε。算法描述如下：

```
template < class Type >
bool majorityMC(Type T[ ], int n, double ε)
{ // 重复 ⌈ log ε / log (1 - p) ⌉ 次调用算法 majority
    int k = (int) ceil(log(ε)/log(1 - p));
    for (int i = 1; i < = k; i++)
        if (majority(T,n))
            return true;
    return false;
}
```

显然，算法 majorityMC 所需的计算时间是 $O\left(n \left\lceil \dfrac{\log \varepsilon}{\log(1-p)} \right\rceil\right)$。特别地，令 $p = 1/2$，则计算时间为 $O(n\log(1/\varepsilon))$。

3. C++实战

相关代码如下。

```
# include < iostream >
# include "RandomNumber. h"
# include < cmath >
using namespace std;
template < class Type > bool majority(Type T[ ], int n)          //判定主元素的蒙特卡洛算法
{
    RandomNumber rnd;
    int i = rnd. random(n) + 1;                                  //产生 1～n 的随机下标
    Type x = T[ i];                                              //随机选择数组元素
    int k = 0;
    for (int j = 1; j < = n; j++)
        if (T[ j] == x)
            k++;
    return (k > n/2);                                           //当 k > n/2 时，T 含有主元素
}
template < class Type > bool majorityMC(Type T[ ], int n, double kesi)
{ //重复调用算法 majority
    double p = 0.5;
    int k = (int) ceil(log(kesi)/log(1 - p));
```

```
    for ( int i = 1;i < = k;i++)
        if (majority(T,n))
            return true;
    return false;
}

int main( int argc, char ** argv) {
    int n = 10;
    int T[n] = {1,1,1,1,5,1,1,1,6,7};
    double kesi = 0.0001;
    bool res = majorityMC(T,n,kesi);
    cout <<"res = "<< res << endl;
    return 0;
}
```

6.3.2 素数测试

1. 试除法

素数的研究和密码学有很大的关系,而素数测试又是素数研究中的一个重要课题。解决素数测试问题的简便方法是试除法,即用 $2,3,\cdots,\sqrt{n}$ 去除 n,判断是否能被整除,如果能,则为合数,否则为素数。算法描述如下:

```
bool Prime(unsigned int n)
{
  int m = floor(sqrt(double(n)));
  for(int i = 2;i < = m;i++)
    if(n % i == 0)
       return false;
  return true;
}
```

容易看出,如果 n 是素数,则当且仅当没有一个试除数能被 n 整除。

该算法的优点是它不仅能确定 n 是素数还是合数,当 n 是合数时,它实际上确定出了 n 的素数因子分解。该算法的缺点是时效取决于 n,当 n 很大且没有较小的因子时,算法的效率很低。在密码学中用到的素数通常都很大,例如在 RSA 中一般需要有近百位长的素数,要迅速找到如此巨大的素数,采用试除法效率显然太低。本节将介绍能够较快地判断一个自然数 n 是否为素数的概率算法。

定理 3 Wilson 定理。

Wilson 定理有很高的理论价值,其定义为:对于给定的正整数 n,判定 n 是素数的充要条件是 $(n-1)! \equiv -1(\bmod n)$。

例如 $n=5,6,7$,

$(5-1)!=24,24 \bmod 5=-1(\bmod 5)$,故 5 是素数;

$(6-1)!=120,120 \bmod 6=0(\bmod 6)$，故 6 不是素数；

$(7-1)!=720,720 \bmod 7=-1(\bmod 7)$，故 7 是素数。

根据 Wilson 定理设计的素数测试确定性算法描述如下：

```
long long fan(unsigned int n)
 {
    if (n == 0)
      return 1;
    else
      return n * fan(n - 1);
  }
bool WilsonP(unsigned int n)
  {
    if(fan(n - 1) % n == n - 1)
      return true;
    return false;
}
```

实际上，Wilson 定理用于素数测试所需要的计算量太大，故无法实现对较大素数的测试。目前为止，尚未找到素数测试的有效确定性算法。容易想到的素数测试随机化算法描述如下：

```
bool Prime1(unsigned int n)
{
   RandomNumber rnd;
   int m = floor(sqrt(double(n)));              //floor 函数的功能是"向下取整"
   unsigned int i = rnd.random(m - 2) + 2;      //产生 2～m - 1 的随机数
   return (n % i!= 0);
 }
```

Prime1 算法返回 false 时，n 不是素数的结论肯定正确，当返回 true 时，n 是素数的结论就不可信。糟糕的是该算法得到的解为正确解的概率很低。如当 $n=2653=43\times61$ 时，算法在 2～51 的范围内随机选择一个整数 i，仅当选择到 $i=43$ 时，算法返回 false。其余情况均返回 true。在 2～51 的范围内选到 $a=43$ 的概率约为 2%，因此算法以 98% 的概率返回错误的结论 true。

定理 4　费尔马小定理(Fermat 定理)。

费尔马小定理：如果 p 是一个素数且 a 是整数，则 $a^p \equiv a(\bmod p)$。特别地，若 a 不能被 p 整除，则 $a^{p-1} \equiv 1(\bmod p)$。

例如 $p=5$，对任意的 $0<a<p$(保证 a 不能被 p 整除)有：$1^4 \bmod 5=1$，$2^4 \bmod 5=1$，$3^4 \bmod 5=1$，$4^4 \bmod 5=1$。利用费尔马小定理的逆否定理，对于任意的整数 a，若 a 不能被 p 整除且不满足 $a^{p-1} \equiv 1(\bmod p)$，则 p 不是一个素数。由此可知，不满足 $a^{p-1} \equiv 1(\bmod p)$ 的 p 一定不是素数，而满足此式的 p 不一定是素数。有人做过实验：在 1～1000 中的数，计

算 $2^{p-1} \bmod p$，发现满足 $2^{p-1}\equiv1(\bmod\ p)$ 但 p 是合数的数仅有 22 个。故对于给定的整数 p，可以设计一个素数判定算法。通过计算 $d=a^{p-1}\bmod p$ 来判定整数 p 的素数性。当 $d\neq1$ 时，p 肯定不是素数；当 $d=1$ 时，n 很可能是素数，但也存在是合数的可能性。为了提高测试的准确性，可以随机地选取整数 a 且 $1<a<p$，然后用条件 $a^{p-1}\equiv1(\bmod\ p)$ 来判定整数 p 的素数性。例如，对于 $p=341$，取 $a=3$ 时，由于 $3^{340}\bmod341\neq1$，故可判定 n 不是素数。

根据费尔马小定理设计的素数测试算法描述如下：

```
bool fermat_prime(int n)
{
    int a,power = n - 1,d = 1;
    RandomNumber rnd;
    a = rnd. random(n - 2) + 2;
    while(power > 1)
    {
        if(power % 2 == 1)
        {
            d = d * a;
            d = d % n;
        }
        power = power/2;
        a = a * a % n;
    }
    if(a * d % n == 1)
        return true;
    else
        return false;
}
```

函数 fermat_prime(n) 采用了反复平方法求 $a^{n-1}\bmod n$ 的值。

费尔马小定理毕竟只是素数判定的一个必要条件。满足费尔马小定理条件的整数 n 未必全是素数，有些合数也满足费尔马小定理的条件，这些合数被称作 Carmichael 数。Carmichael 数非常少，在 $1\sim100\ 000\ 000$ 的整数中，只有 255 个 Carmichael 数，前 3 个是561,1105,1729。故利用下面的二次探测定理可以对上面的素数判定算法做进一步的改进，以避免将 Carmichael 数当作素数。

定理 5 二次探测定理。

二次探测定理：如果 p 是一个素数，x 是整数且 $0<x<p$，则方程 $x^2\equiv1(\bmod\ p)$ 的解为 $x=1,p-1$。

事实上，$x^2\equiv1(\bmod\ p)$ 等价于 $x^2-1\equiv0(\bmod\ p)$。由此可知：$(x-1)(x+1)\equiv0(\bmod\ p)$，故 p 必须整除 $x-1$ 或 $x+1$。由于 p 是素数且 $0<x<p$，得出 $x=1$ 或 $x=p-1$。

根据二次探测定理，可以在利用费尔马小定理计算 $a^{p-1}\bmod p$ 的过程中增加对整数 p 的二次探测。一旦发现违背二次探测定理，即可得出 p 不是素数的结论。

算法 power 用于计算 $a^p \bmod n$，并在计算过程中实施对 n 的二次探测。算法描述如下：

```cpp
void power1(unsigned long a, unsigned long p, unsigned long n, unsigned long &result, bool
&composite)
{
    unsigned long x;
    if(p == 0)  result = 1;
    else
        {
            power1(a, p/2, n, x, composite);          //递归计算
            result = (x * x) % n;                     //二次探测
            if((result == 1)&&(x != 1)&&(x != n - 1))
                composite = true;
            if((p % 2) == 1)                          //p 是奇数
                result = (result * a) % n;
        }
}
```

在算法 power 的基础上，设计的 Miller_Rabin 素数测试算法如下：

```cpp
bool Miller_Rabin(unsigned long n)
{
    RandomNumber rnd;
    unsigned long a, result;
    bool composite = false;
    a = rnd. random(n - 3) + 2;                 //产生 2～(n - 2)的随机数
    power(a, n - 1, n, result, composite);
    if(composite||(result != 1))  return false;
    else  return true;
}
```

当 Miller_Rabin 算法返回 false 时，整数 n 一定是合数；当返回 true 时，整数 n 在高概率意义下是一个素数，但仍然存在是合数的可能。可通过多次重复调用 Miller_Rabin 算法使得错误概率迅速降低，重复调用 k 次的 Miller_Rabin 算法描述如下：

```cpp
bool Miller_Rabin(unsigned long n, unsigned int k)
{
    RandomNumber rnd;
    unsigned long a, result;
    bool composite = false;
    for(int i = 1; i <= k; i++)
        {
            a = rnd. random(n - 3) + 2;
            power(a, n - 1, n, result, composite);
            if(composite||(result != 1))  return false;
```

```
        }
    return true;
}
```

2. C++实战

相关代码如下。

```cpp
# include < iostream >
# include < cmath >
# include "RandomNumber. h"
using namespace std;
//试除法,素数测试的确定性算法
bool Prime(unsigned int n)
{
    int m = floor(sqrt(double(n)));
    for( int i = 2;i < = m;i++)
        if(n % i == 0)
            return false;
    return true;
}
//Wilson定理测试是否为素数,只能用于小于24的正整数的素数测试,大于24,24!将会溢出
long long fan(unsigned int n)
{
    if (n == 0)
        return 1;
    else
        return n * fan(n - 1);
}
bool WilsonP(unsigned int n)
{
    if(fan(n - 1) % n == n - 1)
        return true;
    return false;
}


//改进 Wilson 定理实现,解决 n!过大导致的溢出问题,利用(n - 1)! % n = ((n - 1) * ((n - 2)! % n)) % n
bool WilsonP1(unsigned int n)
{
    long long mul = 1;
    for( int i = 1;i < n;i++)
        mul = (mul * i) % n;
    if(mul == n - 1)
        return true;
    return false;
}
//素数测试的随机化算法,无意义,得到的解可信度低于0.5
bool Prime1(unsigned int n)
{
    RandomNumber rnd;
```

```
        int m = floor(sqrt(double(n)));
        unsigned int i = rnd.random(m - 2) + 2;        //产生 2~(m-1)的随机数
        return (n % i != 0);
}
//费尔马小定理
bool fermat_prime(int n)
{
        int a, power = n - 1, d = 1;
        RandomNumber rnd;
        a = rnd.random(n - 2) + 2;
        while(power > 1)
        {
            if(power % 2 == 1)
            {
                d = d * a;
                d = d % n;
            }
            power = power/2;
            a = a * a % n;
        }
        if(a * d % n == 1)
            return true;
        else
            return false;
}
//二次探测定理
bool Secondary_detection(int n){
        bool result = true;
        for(int i = 2; i < n - 1; i++)
            if((i * i) % n == 1)
            {
                result = false;
                break;
            }
        return result;
}
//费尔马小定理 + 二次探测定理
void power1(unsigned long a, unsigned long p, unsigned long n, unsigned long &result, bool
&composite)
{
        unsigned long x;
        if(p == 0)
            result = 1;
        else
        {
            power1(a, p/2, n, x, composite);              //递归计算
            result = (x * x) % n;                         //二次探测
            if((result == 1)&&(x != 1)&&(x != n - 1))
                composite = true;
            if((p % 2) == 1)                              //p 是奇数
```

```
            result = (result * a) % n;
        }
}
bool Miller_Rabin(unsigned long n)
{
    RandomNumber rnd;
    unsigned long a, result;
    bool composite = false;
    a = rnd.random(n - 3) + 2;                    //产生 2~(n-2)的随机数
    power1(a, n - 1, n, result, composite);
    if(composite||(result!= 1))
        return false;
    else
        return true;
}
bool Miller_Rabin(unsigned long n, unsigned int k)
{
    RandomNumber rnd;
    unsigned long a, result;
    bool composite = false;
    for(int i = 1; i <= k; i++)
    {
        a = rnd.random(n - 3) + 2;
        power1(a, n - 1, n, result, composite);
        if(composite||(result!= 1))
            return false;
    }
    return true;
}
int main(int argc, char ** argv) {
    cout <<"请输入任意正整数 n:"<< endl;
    int n;
    cin >> n;
    cout <<"试除法结果: n 是否为素数?"<< Prime(n)<< endl;
    cout <<"Wilson 定理结果: n 是否为素数?"<< WilsonP(n)<< endl;
    cout <<"Wilson 定理改进实现: n 是否为素数?"<< WilsonP1(n)<< endl;
    cout <<"随机化算法结果: n 是否为素数?"<< Prime1(n)<< endl;
    cout <<"费尔马小定理: n 是否为素数?"<< fermat_prime(n)<< endl;
    cout <<"二次探测定理: n 是否为素数?"<< Secondary_detection(n)<< endl;
    cout <<"费尔马小定理 + 二次探测定理: n 是否为素数?"<< Miller_Rabin(n)<< endl;
    cout <<"费尔马小定理 + 二次探测定理: n 是否为素数?"<< Miller_Rabin(n,5)<< endl;
    return 0;
}
```

6.4 拉斯维加斯算法

拉斯维加斯算法的一个显著特征是它所做的随机性决策有可能导致算法找不到所需的解。因此通常用一个 bool 型函数来表示拉斯维加斯型算法,当算法找到一个解时返回 true,否则返回 false。拉斯维加斯算法的典型调用形式为 bool success＝LV(x,y);其中 LV 表示算法名称,x 是输入参数;当 success 的值为 true 时,y 返回问题的解;当 success 的值为 false 时,算法未能找到问题的一个解,此时可对同一实例再次独立地调用相同的算法。

设 $p(x)$ 是对输入 x 调用拉斯维加斯算法获得问题的一个解的概率。一个正确的拉斯维加斯算法应该对所有输入 x,均有 $p(x)>0$。在更强意义下,要求存在一个常数 $\delta>0$,使得对问题的每一个实例 x,均有 $p(x)\geqslant\delta$。

设 $s(x)$ 和 $e(x)$ 分别是算法对于具体实例 x 求解成功或失败所需的平均时间,考虑下面的算法:

```
void RLV(Type x, Type &y)        //反复调用拉斯维加斯算法 LV(x,y),直到找到问题的一个解 y
 {
   bool success = false;
   while(!success)   success = LV(x,y);
 }
```

由于 $p(x)>0$,故只要有足够的时间,对任何实例 x,算法 RLV 总能找到问题的一个解。设 $t(x)$ 是算法 RLV 找到具体实例 x 的一个解所需的平均时间,做 n 次实验,成功的次数为 $np(x)$,不成功的次数为 $n(1-p(x))$,实验所耗用的总时间为 $np(x)s(x)+n(1-p)e(x)$,则

$$t(x)=\frac{np(x)s(x)+n(1-p(x))e(x)}{np(x)}=s(x)+\frac{1-p(x)}{p(x)}e(x)。$$

6.4.1 整数因子分解问题

1. 问题及分析

所谓整数因子分解是指将大于 1 的整数 n 分解为如下形式:$n=p_1^{m_1}p_2^{m_2}\cdots p_k^{m_k}$。其中,$p_1,p_2,\cdots,p_k$ 是 k 个素数且 $p_1<p_2<\cdots<p_k$,$m_1,m_2,\cdots,m_k$ 是 k 个正整数。

如果 n 是一个合数,则 n 必有一个非平凡因子 x,$1<x<n$,使得 x 可以整除 n。

给定一个合数 n,求 n 的一个非平凡因子的问题称为整数 n 的因子分割问题。

根据上节讨论的素数测试问题,整数因子分解问题实质上可以转换为整数的因子分割问题,即分解出所给整数的一个因子,然后判断该因子的素数性,如果是素数,则输出;反之,递归求合数的因子分解即可。

2. 算法描述

下面的算法可实现对整数 n 的因子分割:

```
int Split(int n)
{
    int k = floor(sqrt(double(n)));
    for (int i = 2; i <= k; i++)
        if (n % i == 0) return i;
    return 1;
}
```

在最坏情况下,算法 Split(n)的时间复杂性为 $O(\sqrt{n})$。

进一步分析可以发现,Split(n)是通过对 $1\sim x$ 的数进行试除而得到 $1\sim x^2$ 任一整数的因子分割。根据这一特点,下面讨论由 Pollard 提出的用于实现因子分割的拉斯维加斯算法。

Pollard(n)算法步骤如下:

(1) 产生 $0\sim(n-1)$ 的一个随机数 x,令 $y=x$。

(2) 按照 $x_i=(x_{i-1}^2-1)\bmod n$,$i=2,3,4,\cdots$产生一系列的 x_i。

(3) 对于 $k=2^j(j=0,1,2,\cdots)$,以及 $2^j<i\leqslant2^{j+1}$,计算 x_i-x_k 与 n 的最大公因子 $d=\gcd(x_i-x_k,n)$,如果 $1<d<n$,则实现对 n 的一次分割,输出 d。

求整数 n 的因子分割的拉斯维加斯算法描述如下:

```
long Pollard(int n)
{
    RandomNumber rnd;
    int i = 1;
    int x = rnd.Random(n);              //随机整数
    int y = x;
    int k = 2;
    while (true)
      {
        i++;
        x = (x * x - 1) % n;
        int d = gcd(y - x, n);          //求 n 的非平凡因子
        if ((d > 1) && (d < n))   return d;
        if (y == x)
            return n;
        if (i == k)
            { y = x; k *= 2; }
      } //end while()
}
```

3. C++实战

相关代码如下。

```
# include < iostream >
```

```cpp
# include <cmath>
# include "RandomNumber.h"
using namespace std;
//因子分割的确定性算法
int Split(int n)
{
  int k = floor(sqrt(double(n)));
  for (int i = 2; i <= k; i++)
    if (n % i == 0)
        return i;
  return 1;
}
//使用欧几里得公式求最大公约数
int gcd(int a, int b)
{
    int r;
    while(b!= 0)
    {
        r = a % b;
        a = b;
        b = r;
    }
    return a;
}
//因子分割的拉斯维加斯算法
long Pollard(int n)
{
    RandomNumber rnd;
    int i = 1;
    int x = rnd.random(n);          //随机整数
    int y = x;
    int k = 2;
    while (true)
    {
        i++;
        x = (x * x - 1) % n;
        int d = gcd(y - x, n);         //求 n 的非平凡因子
        if ((d > 1) && (d < n))
            return d;
        if(y == x)
            return n;
        if (i == k)
        {
            y = x;
            k *= 2;
        }
    }//end while()
}

int main(int argc, char** argv) {
```

```
        cout <<"请输入待分解的整数 n:";
        int n;
        cin >> n;
        cout << n <<"的一个因子是: "<< Split(n)<< endl;
        long d = Pollard(n);
        cout << n <<"Pollad 的一个因子是: "<< d << endl;
        return 0;
    }
```

6.4.2 n 皇后问题

1. 问题及分析

n 皇后问题要求将 n 个皇后放在 $n \times n$ 棋盘的不同行、不同列、不同斜线的位置,找出相应的放置方案。这个问题仅仅要求任意两个皇后的位置之间满足上述要求即可,并没有放置规律可循。因此,可以随机选取棋盘上的一个位置,只要和其他皇后的位置不冲突即可。

2. 算法描述

定义一个 Queen 类,将 n 皇后问题涉及的数据成员及成员函数进行封装。Queen 类的定义如下:

```
class Queen
{ public:
      friend void nQueen(int);
  private:
      bool Place(int k);          //测试皇后 k 置于第 x[k]列的合法性
      bool QueensLV();            //随机放置 n 个皇后拉斯维加斯算法
      bool QueensLV1();
      int n; int * x, * y;        //n 表示皇后个数,x 和 y 表示解向量
};
```

在类 Queen 中,成员函数 Place 用于判断是否能放置当前皇后,如果能,则返回 true;反之,则返回 false。Place 成员函数的实现如下:

```
bool Queen∷Place(int k)         //不同行、不同列、不同斜线条件判断
{
    for(int j = 1;j < k;j++)     //当前皇后和前面已经放置好的皇后是否处于同一斜线、是否
                                 //处于同一列
        if((abs(k - j) == abs(x[j] - x[k])) ‖ (x[j] == x[k]))
            return false;
    return true;
}
```

类 Queen 中的成员函数 QueensLV 用于实现在棋盘上随机放置 n 个皇后的拉斯维加斯算法,该函数首先找出当前皇后能放置的位置,并将其存在数组 y 中,然后在这些位置中

随机选择一个位置放置皇后。

```cpp
bool Queen::QueensLV()
{
    RandomNumber rnd;                  //随机数产生器
    int k = 1;                         //下一个放置的皇后编号
    int count = 1;                     //记录当前要放置的第 k 个皇后在第 k 行的有效位置数
    while((k <= n)&&(count > 0))
    {   count = 0;
        for(int i = 1;i <= n;i++)
        {    x[k] = i;
             if(Place(k))
                  y[count++] = i;  //第 k 个皇后在第 k 行的有效位置存于 y 数组
        }
    //从有效位置中随机选取一个位置放置第 k 个皇后
        if(count > 0)
            x[k++] = y[rnd.random(count)];
    }
    return (count > 0);                //count > 0 表示放置成功
}
```

类 Queen 中的友元函数 nQueen 用于实现求解 n 皇后问题的拉斯维加斯算法。该函数首先进行初始化，然后反复调用 QueensLV，直到找到 n 个皇后的放置方案。

```cpp
void nQueen(int n)
{
    Queen X;       X.n = n;            //初始化
    int * p = new int[n + 1];
    int * q = new int [n + 1];
    for(int i = 0;i <= n;i++)
    { p[i] = 0;q[i] = 0;}
    X.x = p;X.y = q;
    //反复调用随机放置 n 个皇后的拉斯维加斯算法，直至放置成功
    while(!X.QueensLV());
        for(int i = 1;i <= n;i++)
            cout << p[i]<< "  ";
}
```

上述算法首先确定能放置皇后的有效位置，然后随机选取一个有效位置放置皇后。如果先随机产生某一皇后所在行的一个列位置，然后判断能否放置皇后，也可以设计一个 n 皇后问题的拉斯维加斯算法。算法描述如下：

```cpp
bool Queen::QueensLV1(void)            //棋盘上随机放置 n 个皇后拉斯维加斯算法
{
    RandomNumber rnd;                  //随机数产生器
    int k = 1;                         //下一个放置的皇后编号
```

```
        int count = maxcout;                //尝试产生随机位置的最大次数,用户根据需要设置
        while(k <= n)
          {   int i = 0;
              for(i = 1;i <= count;i++)
              {
                  x[k] = rnd.random(n) + 1;
                  if(Place(k))
                      break;                //第 k 个皇后在第 k 行的有效位置存于 y 数组
              }
              if(i <= count)
                  k++;
              else
                  break;
          }
          return (k > n);                   //k > n 表示放置成功
    }
```

3. C++实战

相关代码如下。

```cpp
# include < iostream >
# include < cmath >
# include "RandomNumber.h"
# define maxcount 10
using namespace std;
class Queen
{
    public:
        friend void nQueen(int);
    private:
        bool Place(int k);              //测试皇后 k 置于第 x[k]列的合法性
        bool QueensLV();                //随机放置 n 个皇后的拉斯维加斯算法
        bool QueensLV1();
        int n;                          //n 表示皇后个数
        int * x, * y;                   //x 和 y 表示解向量
};
bool Queen::Place(int k)                //不同行、不同列、不同斜线的条件判断
{
    for(int j = 1;j < k;j++)            //当前皇后和前面已经放置好的皇后是否处于同一斜线、是否
                                        //处于同一列
        if((abs(k - j) == abs(x[j] - x[k]))||(x[j] == x[k]))
            return false;
    return true;
}
bool Queen::QueensLV()
{
    RandomNumber rnd;                   //随机数产生器
    int k = 1;                          //下一个放置的皇后编号
    int count = 1;                      //记录当前要放置的第 k 个皇后在第 k 行的有效位置数
```

```
        while((k <= n)&&(count > 0))
        {
            count = 0;
            for(int i = 1; i <= n; i++)
            {
                x[k] = i;
                if(Place(k))
                    y[count++] = i;  //第 k 个皇后在第 k 行的有效位置存于 y 数组
            }
//从有效位置中随机选取一个位置放置第 k 个皇后
            if(count > 0)
                x[k++] = y[rnd.random(count)];

        }
        return (count > 0);              //count > 0 表示放置成功
}


void nQueen(int n)
{
    Queen X;
    X.n = n;                        //初始化
    int * p = new int[n + 1];
    int * q = new int [n + 1];
    for(int i = 0; i <= n; i++)
    {
        p[i] = 0;
        q[i] = 0;
    }
    X.x = p;
    X.y = q;
    //反复调用随机放置 n 个皇后的拉斯维加斯算法,直至放置成功
    while(!X.QueensLV());
    //   while(!X.QueensLV1());
    for(int i = 1; i <= n; i++)
        cout << p[i] << " ";
    delete [ ]p;
    delete [ ]q;
}
bool Queen::QueensLV1()             //棋盘上随机放置 n 个皇后的拉斯维加斯算法
{
    RandomNumber rnd;              //随机数产生器
    int k = 1;                     //下一个放置的皇后编号
    int count = maxcount;          //尝试产生随机位置的最大次数,用户根据需要设置
    while(k <= n)
        {  int i = 0;
            for(i = 1; i <= count; i++)
            {
                x[k] = rnd.random(n) + 1;
                if(Place(k))
                    break;          //第 k 个皇后在第 k 行的有效位置存于 y 数组
```

```
        }
        if(i <= count)
            k++;
        else
            break;
    }
    return (k > n);                    //k > n 表示放置成功
}
int main(int argc, char ** argv) {
    cout <<"请输入皇后个数 n:";
    int n;
    cin >> n;
    nQueen(n);
    return 0;
}
```

6.5 舍伍德算法

微课视频

分析算法在平均情况下计算复杂性时,通常假定算法的输入数据服从某一特定的概率分布。例如,如果输入数据均匀分布,快速排序算法所需的平均时间是 $O(n\log n)$。而当其输入已"几乎"排好序的序列时,这个时间界就不再成立。此时,可以采用舍伍德算法消除或削弱算法所需计算时间与输入实例间的这种差异。

6.5.1 随机快速排序

1. 问题及分析

3.5 节描述的快速排序算法在最坏情况下的时间复杂性之所以与平均情况差别较大,主要是因为该算法始终选择待排序序列的第一个元素作为基准元素进行划分。要想消除这种差异,必须在基准元素的选择上做文章。因此,对选择基准元素的操作引入了随机性,即随机性选择基准元素。引入随机性后的快速排序算法便是舍伍德算法,它可以以高概率获得平均计算性能。

2. 算法描述

随机快速排序的舍伍德算法描述如下:

```
int RandPartition(int a[], int low, int high)      //随机划分
 { RandomNumber random;
   int i = random(high - low + 1) + low;
   swap(a[low], a[i]);
   int j = Partition(a, low, high);
   return j;
 }
void rqs(int a[], int left, int right)              //随机快速排序
 { if(left < right)
```

```
    {
        int p = RandPartition(a, left, right);
        rqs(a, left, p - 1); rqs(a, p + 1, right);
    }
}
```

3. C++实战

相关代码如下。

```
# include < iostream >
# include "RandomNumber. h"
using namespace std;
//确定性算法中的划分函数
int Partition(int R[ ], int low, int high)
{
    int i = low, j = high, pivot = R[low];      //用序列的第 1 个元素作为基准元素
    while(i < j)                                  //从序列的两端交替向中间扫描,直到 i 等于 j 为止
    {
        while(i < j&&R[j] > = pivot)             //pivot 相当于在位置 i 上
            j-- ;                                 //从右向左扫描,查找第 1 个小于 pivot 的元素
        if(i < j)                                 //表示找到了小于 pivot 的元素
            swap(R[i++], R[j]);                   //交换 R[i]和 R[j],交换后 i 执行加 1 操作
        while(i < j&&R[i] < = pivot)             //从左向右扫描,查找第 1 个大于 pivot 的元素
            i++;
        if(i < j)                                 //表示找到了大于 pivot 的元素
            swap(R[i], R[j-- ]);                  //交换 R[i]和 R[j],交换后 j 执行减 1 操作
    }
    return j;
}
//随机划分函数
int RandPartition(int a[ ], int low, int high)    //随机划分
{
    RandomNumber rnd;
    int i = rnd. random(high - low + 1) + low;
    swap(a[low], a[i]);
    int j = Partition(a, low, high);
    return j;
}
void rqs(int a[ ], int left, int right)           //随机快速排序
{
    if(left < right)
    {
        int p = RandPartition(a, left, right);
        rqs(a, left, p - 1);
        rqs(a, p + 1, right);
    }
}
int main(int argc, char ** argv) {
    int a[ ] = {5, 8, 2, 9, 10, 3, 111, 45, 34, 32, 56};
```

```cpp
    int left = 0;
    int right = sizeof(a)/sizeof(int);
    rqs(a,left,right - 1);
    for(int i = 0; i < right; i++)
        cout << a[i]<<" ";
    cout << endl;
    return 0;
}
```

6.5.2 线性时间选择问题

1. 问题及分析

线性时间选择的分治算法对基准元素的选择比较复杂:首先是分组,然后取每一组的中位数,再取每组中位数的中位数,最后以该中位数为基准元素对 n 个元素进行划分。根据舍伍德算法的思想,可以在基准元素的选择上引入随机性,将线性时间选择算法改造成舍伍德算法。

2. 算法描述

算法描述如下:

```cpp
template < class Type >
Type select(Type a[], int left, int right, int k)
{
    RandomNumber rnd;
    if(left > = right)
        return a[left];
    int i = left, j = rnd. random(right - left + 1) + left;
    swap(a[i], a[j]);
    j = Partition(a,left,right);
    int count = j - left + 1;
    if(count < k)
        select(a[],j + 1, right, k - count);
    else
        select(a[],left, j, k);
}
```

当所给的确定性算法无法直接改造成舍伍德算法时,可以借助随机预处理技术(不改变原有的确定性算法,仅对其输入进行随机洗牌),同样可以得到舍伍德算法的效果。随机预处理算法描述如下:

```cpp
template < class Type >
void Shuffle(Type a[], int n)
{
    RandomNumber rnd;
    for(int i = 1; i < n; i++)
```

```
        {
            int j = rnd.Random(n - i) + i;
            swap(a[i], a[j])
        }
    }
```

3. C++实战

相关代码如下。

```cpp
# include < iostream >
# include "RandomNumber.h"
using namespace std;
//确定性算法中的划分函数
template < class T >
int Partition(T R[ ], int low, int high)
{
    int i = low, j = high, pivot = R[low];      //用序列的第一个元素作为基准元素
    while(i < j)                                  //从序列的两端交替向中间扫描,直到 i 等于 j 为止
    {
        while(i < j&&R[j] > = pivot)              //pivot 相当于在位置 i 上
            j-- ;                                 //从右向左扫描,查找第 1 个小于 pivot 的元素
        if(i < j)                                 //表示找到了小于 pivot 的元素
            swap(R[i++], R[j]);                   //交换 R[i]和 R[j],交换后 i 执行加 1 操作
        while(i < j&&R[i] < = pivot)
            i++;                                  //从左向右扫描,查找第 1 个大于 pivot 的元素
        if(i < j)                                 //表示找到了大于 pivot 的元素
            swap(R[i], R[j-- ]);                  //交换 R[i]和 R[j],交换后 j 执行减 1 操作
    }
    return j;
}
template < class Type >
Type select(Type a[ ], int left, int right, int k)
{
    RandomNumber rnd;
    if(left > = right)
        return a[left];
    int i = left, j = rnd.random(right - left + 1) + left;
    swap(a[i], a[j]);
    j = Partition(a, left, right);
    int count = j - left + 1;
    cout <<"count = "<< count << endl;
    if(count < k)
        select(a, j + 1, right, k - count);
    else
        select(a, left, j, k);
}
int main(int argc, char ** argv) {
    int a[ ] = {5, 8, 2, 9, 10, 3, 111, 45, 34, 32, 56};
    int left = 0;
```

```
int right = sizeof(a)/sizeof(int);
int k;
cout <<"请输入要找的第 k 小的 k:";
cin >> k;
while(k < 0 || k > right)
{
    cout <<"k 不合法,请重新输入";
    cin >> k;
}
int xk = select(a, left, right - 1, k);
cout <<"第"<< k <<"小元素为: "<< xk << endl;
return 0;
}
```

拓展知识:粒子群优化算法

鸟群的运动是自然界一道亮丽的风景线,它们的群体运动总是能带给人们美的感受和无限遐想。而这种群体运动又呈现出许多鲜明的对比:运动的个体是离散的鸟,但整体的运动却像是连续的液体;运动的概念是简单的,在视觉上却又是复杂的;个体运动是随机排列的,但群体运动却又是整齐划一的。一个呈分布状态的群体表现出似乎是有意识的集中控制。这种现象引起了许多学者的兴趣。比如,生物学家 Frank Heppner 建立了鸟群运动模型,其基本思想是鸟会受到栖息地的吸引。鸟群起飞时并无目的地,在空中自然形成群体,当群体中的一只鸟发现栖息地就会飞向这个栖息地,同时也会将周围的鸟"拉"过来,而周围的鸟也将影响群体中其他的鸟,最终将整个群体引向这个栖息地。

美国学者 James Kennedy 和 Russell Eberhart 受 Heppner 建立的鸟群运动模型的启发,于 1995 年提出了一种新的优化算法——粒子群优化(Particle Swarm Optimization,PSO)算法。该算法的运行机理不是依靠个体的自然进化规律,而是对生物群体的社会行为进行模拟,最早源于对鸟群觅食行为的研究。在生物群体中存在着个体与个体、个体与群体间的相互作用、相互影响的行为,这种行为体现的是一种存在于生物群体中的信息共享的机制。粒子群优化算法就是对这种社会行为的模拟,即利用信息共享机制,使得个体间可以相互借鉴经验,从而促进整个群体的发展。

1. 粒子群优化算法的前期研究

在粒子群优化算法出现之前,就有很多科学家通过建立计算机仿真来研究和解释鸟类和鱼群的觅食行为,特别值得注意的是,Reynolds、Heppner 和 Grenander 提出了对鸟群模拟的观点。动物学家 Heppner 对探究使鸟群同步飞行,鸟群忽然改变方向、分散、聚集等现象的内在规则产生浓厚的兴趣。

社会生物学家 E. O. Wilson 指出:在鸟群觅食过程中,尽管食物的来源不可预知,但是个体可以从群体中其他成员以前的经验中获得好处,并且这种好处大于群体间相互竞争所带来的不利的方面。这个论断成为粒子群优化算法发展的理论基础。

前期研究还包括模仿人类的社会行为。人类的社会行为与鸟群飞行的一个重要区别在于人类不仅可以调整他们的物理运动,还可以调节他们自身的认知和经验值。而鸟群只是根据外部环境调整它们的物理运动,所以,两只鸟不能占有相同的位置,而两个人却可以持有相同的态度。

2. 标准粒子群优化算法

在粒子群优化算法系统中,每个备选解被称为一个"粒子"(particle),多个粒子共存、合作寻优(近似鸟群寻找食物),每个粒子根据它自身的"经验"和相邻粒子的最佳"经验"在问题空间中向更好的位置"飞行",搜索最优解。

在粒子群优化算法中,粒子群在一个 n 维的空间中搜索,其中的每一个粒子所处的位置都表示问题的一个解。粒子通过不断调整自己的位置 X 来搜索新的解。每个粒子都能记住自己搜索到的最优解,记作 P_i,以及整个粒子群经历过的最好位置,即目前搜索到的最优解,记作 P_g。每个粒子都有一个速度和位置,分别记做 V 和 X,由式(6-1)和式(6-2)计算得出

$$\boldsymbol{V}_i^{t+1} = \omega \boldsymbol{V}_i^t + C_1 \text{Rand}()(P_i^t - \boldsymbol{X}_i^t) + C_2 \text{Rand}()(P_g^t - \boldsymbol{X}_i^t) \tag{6-1}$$

$$\boldsymbol{X}_i^{t+1} = \boldsymbol{X}_i^t + \boldsymbol{V}_i^{t+1} \tag{6-2}$$

其中,i 代表群中的第 i 个粒子,t 表示迭代次数,V_i 是第 i 个粒子的速度向量,$\boldsymbol{X}_i$ 是粒子 i 的位置向量,则在 N 维问题的空间中有

$$\boldsymbol{V}_i = \{V_{i1}, V_{i2}, \cdots, V_{iN}\} \tag{6-3}$$

$$\boldsymbol{X}_i = \{X_{i1}, X_{i2}, \cdots, X_{iN}\} \tag{6-4}$$

ω 为惯性权重(Inertia Weigh),ω 值越大,粒子的全局搜索能力越强;反之,若惯性权重 ω 的值越小,则粒子的局部搜索能力越强。C_1 和 C_2 为正常数,通常被称为学习因子。P_i 是第 i 个粒子所搜索到的最好位置,P_g 是所有粒子搜索到的全局最好位置。函数 Rand()产生一个 0~1 的随机数。

从式(6-1)和式(6-2)可以看出,粒子的移动方向由 3 部分决定:第 1 部分是粒子先前的速度,说明粒子目前的状态,起到了平衡全局和局部搜索的作用;第 2 部分是认知部分(Cognition Model),表示粒子本身的思考,使粒子有了足够强的全局搜索能力,避免局部极小;第 3 部分为社会部分(Social Model),体现了粒子间的信息共享。3 部分共同决定了粒子的空间搜索能力,在这 3 部分的共同作用下,粒子才能有效地到达最好位置。

为此,标准 PSO 算法的求解步骤设计如下:

步骤 1:初始化粒子群,即随机设定各粒子的初始位置 X 和初始速度 V。

步骤 2:计算每个粒子的适应度值。

步骤 3:对每个粒子,将它的适应度值和它经历过的最好位置 P_i 的适应度值作比较,如果更好,更新 P_i。

步骤 4:对每个粒子,将它的适应度值和群体所经历最好位置 P_g 的适应度值作比较,如果更好,更新 P_g。

步骤 5:根据式(6-1)和式(6-2)调整粒子的速度和位置。

步骤6：如果达到结束条件(足够好的位置或最大迭代次数)，则结束；否则转回步骤2。

3. 粒子群优化算法中涉及的参数分析

(1) 惯性权重。

惯性权重 ω 用来控制粒子以前速度对当前速度的影响，它将影响粒子的全局和局部搜索能力。较大的 ω 值有利于全局搜索，较小的 ω 值有利于局部搜索。选择一个大小合适的 ω 可以平衡全局和局部搜索能力，以最少的迭代次数找到最优解。对粒子群优化算法的全局和局部搜索能力的平衡主要被惯性权重控制，先前实验发现当 PSO 的惯性权重在 $[0.9,$ $1.2]$ 时，算法有比较好的平均性能。还发现每次惯性权重从 1.4 减少到 0 要比固定的好。这是因为初始时较大的惯性权重可以找到比较好的范围，而后来小的权重有较好的局部搜索能力。

(2) 学习因子。

C_1 和 C_2 用来控制粒子自身的记忆和同伴的记忆之间的相对影响。合适的选择可以提高算法速度，避免局部极小。有的学者认为 $C_1 = C_2 = 2$ 是好的选择，但也有实验说明 $C_1 = C_2 = 0.5$ 也能得到好的结果。有的文献中介绍了 C_1 应该比 C_2 选的大一些，但 $C_1 + C_2 \leqslant 4$ 较好。

(3) 最大速度。

一般来说 VMAX 的选择不应超过粒子的宽度范围，如果 VMAX 太大，粒子可能飞过最优解的位置；如果太小，可能降低粒子的全局搜索力。

(4) 群体规模和粒子的维度。

群体规模一般来说不用取得太大，几十个粒子就足够了。当然对于一些特殊的问题可取得更多，如对多目标优化等难度较大的问题，或者某些特定的问题，粒子数可以取到 $100 \sim 200$ 个。粒子的维度是由优化问题所决定的，也就是解空间的维度。

4. 粒子群优化算法的特点及应用

(1) 特点。

粒子群优化算法是一种进化计算方法，它有以下几个进化计算的典型特征：

① 它有一个初始化过程，在这个过程中，群体中的个体被赋值为一些随机产生的初始解。

② 它通过产生更好的新一代群体来搜索解空间。

③ 新一代群体产生在前一代的基础之上。

(2) 应用。

粒子群优化算法与遗传算法 GA 类似，也是一种基于迭代的优化工具。但粒子群优化算法没有 GA 的"选择""交叉""变异"算子，编码方式也较 GA 简单，且"粒子"还有记忆。由于粒子群优化算法容易理解、易于实现，所以在近期，该算法逐步引起了人们的重视，在很多领域已得到较成功的应用。

粒子群优化算法最初提出的时候，是用来优化连续空间的非线性函数的。因此，该算法最直接的应用就是多元函数的优化问题，包括带约束的优化问题。如果所讨论的函数受到严重的噪声干扰而呈现非常不规则的形状，同时所寻求的不一定是精确的最优值，则该算法能得到很好的应用。比如在半导体器件综合方面,需要在给定的搜索空间中根据所希望的器件特性来得到符合要求的设计参数,而器件模拟器通常得到的特性空间是高度非线性的。

还有,早期的粒子群优化算法重点研究算法中各参数的选择,观察各个参数对算法在求解某个问题时的影响,还有对粒子群优化算法本身的数学表达式进行修改等。

随着研究的不断深入,粒子群算法应用的领域越来越广,典型实例有:①简单而有效地演化人工神经网络,不仅用于演化网络的权重,而且包括优化神经网络的结构。作为一个演化神经网络的例子,粒子群优化算法已用于分析人的颤抖。对人颤抖的诊断,包括帕金森综合征和原发性颤抖,是一个非常具有挑战性的领域,该算法已成功地应用于演化一个用来快速和准确地辨别普通个体及有颤抖个体的神经网络;②对一个电气设备的功率反馈和电压进行控制。它采用一种二进制与实数混合的粒子群优化算法来决定对连续的和离散的控制变量的控制策略,以得到稳定的电压。

目前,该算法在很多连续优化问题中得到了比较成功的应用,而在离散域上的研究和应用还很少,比如粒子群优化算法在离散空间特别是组合优化方面的研究等是一个新的研究方向。

本章习题

6-1 简述随机化算法的类型及特点。

6-2 为什么计算机中用线性同余法产生的是伪随机数?它有什么样的特征?

6-3 随机抽样算法。设有一个文件含有 n 个记录。

(1)试设计一个算法随机抽取该文件中的 m 个记录。

(2)如果事先不知道文件中记录的个数,应如何随机抽取其中的 m 个记录?

6-4 集合相等问题。给定两个集合 S 和 T,试设计一个判定 S 和 T 是否相等的蒙特卡洛算法。

6-5 分别根据素数测试的费尔马小定理、二次探测定理设计素数的测试蒙特卡洛算法,并判断 93 961 和 4 977 042 869 784 531 的素数性。如果不是素数,分别求出它们的一个因子。

6-6 假设已有一个算法 Prime(n)可用于测试整数 n 是否为一个素数,另外还有一个算法 Split(n)可以实现对合数 n 的因子分割。试利用这两个算法设计一个对给定整数 n 进行因子分解的算法。

6-7 由蒙特卡洛算法构造拉斯维加斯算法。设算法 A 和 B 是解同一判定问题的两个有效的蒙特卡洛算法。算法 A 是一个 p 正确偏真算法,算法 B 是一个 q 正确偏假算法。试利用这两个算法设计一个解同一问题的拉斯维加斯算法,并使所得到的算法对任何实例的成功率尽可能高。

6-8 在快速排序中,通常选择待排序列的第一个元素作为基准将序列分为两部分,然后分别对这两部分继续这一划分过程。该算法在最坏情形下的时间复杂度为 $O(n\log n)$。请设计一个概率算法改进快速排序在最坏情形下的效率。

第 7 章

网络流算法

学习目标

☑ 理解网络与网络流的基本概念；

☑ 能够编写增广路算法求解网络最大流；

☑ 能够编写消圈算法求解网络最小费用流。

7.1 最大网络流

在日常生活中有大量的网络,如电网、水管网、交通运输网、通信网和生产管理网等。近几十年在解决网络方面的有关问题时,网络流理论起了很大的作用。

先看一个实例。设有一个水管网络,该网络只有一个进水口和一个出水口,其他管道（边）和接口（结点）均密封。用每个管道的截面面积作为该管道的权数,它反映管道在单位时间内可能通过的最大量（也称为容量）。在该水管网络中注入稳定的水流,水由进水口注入,经过水管网络流向出水口,最后从出水口流出,这就形成一个实际的稳定流动,称为流。这种实际流动有如下性质：①方向性；②每个管道中单位时间内通过的流量不可能超过该管道的容量（权数）——容量约束；③每个内部结点处流入结点的流量与流出结点的流量应相等——平衡约束 1；④流入进水口的流量应等于流出出水口的流量——平衡约束 2,即实际流动的流量。

如果进一步加大流量,由于受水管网络的限制,加到一定的流量后,再也加不进去了,这就是此水管网络能通过的最大流量。所谓网络流正是从这些实际问题中提炼出来的。下面介绍网络与流的基本概念和术语。

7.1.1 基本概念

1. 网络

设有向带权图 $G=(V,E)$,$V=\{s,a,b,c,\cdots,t\}$。在图 G 中有两个特殊的结点 s 和 t,s 称为源（发）点,t 称为汇（收）点。图中各边的方向表示允许的流向,边上的权值表示该边能通过的最大可能流量 cap,且 cap$\geqslant$0,称它为边的容量。通常把这样的有向带权图称为网络。

微课视频

2．网络可行流

在有向带权图 G 的边集 E 上定义一个非负函数 $\text{flow}(x,y)(<x,y>\in E)$，使其满足以下条件：

（1）$\text{flow}(x,y)=-\text{flow}(y,x)$。

（2）$\text{flow}(x,y)\leqslant\text{cap}(x,y)$。

（3）$\sum\text{flow}(x,y)=0$，其中 $x\neq s$，t 且 $y\in V(x)$。

（4）$\text{flow}(s,y)\geqslant0$，$\text{flow}(y',t)\geqslant0$，其中 $y\in V(s)$，$y'\in V(t)$。

$V(x)$ 表示与 x 邻接的结点集合，称 $\text{flow}=\{\text{flow}(x,y)\}$ 为有向带权图 G 上的一个可行流。

条件（1）表示 x 到 y 的正流等于从 y 到 x 的负流；条件（2）表示每条边的实际流量不能超过该边的容量；条件（3）表示每个内部结点（既不是源点也不是汇点的结点）的流量之和必为零，即满足零守恒定律——流进内结点的流量之和等于流出该结点的流量之和；条件（4）表示源点只能流出，汇点只能流进，且源点流出的量等于汇点流进的量。

3．最大流

最大流即网络 G 的一个可行流 flow，使其流量 f 达到最大，此时 flow 满足以下条件：

（1）$0\leqslant\text{flow}(x,y)\leqslant\text{cap}(x,y)$，其中 $<x,y>\in E$；

（2）$\displaystyle\sum_{\langle x,y\rangle\in E}\text{flow}(x,y)-\sum_{\langle y,x\rangle\in E}\text{flow}(y,x)=\begin{cases}f, & x=s \\ 0, & x\neq s,t \\ -f, & x=t\end{cases}$

4．残余网络

对于给定的一个网络 G 及其上的一个可行流 flow，网络 G 关于可行流 flow 的残余网络 G^* 与 G 有如下对应关系：

（1）二者顶点集合完全相同。

（2）网络 G 中的每一条边对应于 G^* 中的一条边或两条边。

设 $<x,y>$ 是 G 的一条边。当 $\text{flow}(x,y)=0$ 时，对应 G^* 中同方向的一条边 $<x,y>$，该边的容量为 $\text{cap}(x,y)$；当 $\text{flow}(x,y)=\text{cap}(x,y)$ 时，对应 G^* 中反方向的一条边 $<y,x>$，该边的容量为 $\text{cap}(x,y)$；当 $0<\text{flow}(x,y)<\text{cap}(x,y)$ 时，对应 G^* 中的两条边，一条是同方向的边 $<x,y>$，该边的容量为 $\text{cap}(x,y)-\text{flow}(x,y)$，另一条是反方向的边 $<y,x>$，该边的容量为 $\text{flow}(x,y)$。

如图 7-1 所示的网络和其上可行流，对应的残余网络如图 7-2 所示。

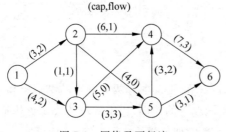

图 7-1　网络及可行流

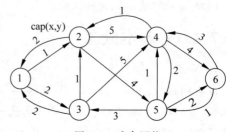

图 7-2　残余网络

5. 增广路

设 P 是网络 G 中连接源点 s 和汇点 t 的一条路,定义该路的方向是从 s 到 t。将路 P 上的边分成两类:一类边的方向与路的方向一致,称为向前边,其全体记为 P^+;另一类边的方向与路的方向相反,称为向后边,其全体记为 P^-。

设 flow 是一个可行流。P 是从 s 到 t 的一条路,若 P 满足下列条件:

(1) 对 $\forall <x,y> \in P^+$,有 flow$(x,y)<$cap(x,y),即所有向前边的流量没有达到饱和。

(2) 对 $\forall <x,y> \in P^-$,有 flow$(x,y)>0$,即所有向后边的流量均大于 0。则称 P 为关于可行流 flow 的一条可增广路。

如图 7-3 中粗线条所示的连接源点和汇点的路径 P,P 的方向从顶点 1 到顶点 6,其中,顶点 1 为源点,顶点 6 为汇点。组成路径的边<1,3>、<2,4>、<4,6>为向前边,它们的流量均没有达到饱和;<2,3>为向后边,且流量大于 0。故 P 为关于当前可行流的一条可增广路。

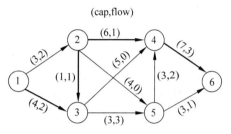

图 7-3 关于网络可行流的一条可增广路

7.1.2 增广路算法

定理 6 (增广路定理)设 flow 是网络 G 的一个可行流,如果不存在从源点 s 到汇点 t 关于 flow 的可增广路 P,则 flow 是 G 的一个最大流。

微课视频

1. 增广路算法思想

增广路算法是由 Ford 和 Fulkerson 于 1957 年提出的。该算法寻求网络中最大流的基本思想是寻找可增广路,使网络的流量得到增加,直到最大为止,即首先给出一个初始可行流,这样的可行流是存在的,例如零流。如果存在关于它的可增广路,那么调整该路上每条弧上的流量,就可以得到新的可行流。对于新的可行流,如果仍存在可增广路,则用同样的方法使流的值增大。继续这个过程,直到网络中不存在关于新的可行流的可增广路为止。此时,网络中的可行流就是所求的最大流。

该算法分两个过程:

(1) 找可增广路。

可采用标号法找可增广路。对网络中的每个结点 j,其标号包括两部分信息(pred(j),maxl(j)),其中 pred(j) 表示结点 j 在可能的增广路中的前一个结点,maxl(j) 表示沿该可能的增广路到结点 j 为止可以增加的最大流量。

具体步骤为:

步骤 1:源点 s 的标号为 $(0,+\infty)$。

步骤 2:从已标号而未检查的点 v 出发,对于边<v,w>,如果 flow$(v,w)<$cap(v,w),则 w 的标号为 $(v,$maxl$(w))$,maxl$(w)=\min\{$maxl$(v),$cap$(v,w)-$flow$(v,w)\}$;对于边

$<w,v>$,flow$(w,v)>0$,则 w 的标号为$(-v,\mathrm{maxl}(w))$,$\mathrm{maxl}(w)=\min\{\mathrm{maxl}(v),$ flow$(w,v)\}$。

步骤 3：不断重复步骤 2，直到已经不存在已标号未检查的点或标到了汇点结束。如果不存在已标号未检查的点，则说明不存在关于当前可行流的可增广路，当前流就是最大流。如果标到了汇点，则找到了一条可增广路，需要沿着该可增广路进行增流，转到步骤(2)。

(2) 沿着可增广路进行增流。

增流方法为：先确定增流量 d，即 $d=\mathrm{maxl}(t)$，然后依据下面的公式进行增流，则有

$$\mathrm{flow}(x,y)=\begin{cases}\mathrm{flow}(x,y)+d, & (x,y)\in P^+\\\mathrm{flow}(x,y)-d, & (x,y)\in P^-\\\mathrm{flow}(x,y), & (x,y)\notin P\end{cases}$$

增流以后的网络流依旧是可行流。

2. 算法设计

采用队列 LIST 存放已标号未检查的结点。根据增广路算法的思想，算法设计如下：

步骤 1：初始化可行流 flow 为零流；对结点 t 标号，即令 $\mathrm{maxl}(t)=$ 任意正值(如 5)。

步骤 2：若 $\mathrm{maxl}(t)>0$，继续下一步；否则算法结束，此时已经得到最大流。

步骤 3：取消所有结点 $j\in V$ 的标号，令 $\mathrm{maxl}(j)=0$，$\mathrm{pred}(j)=0$；令 $\mathrm{LIST}=\{s\}$，对结点 s 标号，令 $\mathrm{maxl}(s)=\infty$。

步骤 4：如果 $\mathrm{LIST}\neq\phi$ 且 $\mathrm{maxl}(t)=0$，继续下一步；否则执行以下操作：

(1) 如果 t 已经有标号(即 $\mathrm{maxl}(t)>0$)，找到了一条增广路，沿该增广路对流 flow 进行增流(增流的流量为 $\mathrm{maxl}(t)$，增广路可以根据 pred 回溯方便得到)，转步骤 2。

(2) 如果 t 没有标号(即 $\mathrm{LIST}=\phi$ 且 $\mathrm{maxl}(t)=0$)，转到步骤 2。

步骤 5：从 LIST 中移走一个结点 i，寻找从结点 i 出发的所有可能的增广边。

(1) 对非饱和的向前边$<i,j>$，若结点 j 没有标号，则对 j 进行标号，即令 $\mathrm{maxl}(j)=\min\{\mathrm{maxl}(i),\mathrm{cap}(i,j)-\mathrm{flow}(i,j)\}$，$\mathrm{pred}(j)=i$，并将 j 加入 LIST，转到步骤 4。

(2) 对非零向后边$<j,i>$，若结点 j 没有标号，则对 j 进行标号，即令 $\mathrm{maxl}(j)=\min\{\mathrm{maxl}(i),\mathrm{flow}(i,j)\}$，$\mathrm{pred}(j)=-i$，并将 j 加入 LIST，转到步骤 4。

3. 增广路算法的构造实例

【例 7-1】 用增广路算法找出如图 7-4 所示的网络及可行流的最大流，其中，顶点 1 为源点，顶点 6 为汇点，边上的权为(cap,flow)。

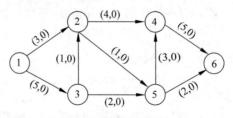

图 7-4 网络及可行流

解：标号法找增广路（按顶点序号由小到大的顺序选择已标号未检查的点）如图 7-5 所示。注：增广路在图中用黑粗线表示。

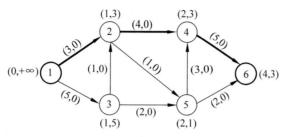

图 7-5　第一次找到的一条可增广路

沿着增广路增流，增加的流量 $d=3$。增流后得到新的可行流如图 7-6 所示。

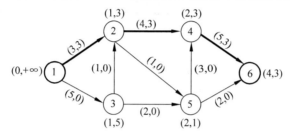

图 7-6　第一次增流后的可行流

根据增广路算法，取消所有顶点的标号，给它们重新标号，如图 7-7 所示。

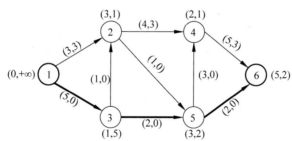

图 7-7　第二次找到的可增广路

沿着增广路增流，增加的流量 $d=2$。增流后的可行流如图 7-8 所示。

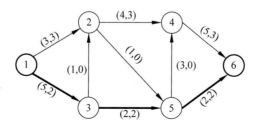

图 7-8　第二次增流后的可行流

根据增广路算法,取消所有顶点的标号,给它们重新标号,如图 7-9 所示。

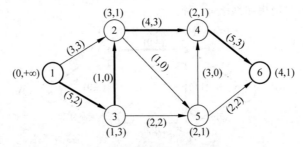

图 7-9　第三次找到的可增广路

沿着增广路增流,增加的流量 $d=1$,增流后的可行流如图 7-10 所示。

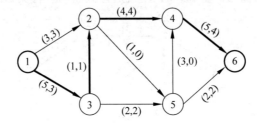

图 7-10　第三次增流后的可行流

重新开始标号,标号过程进行到 3 号顶点后无法继续进行,当前网络中已没有关于当前可行流的可增广路,该可行流已达到了最大流,如图 7-11 所示。

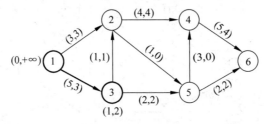

图 7-11　网络最大流

4. 算法描述及分析

为了实现找网络的最大流,定义了 Graph 类:

```
class Graph
{
public:
    double ** cap[];                //残余网络中边容量矩阵,若无边,则为 0
    double ** flow[];               //流矩阵
    int n;double maxflow;           //n 表示图中结点个数; maxflow 表示最大流值
    double MaxFlow(int ss, int tt); //求图中最大流,并返回流值
    Graph(int s, int t,int n,double maxflow);
    int s, t, father[MaxVertex];    //s 表示源点,t 表示汇点,father 记录增广路径
protected:
```

```
        bool pfs();
        void augment(int, int);
};
```

类 Graph 中的成员函数 MaxFlow 用于求网络的最大流,根据增广路算法的思想,用标号法找增广路,然后沿着增广路增流。成员函数 pfs 用来找网络中是否存在关于当前可行流的可增广路,如果存在,则返回 true;如果不存在,则返回 false。成员函数 augment 用来沿着增广路增流。3 个成员函数的具体描述如下:

(1) 找网络中的最大流,返回最大流的流量。

```
int Graph::MaxFlow(int ss, int tt)
{    s = ss;
     t = tt;
     for(int i = 0;i < n;i++)              //初始可行流为 0 流
         for(int j = 0;j < n;j++)
              flow[i][j] = 0;
     maxflow = 0;
     while(pfs())                          //是否存在可增广路
     augment(s, t);                        //沿增广路增流
     return maxflow;                       //返回最大流
}
```

(2) 判断是否存在可增广路。

```
bool Graph::pfs()
{
    int v, j;
    queue< int > MyQ;                        //存储已标号未检查的点
    for(int i = 0;i < n;i++)
        father i = − 1;
    while(!MyQ.empty()) MyQ.pop();           //队列清空
    father[s] = s;
    MyQ.push(s);
    while(!MyQ.empty())                      //找可增广路
      {
        v = MyQ.front();
        MyQ.pop();
        for(j = 0; j < n; ++j)               //对与 v 连接的点 j 标号
            if(cap[v][j]> 0 && father[j]< 0) //cap 对应残余网络中各边的容量
            {
                father[j] = v;
                if(j== t) return true;
                MyQ.push(j);
            }
      }
    return false;
}
```

（3）沿增广路增流。

```cpp
void Graph::augment(int ss, int tt)
{
    double d = INF = tt;
    do{
        w = father[v];
        if(d > cap[w][v])
            d = cap[w][v];                    //确定增流量
        v = w;
    }while(v!= ss);
    v = tt;

                                              //沿增广路增流
    do{
        w = father[v];
        flow[w][v]  += d;
        flow[v][w]  -= d;
        cap[w][v]  -= d;
        cap[v][w]  += d;
        v = w;
    }while(v!= ss);
    maxflow + = d;
}
```

5. C++实战

（1）Graph.h 文件。

相关代码如下。

```cpp
#ifndef GRAPH_H
#define GRAPH_H

class Graph
{
    public:
        Graph(int s, int t, int n,double maxflow);
        void print();
        double ** cap;              //边容量矩阵,若无边,则为 0
        double ** flow;             //流矩阵
        double MaxFlow();           //求图中最大流,并返回流值
        ~Graph();
        int s, t, * father;         //s 表示源点,t 表示汇点,father 记录增广路径和负环
        int n;                      //n 表示图结点个数;
        double maxflow;             //maxflow 表示最大流值
    private:
        bool pfs();
        void augment(int, int);
};
```

（2）Graph. cpp 文件。

相关代码如下：

```cpp
#include < iostream >
#include < queue >
#include < cfloat >
#include "Graph. h"
#define INF DBL_MAX
using namespace std;
Graph::Graph( int s, int t, int n, double maxflow)
{
    this -> s = s;
    this -> t = t;
    this -> n = n;
    this -> maxflow = maxflow;
    this -> father = new int[n + 1];
}
void Graph::print(){
    cout <<"最大流量为: "<< maxflow << endl;
    cout <<"最大网络流为: "<< endl;
    for( int i = 0; i < n; i++)
    {
        for( int j = 0; j < n; j++)
            cout << flow[i][j]<<" ";
        cout << endl;
    }
}
double Graph::MaxFlow()
{
    //初始化 flow 为 0 流
    for( int i = 0; i < n; i++)
        for( int j = 0; j < n; j++)
            flow[i][j] = 0;
    maxflow = 0;
    while(pfs())                         //是否存在可增广路
        augment(s, t);                   //沿增广路增流
    return maxflow;                      //返回最大流
}

bool Graph::pfs()
{
    int v, j;
    queue < int > MyQ;                   //存储已标号未检查的点
    for( int i = 0; i < n; i++)
        father[i] = - 1;
    while(!MyQ.empty())
        MyQ.pop();                       //队列清空
    father[s] = s;
    MyQ.push(s);
```

```cpp
        while(!MyQ.empty())                    //找可增广路
        {
            v = MyQ.front();
            MyQ.pop();
            for(j = 0; j < n; ++j)             //对与 v 连接的点 j 标号
                if(cap[v][j] > 0 && father[j] < 0)
                {
                    father[j] = v;
                    if(j == t)
                        return true;
                    MyQ.push(j);
                }
        }
        return false;
}

void Graph::augment(int ss, int tt)
{
    int v = tt;
    double d = INF;
    do{
        int w = father[v];
        if(d > cap[w][v])
            d = cap[w][v];                     //确定增流量
        v = w;
    }while(v != ss);
    v = tt;
//沿增广路增流
    do{
        int w = father[v];
        flow[w][v]  += d;
        flow[v][w]  -= d;
        cap[w][v]  -= d;
        cap[v][w]  += d;
        v = w;
    }while(v != ss);
    maxflow += d;
}

Graph :: ~Graph()
{
    delete [ ]father;
    for(int i = 0; i < n; i++)
    {
        delete [ ]cap[i];
        delete [ ]flow[i];
    }
    delete [ ]cap;
    delete [ ]flow;
}
```

（3）main.cpp文件。

相关代码如下。

```cpp
# include < iostream >
# include "Graph. h"
using namespace std;

int main( int argc, char ** argv) {
    int n = 6;
    double cap[n][n] = {{0,3,5,0,0,0},{0,0,0,4,1,0},{0,1,0,0,2,0},{0,0,0,0,0,5},{0,0,0,
3,0,2},{0,0,0,0,0,0}};
    Graph gp(0,5,6,0);
    gp. flow = new double * [n];
    gp. cap = new double * [n];
    for( int i = 0;i < n;i++)
    {
        gp. flow[i] = new double[n];
        gp. cap[i] = new double[n];
    }
    for( int i = 0;i < n;i++)
        for( int j = 0;j < n;j++)
            gp. cap[i][j] = cap[i][j];
    for( int i = 0;i < n;i++){
        for( int j = 0;j < n;j++)
            cout << gp. cap[i][j]<<" ";
        cout << endl;
    }
    gp. MaxFlow();
    gp. print();
    return 0;
}
```

7.1.3　最大网络流的变换与应用

微课视频

上述涉及的网络流均为一个源点、一个汇点且所有结点均无约束条件,称这样的网络流为标准网络流。一般情况下,遇到的并非全是标准网络流,如多个源点、多个汇点的情况或者结点容量有约束的情况等,此时可以将其变换为标准网络流来解决。下面讨论几种将非标准网络流变换为标准网络流来解决的问题。

1. 多源多汇的最大流问题

多源多汇的最大流问题可以转化为单源单汇的最大流问题。具体做法是:在原网络的基础上,增加一个虚源点 s' 和一个虚汇点 t'。从 s' 向原网络中的源点分别引一条有向边,每一条有向边的流量等于与其相连的源点(非虚源)的流出量,容量为无穷大;从原网络中的汇点分别向虚汇引一条有向边,每一条有向边的流量等于与其相连的汇点的流入量,容量为无穷大。这样,新网络的最大流就对应于原网络的最大流。

如图 7-12 所示的多源多汇网络,其中,顶点 1、7、8 为源点,顶点 6、9 为汇点。按照该转化方法,可将它转化为如图 7-13 所示的单源单汇网络,顶点 0 为虚源点,顶点 10 为虚汇点。

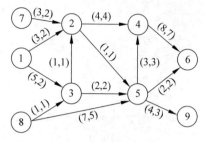

图 7-12　多源多汇网络

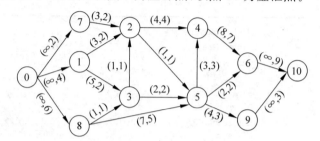

图 7-13　单源单汇网络

2. 网络的顶点容量约束

在有顶点容量约束的网络最大流问题中,除了需要满足边容量约束外,在网络的某些顶点处还要满足顶点容量约束,即流经该顶点的流量不能超过给定的约束值。这类问题很容易变换为标准最大流问题,具体方法为:将有顶点容量约束的顶点 x 用一条边$<x,y>$替换,原来顶点 x 的入边仍为顶点 x 的入边,原来顶点 x 的出边改为顶点 y 的出边,连接顶点 x 和顶点 y 只有一条边$<x,y>$,其边容量为原顶点 x 的顶点容量。

显然,变换后网络的最大流就是原网络中满足顶点约束的最大流。如图 7-14 所示的网络中顶点 2 的约束值为 3。根据变换方法,将顶点 2 用一条边$<2,2'>$代替,原顶点 2 的入边$<1,2>$、$<3,2>$依旧入顶点 2,原顶点 2 的出边$<2,4>$、$<2,5>$改成顶点 2′的出边$<2',4>$、$<2',5>$,$cap(2,2')$等于 3。变换后的网络如图 7-15 所示。

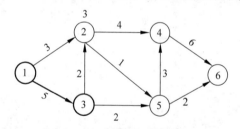

图 7-14　顶点容量约束的网络

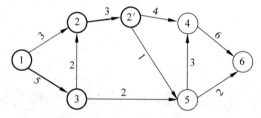

图 7-15　变换后的网络

3. 二分图的最大匹配问题

设 $G=(V,E)$ 是一个无向图。如果顶点集合 V 可分割为两个互不相交的子集 X 和 Y,且图中每条边(v,w)所关联的两个顶点 v 和 w 分别属于这两个不同的顶点集,则称图 G 为一个二分图。

二分图匹配问题可描述如下:设 $G=(V,E)$ 是一个二分图。如果 $M \subseteq E$,且 M 中任意两条边都不与同一个顶点相关联,则称 M 是 G 的一个匹配。G 的边数最多的匹配称为 G 的最大匹配。

二分图的最大匹配问题就是在已知图 G 是一个二分图的前提下求 G 的最大匹配。

二分图的最大匹配问题可变换为标准最大网络流问题来解决,具体变换方法如下:

步骤 1：将图 G 的顶点集合 V 分成两个互不相交的顶点子集 X 和 Y。

步骤 2：构造与 G 相应的网络 N。

步骤 2-1：增加一个源点 s' 和一个汇点 t'；然后，从 s' 向 X 中的每一个顶点都增加一条有向边，从 Y 中的每一个顶点都增加一条到 t' 的有向边。

步骤 2-2：将原图 G 中的每一条边都改为相应的由 X 指向 Y 的有向边。

步骤 2-3：置所有边的容量为 1。

步骤 3：求网络 N 的最大流。在从 X 指向 Y 的边集中，流量为 1 的边对应于二分图中的匹配边。最大流值对应于二分图 G 的最大匹配边数。

4. 带下界约束的最大流

带下界约束的最大流问题是指对于给定网络中的边 $<x,y>$，不仅有边流量的上界约束，即容量约束 $cap(x,y)$，还有边流量的下界约束 $caplow(x,y)$。在这种情况下，对可行流 flow 的容量约束相应地改变为：$caplow(x,y) \leqslant flow(x,y) \leqslant cap(x,y)$。

带下界约束的最大流问题通常可分为两个阶段求解，第 1 阶段找满足约束条件的可行流；第 2 阶段将找到的可行流扩展成最大流。具体方法如下：

第 1 阶段：找满足约束条件的可行流问题。

该问题可变换成一个等价的循环可行流问题。变换方法为：在原网络中增加一条从汇点指向源点且容量充分大的边，这条边将从源点流到汇点的流量再送回到源点构成一个循环流。原网络有可行流当且仅当新网络有循环可行流。

设 flow 是新网络的一个循环可行流，则

（1）对于 $\forall x \in V$，顶点 x 的流出量—顶点 x 的流入量＝0，

即

$$\sum_{<x,y>\in E} flow(x,y) - \sum_{<y,x>\in E} flow(y,x) = 0 \tag{7-1}$$

（2）对于 $\forall (x,y) \in E$，有

$$caplow(x,y) \leqslant flow(x,y) \leqslant cap(x,y) \tag{7-2}$$

将无源无汇的且有边容量下界约束的循环网络进一步变换为没有边容量下界约束的网络。变换方法为：对有边容量下界约束的边 $<x,y> \in E$，将其边上的流量 $flow'(x,y)$ 变换为 $flow(x,y) - caplow(x,y)$，将 $flow'(x,y) = flow(x,y) - caplow(x,y)$ 代入式(7-1)和式(7-2)，得式(7-3)和式(7-4)：

（3）对于 $\forall x \in V$，有

$$\begin{aligned}
&\sum_{<x,y>\in E} flow'(x,y) - \sum_{<y,x>\in E} flow'(y,x) \\
=&\sum_{<x,y>\in E} flow(x,y) - \sum_{<x,y>\in E} caplow(x,y) - \sum_{<y,x>\in E} flow(y,x) + \sum_{<y,x>\in E} caplow(y,x) \\
=&\sum_{<y,x>\in E} caplow(y,x) - \sum_{<x,y>\in E} caplow(x,y) = sd(x) \tag{7-3}
\end{aligned}$$

（4）对于 $\forall (x,y) \in E$，有

$$0 \leqslant \text{flow}'(x,y) \leqslant \text{cap}(x,y) - \text{caplow}(x,y) \tag{7-4}$$

显然，网络中所有结点的 $\text{sd}(x)$ 之和等于 0。因此，循环可行流的问题实质上是一般网络最大流问题。进一步变换方法为：对 $\forall <x,y> \in E$ 且边 $<x,y>$ 既有边容量上界约束也有边容量下界约束，在循环网络中添加相应的源点 s 和汇点 t、添加两条有向边 $<x,t>$ 和 $<s,y>$，边上的容量均为 $\text{caplow}(x,y)$。可见，网络循环可行流问题实质上是一般网络的最大流问题。

【例 7-2】 求如图 7-16 所示的带边容量下界约束的网络可行流。

首先按照上述步骤（1）～（4）变换，变换后的网络如图 7-17 所示。

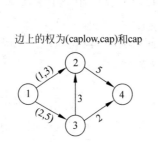

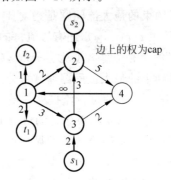

图 7-16　带下界约束的网络　　　　　图 7-17　变换后的网络

然后找如图 7-17 所示的网络的最大流。

先将其转化为单源单汇的最大流问题，如图 7-18 所示。用增广路算法找到的最大流如图 7-19 所示。

将如图 7-19 所示的网络最大流变换为如图 7-20 所示的无边容量下界约束的循环流，所有的 $\text{sd}(x)$ 之和等于 0。进一步变换，将汇点到源点的边去掉，其他边分别加上自己边上的容量下界约束，将图 7-20 所示的循环流变换为图 7-16 所示的原网络中满足约束条件的可行流，如图 7-21 所示。

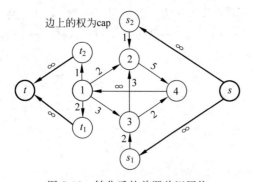

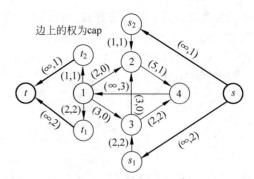

图 7-18　转化后的单源单汇网络　　　　　图 7-19　网络的最大流

第 2 阶段：将找到的可行流采用增广路算法扩展为最大流。

从如图 7-21 所示的可行流出发,找到的最大流如图 7-22 所示。

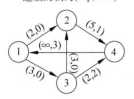
边上的权为(cap,flow)

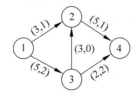
边上的权为(cap,flow)

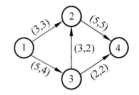
边上的权为(cap,flow)

图 7-20　循环网络的可行流　　　　图 7-21　原网络中的可行流　　　　图 7-22　原网络中的最大流

7.2　最小费用最大流

7.2.1　基本概念

1. 流的费用

在实际应用中,与网络流有关的问题不仅涉及流量,还涉及费用。此时,对于网络的每一条边 $<x,y>$,除了给定容量 $\mathrm{cap}(x,y)$ 之外,还定义了一个单位流量费用 $\mathrm{cost}(x,y)$。对于网络中一个给定的流 flow,其费用定义为:$\mathrm{cost}(\mathrm{flow})=\sum\limits_{<x,y>\in E}\mathrm{cost}(x,y)\times\mathrm{flow}(x,y)$。

2. 涉及流的费用的残余网络

在 7.1.1 节所述的残余网络概念的基础上,对于 G 中的任一条边 $<x,y>$:对应于 G^* 中的 $<x,y>$,则设置 G^* 中 $<x,y>$ 的单位流量费用为 $\mathrm{cost}(x,y)$;对应于 G^* 中的 $<y,x>$,则设置 G^* 中 $<y,x>$ 的单位流量费用为 $-\mathrm{cost}(x,y)$。

图 7-23 为网络和其上的可行流及费用,它的残余网络如图 7-24 所示。

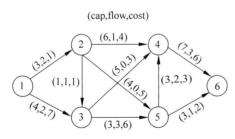
(cap,flow,cost)

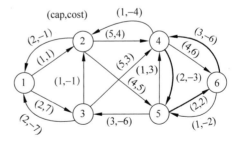
(cap,cost)

图 7-23　网络和其上的可行流及费用　　　　图 7-24　残余网络 1

3. 最小费用最大流问题

对于一个给定的网络 G,求 G 的一个最大流 flow,使流的总费用 $\mathrm{cost}(\mathrm{flow})$ 最小。

4. 负费用圈

对于一个给定的网络 G 和其上的可行流 flow 及流的费用,残余网络中的负费用圈是指所有边的单位流量费用之和为负的圈。如图 7-24 中的 4→5→6→4,所有边单位流量费用之和为 $-3+2+(-6)=-7$,故 4→5→6→4 为负费用圈。

7.2.2 消圈算法

定理 7 （最小费用最大流问题的最优性定理）网络 G 的最大流 flow，即 G 的一个最小费用最大流的充分必要条件是 flow 所对应的残余网络中没有负费用圈。

1. 消圈算法思想及算法步骤

消圈算法的思想为：首先找网络的最大流，然后消除最大流相应的残余网络中所有的负费用圈。根据算法思想可知该算法找最小费用最大流包括三个过程：一是找给定网络的最大流，该过程已在 7.1.2 节中详细讲述过；二是在最大流对应的残余网络中找负费用圈；三是沿找到的负费用圈增流，其增量为组成负费用圈的所有边的最小容量。显然，算法核心是如何在残余网络中找负费用圈。过程如下。

（1）在残余网络中找负费用圈。

用数组 st[] 记录搜索到的最小费用路对应的弧，数组下标表示弧头，数组元素表示弧尾；数组 cost[][] 记录每条弧的费用；数组 cap[][] 记录每条弧的容量；数组 wt[] 记录最小费用路的单位费用之和；队列 Q 记录扩展生成的孩子结点；变量 N 记录从队列中取出非结点编号的次数；变量 m 用来衡量是否搜索完毕。

在该残余网络中找负费用圈的算法步骤设计如下：

采用从残余网络的某个结点 s 出发，按照宽度优先搜索策略进行搜索。

步骤 1：初始化数组 st 中的元素全为 0；数组 wt[s]＝0，其他均为∞；队列 Q 为空；$N=0$。

步骤 2：结点 s 入队，令 $m＝$顶点个数＋1，m 也入队。

步骤 3：检查队列是否为空，如果为空，则残余网络中没有负费用圈，算法结束；如果不为空，则转到步骤 4。

步骤 4：取出队首元素 v。

步骤 5：如果 $v＝m$，判断 N 是否大于 m，如果 $N＞m$，则残余网络中没有负费用圈，算法结束；否则，$N++$，将 m 入队，转到步骤 4；如果 $v≠m$，转到步骤 6。

步骤 6：残余网络中如果不存在以 v 为弧尾且未检查的弧，转到步骤 13；否则对其中一条以 v 为弧尾且未检查的弧，转到步骤 7。

步骤 7：取出弧的弧头 w。

步骤 8：计算 wt[v]＋cost(v,w)，记其值为 p。

步骤 9：如果 p 大于或等于 wt[w]，转到步骤 6；否则 wt[w]＝p，st[w]＝v。

步骤 10：利用 st 找出包含结点 w 的负费用圈，如果找到，则返回 w，算法结束；反之，将 w 入队；转到步骤 6。

（2）沿负费用圈增流。

在过程（1）的基础上，如果找到负费用圈，则沿负费用圈增流，设增量为 d。增流方法为：沿负费用圈方向的边容量减去 d，如果边的容量等于 0，则取消该方向的边；逆负费用圈方向的边容量加上 d。

重复过程（1）、（2），直到残余网络中没有负费用圈为止。

2．消圈算法的构造实例

【例7-3】 消圈算法在如图 7-24 所示的残余网络中的应用。

假设出发结点为 1。

(1) 找负费用圈(约定数组下标从"1"开始)。

步骤 1：初始化。初始化数组 st 中的元素均为 0；wt[1]＝0,其他均为∞；队列为空；$N＝0$；$m＝6＋1＝7$。

步骤 2：将结点 1 和 m 入队。

数组 st、wt 及队列 Q 的数据如图 7-25 所示。

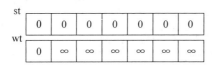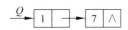

图 7-25 数组 st、wt 及队列 Q 的数据 1

步骤 3：取出队首元素 1。检查以 1 为弧尾的所有弧。

对于弧<1,2>,记 $w＝2$。计算 $p＝wt[1]＋cost[1][2]＝0＋1＝1$。由于 $p<wt[2]$,所以 wt[2]＝1,st[2]＝1；然后找以 2 为始点和终点的圈,结果未找到,将结点 2 入队。

对于弧<1,3>,记 $w＝3$。计算 $p＝wt[1]＋cost[1][3]＝0＋7＝7$。由于 $p<wt[3]$,所以 wt[3]＝7,st[3]＝1；然后找以 3 为始点和终点的圈,结果未找到,将结点 3 入队。

数组 st、wt 及队列 Q 的数据如图 7-26 所示。

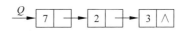

图 7-26 数组 st、wt 及队列 Q 的数据 2

步骤 4：取出队首元素,即 $m＝7$；$N＋＋$；m 入队。

步骤 5：取队首元素 2。检查以 2 为弧尾的所有弧。

对于弧<2,1>,记 $w＝1$。计算 $p＝wt[2]＋cost[2][1]＝1＋(-1)＝0$。由于 p 等于 wt[1],所以无须执行任何操作。

对于弧<2,4>,记 $w＝4$。计算 $p＝wt[2]＋cost[2][4]＝1＋4＝5$。由于 $p<wt[4]$,所以 wt[4]＝5,st[4]＝2；然后找以 4 为始点和终点的圈,结果未找到,将结点 4 入队。

对于弧<2,5>,记 $w＝5$。计算 $p＝wt[2]＋cost[2][5]＝1＋5＝6$。由于 $p<wt[5]$,所以 wt[5]＝6,st[5]＝2；然后找以 5 为始点和终点的圈,结果未找到,将结点 5 入队。

数组 st、wt 及队列 Q 的数据如图 7-27 所示。

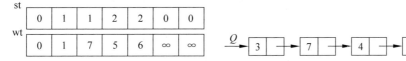

图 7-27 数组 st、wt 及队列 Q 的数据 3

步骤 6：取队首元素 3。检查以 3 为弧尾的所有弧。

对于弧$<3,1>$，记 $w=1$。计算 $p=\text{wt}[3]+\text{cost}[3][1]=7+(-7)=0$。由于 p 等于 wt[1]，所以无须执行任何操作。

对于弧$<3,2>$，记 $w=2$。计算 $p=\text{wt}[3]+\text{cost}[3][2]=7+(-1)=6$。由于 $p>$ wt[2]，所以无须执行任何操作。

对于弧$<3,4>$，记 $w=4$。计算 $p=\text{wt}[3]+\text{cost}[3][4]=7+3=10$。由于 $p>\text{wt}[4]$，所以无须执行任何操作。

队列 Q 的数据如图 7-28 所示。

步骤 7：取出队首元素，即 $m=7$；$N++$；m 入队。

步骤 8：取队首元素 4。检查以 4 为弧尾的所有弧。

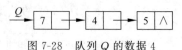

图 7-28　队列 Q 的数据 4

对于弧$<4,2>$，记 $w=2$。计算 $p=\text{wt}[4]+\text{cost}[4][2]=5+(-4)=1$。由于 p 等于 wt[2]，所以无须执行任何操作。

对于弧$<4,5>$，记 $w=5$。计算 $p=\text{wt}[4]+\text{cost}[4][5]=5+(-3)=2$。由于 $p<$ wt[5]，所以 wt[5]=2，st[5]=4；然后找以 5 为始点和终点的圈，结果未找到，将结点 5 入队。

对于弧$<4,6>$，记 $w=6$。计算 $p=\text{wt}[4]+\text{cost}[4][6]=5+6=11$。由于 $p<\text{wt}[6]$，所以 wt[6]=11，st[6]=4；然后找以 6 为始点和终点的圈，结果未找到，将结点 6 入队。

数组 st、wt 及队列 Q 的数据如图 7-29 所示。

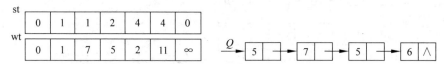

图 7-29　数组 st、wt 及队列 Q 的数据 5

步骤 9：取队首元素 5。检查以 5 为弧尾的所有弧。

对于弧$<5,3>$，记 $w=3$。计算 $p=\text{wt}[5]+\text{cost}[5][3]=2+(-6)=-4$。由于 $p<\text{wt}[3]$，所以 wt[3]=-4，st[3]=5；然后找以 3 为始点和终点的圈，结果未找到，将结点 3 入队。

对于弧$<5,4>$，记 $w=4$。计算 $p=\text{wt}[5]+\text{cost}[5][4]=2+3=5$。由于 p 等于 wt[4]，所以无须执行任何操作。

对于弧$<5,6>$，记 $w=6$。计算 $p=\text{wt}[5]+\text{cost}[5][6]=2+2=4$。由于 $p<\text{wt}[6]$，所以 wt[6]=4，st[6]=5；然后找以 6 为始点和终点的圈，结果未找到，将结点 6 入队。

数组 st、wt 及队列 Q 的数据如图 7-30 所示。

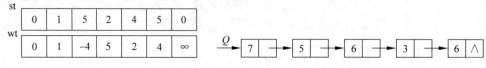

图 7-30　数组 st、wt 及队列 Q 的数据 6

步骤 10：取出队首元素，即 $m=7$；$N++$；将 m 入队。

步骤 11：取队首元素 5。检查以 5 为弧尾的所有弧。

与步骤 9 类似，3 条边均无须执行任何操作。

数组 st、wt 及队列 Q 的数据如图 7-31 所示。

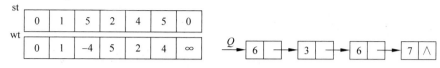

图 7-31　数组 st、wt 及队列 Q 的数据 7

步骤 12：取队首元素 6。检查以 6 为弧尾的所有弧。

对于弧 <6,4>，记 $w=4$。计算 $p=\text{wt}[6]+\text{cost}[6][4]=4+(-6)=-2$。由于 $p<\text{wt}[4]$，所以 $\text{wt}[4]=-2$，$\text{st}[4]=6$；然后找以 4 为始点和终点的圈，由于 $\text{st}[4]$ 等于 6，$\text{st}[6]$ 等于 5、$\text{st}[5]$ 等于 4，即 $\text{st}[5]$ 等于 w，此时找到负费用圈 4→5→6→4。

数组 st、wt 及队列 Q 的数据如图 7-32 所示。

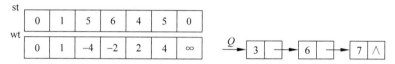

图 7-32　数组 st、wt 及队列 Q 的数据 8

（2）沿负费用圈增流。

步骤 13：取增量 $d-2$，则图 7-24 所示残余网络变成如图 7-33 所示的残余网络。

步骤 14：重复找负费用圈，找到的负费用圈为 1→2→5→3→1。沿该负费用圈增流，$d=1$，增流以后的负费用圈如图 7-34 所示。

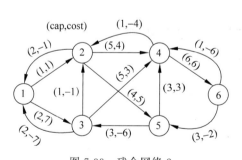

图 7-33　残余网络 2

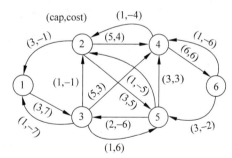

图 7-34　残余网络 3

步骤 15：重复找负费用圈，找到的负费用圈为 3→2→5→3，沿负费用圈增流，取 $d=1$，增流后的残余网络如图 7-35 所示。

步骤 16：重复找负费用圈，找到负费用圈 3→4→2→5→3，沿负费用圈增流，取 $d=1$。增流后的残余网络如图 7-36 所示。

步骤 17：重复找负费用圈，没有找到，算法结束。找到的最小费用最大流如图 7-37 所示。

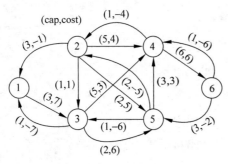

图 7-35   残余网络 4

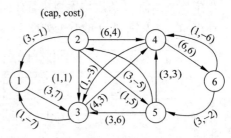

图 7-36   残余网络 5

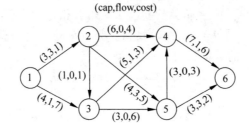

图 7-37   最小费用最大流

3．算法描述

在增广路算法找到的网络最大流的基础上，根据最小费用最大流定理，用消圈算法找当前最大流对应的残余网络中是否存在负费用圈，如果存在，则沿着负费用圈增流，否则当前最大流即为最小费用最大流。为了实现最小费用最大流算法，定义了最小费用类，由 7.1.2节的 Graph 类继承而来。具体算法描述如下：

```
class MincostGraph : public Graph
 {
   public:
     double ** cost[];       //成本矩阵，对称位置元素之和为 0
     double ** mincost;      //最小费用最大流的费用
     double ** MinCost();    //最小费用最大流
     MinCostGraph(int s,int t,int n,double maxflow);Graph(s,t,n,maxflow){}
   protected:
    int * st;
    double * wt;
    int N;
    int findcyc();
    void Augment(int);
 };
```

类 MincostGraph 中的成员函数 MinCost 求解最小费用最大流，同时记录最小费用最大流的费用。算法中首先找负费用圈，然后根据找的结果做相应的处理。具体描述如下：

```
int MincostGraph::MinCost()
{
  int mincost = 0;
  int wx = findcyc();
     while(wx > 0){          //判断是否找到负费用圈
         Augment(wx);        //沿着负费用圈增流
         wx = findcyc();
         }
     for(i = 0; i < n; ++i)    //计算增流以后的费用
         for(j = 0; j < n; ++j)
             if(flow[i][j] > 0) mincost + = flow[i][j] * cost[i][j]; }
     return mincost;
}
```

类 MincostGraph 中的成员函数 Augment 用于沿负费用圈增流。首先逆向找出最大增量，然后增流 d。具体描述如下：

```
void MincostGraph::Augment(int ww)
{
  double d = INF;
   int v = tt;
   do{
       w = father[v];
       if(d > cap[w][v]) d = cap[w][v];
       v = w, w = father[v];
   }while(v!= ss);
  v = tt;
   do{
       w = father[v];
       flow[w][v] + = d;
       flow[v][w] − = d;
       cap[w][v] − = d;
       cap[v][w] + = d;
       //如果入边从无流量首次变成有流量,则增加一条可追加的边(出边)
         v = w;
   }while(v!= ss);
}
```

类 MincostGraph 中的成员函数 findcyc 用于在残余网络中找负费用圈。从网络中的源点出发，采用宽度优先搜索的策略找负费用圈。具体描述如下：

```
//找负费用圈
int MincostGraph::findcyc(){
    st = new int[n + 1];
    wt = new double[n + 1];
    for(int i = 0; i <= n; i++)
```

```
    {
        st[i] = 0;
        wt[i] = INF;
    }
    wt[s] = 0;
    N = 0;
    queue < int > Q;
    int m = n + 1;
    Q.push(s);
    Q.push(m);
    int result = 0;
    while(!Q.empty() && (N <= m))
    {
        int v = Q.front();
        Q.pop();
        if(v == m){
            N += 1;
            Q.push(m);
        }
        else{
            for(int w = 1;w <= n;w++)
                if((cap[v][w]> 0) && (v != w)){
                    double p = wt[v] + cost[v][w];
                    if(p < wt[w]){
                        wt[w] = p;
                        st[w] = v;
                        int temp_w = w;
                        while((st[temp_w] != w) && (st[temp_w] != 0))
                            temp_w = st[temp_w];
                        if(st[temp_w] == w){
                            result = w;     //找到负费用圈,退出 for 循环
                            break;
                        }
                        else
                            Q.push(w);
                    }
                }
            if (result != 0)                //找到负费用圈,退出 while 循环
                break;
        }
    }
    return result;
}
```

4. C++实战

(1) MincostGraph. h 文件。

相关代码如下。

```
# ifndef MINCOSTGRAPH_H
# define MINCOSTGRAPH_H
# include "Graph.h"
# include < iostream >

class MincostGraph : public Graph
{
    public:
        double ** cost;                              //成本矩阵, 对称位置元素之和为 0
        double mincost;                              //最小费用最大流的费用
        MincostGraph( int s, int t, int n, double maxflow) :Graph( s, t, n, maxflow) {}
        double MinCost();                            //最小费用最大流
    protected:
        int * st;
        double * wt;
        int N;
        int findcyc();
        void Augment( int);
};
```

（2）MincostGraph.cpp 文件。

相关代码如下。

```
# include < iostream >
# include "MincostGraph.h"
# include < cfloat >
# include < queue >
# define INF DBL_MAX
using namespace std;
double MincostGraph::MinCost()
{
    int mincost = 0;
    int wx = findcyc();
    while(wx > 0)
    {
        Augment(wx);                                 //沿着负费用圈增流
        wx = findcyc();
    }
//计算增流以后的费用并输出流量> 0 的边。
    cout <<"流量> 0 的边及流量值为: "<< endl;
  for( int i = 1; i < = n; ++i)
    for( int j = 1; j < = n; ++j)
      if(flow[i][j]> 0){
            cout <<"("<< i <<","<< j <<","<< flow[i][j]<<")"<< endl;
            mincost += flow[i][j] * cost[i][j];
      }

    return mincost;
```

```
    }

void MincostGraph::Augment(int ww)
{
  double d = INF;
  int v = ww;
  do{
       int w = st[v];
       if(d > cap[w][v])
         d = cap[w][v];
     v = w;
  }while(v!= ww);
  v = ww;
  do{
       int w = st[v];
       flow[w][v] += d;
       flow[v][w] -= d;
       cap[w][v] -= d;
       cap[v][w] += d;
       v = w;
       }while(v!= ww);
}

int MincostGraph::findcyc(){                    //找负费用圈
    st = new int[n+1];
    wt = new double[n+1];
    for(int i = 0;i <= n;i++)
    {
        st[i] = 0;
        wt[i] = INF;
    }
    wt[s] = 0;
    N = 0;
    queue < int > Q;
    int m = n + 1;
    Q.push(s);
    Q.push(m);
    int result = 0;
    while(!Q.empty() && (N <= m))
    {
        int v = Q.front();
        Q.pop();
        if(v == m){
            N += 1;
            Q.push(m);
        }
        else{
            for(int w = 1;w <= n;w++)
                if((cap[v][w]> 0) && (v != w)){
                    double p = wt[v] + cost[v][w];
```

```
                    if(p < wt[w]){
                        wt[w] = p;
                        st[w] = v;
                        int temp_w = w;
                        while((st[temp_w] != w) && (st[temp_w] != 0))
                            temp_w = st[temp_w];
                        if(st[temp_w] == w){
                            result = w;     //找到负费用圈,退出 for 循环
                            break;
                        }
                        else
                            Q.push(w);
                    }
                }
            if (result != 0)                  //找到负费用圈,退出 while 循环
                break;
        }
    }
    return result;
}
```

（3）main.cpp 文件。

相关代码如下。

```cpp
#include <iostream>
#include "MincostGraph.h"
#include <cfloat>
#define INF DBL_MAX
using namespace std;
int main(int argc, char** argv) {
    int n = 6;
    double cost[n+1][n+1] = {{0,0,0,0,0,0,0},{0,0,1,7,0,0,0},{0,-1,0,1,4,5,0},{0,
-7,-1,0,3,6,0},{0,0,-4,-3,0,-3,6},{0,0,-5,-6,3,0,2},{0,0,0,0,-6,-2,0}};
    double cap[n+1][n+1] = {{0,0,0,0,0,0,0},{0,0,1,2,0,0,0},{0,2,0,0,5,4,0},{0,2,1,0,
5,0,0},{0,0,1,0,0,2,4},{0,0,0,3,1,0,2},{0,0,0,0,3,1,0}};
    double flow[n+1][n+1] = {{0,0,0,0,0,0,0},{0,0,2,2,0,0,0},{0,-2,0,1,1,0,0},{0,
-2,-1,0,0,3,0},{0,0,-1,0,0,-2,3},{0,0,0,-3,2,0,1},{0,0,0,0,-3,-1,0}};
    MincostGraph min_cost(1,6,6,4.0);
    min_cost.cap = new double*[n+1];          //动态开辟空间
    min_cost.flow = new double*[n+1];
    min_cost.cost = new double*[n+1];
    for(int i = 0; i <= n; i++)
    {
        min_cost.cap[i] = new double[n+1];     //动态开辟空间
        min_cost.flow[i] = new double[n+1];
        min_cost.cost[i] = new double[n+1];
        for(int j = 0; j <= n; j++)             //初始化
        {
            min_cost.cap[i][j] = cap[i][j];
```

```
                min_cost.flow[i][j] = flow[i][j];
                min_cost.cost[i][j] = cost[i][j];
            }
        }
        double mincost = min_cost.MinCost();          //求最小费用
        cout <<"最小费用为: "<< mincost << endl;
        return 0;
    }
```

7.2.3　最小费用最大流的变换与应用

最小费用最大流的变换与应用与最大网络流的变换与应用类似,只是增加了费用信息。这里通过实例简单介绍一下。

1. 带下界约束的最小费用最大流问题

该问题与带下界约束的最大流问题类似,带下界约束的最小费用流问题也分为两个阶段求解。第 1 阶段先找满足约束条件的可行流;第 2 阶段将找到的可行流扩展为最小费用最大流。

2. 最小权二分匹配问题

给定一个带权二分图 $G=(V,E)$,找出 G 的一个最小权二分匹配。设 G 的二分顶点集为 X 和 Y。构造与 G 相应的网络 G' 如下:

增设源点 s 和汇点 t,源点 s 到 X 中每个顶点均有一条有向边,每条边的容量为 1,费用为 0。Y 中每个顶点到汇点 t 均有一条有向边,每条边的容量为 1,费用为 0,G 中每条边相应于 G' 中一条由 X 到 Y 的有向边,该边的容量为 1,费用为该边在 G 中的权。

显然,G' 的最小费用最大流相应于 G 的一个最小权二分匹配。

拓展知识：捕食搜索算法

动物学家在研究动物的捕食行为时发现,尽管由于动物物种的不同而造成它们身体结构千差万别,但它们的捕食行为却惊人地相似。捕食时,在没有发现猎物和猎物的迹象时,它们在整个捕食空间沿着一定的方向以很快的速度寻找猎物,一旦发现猎物或者发现有猎物的迹象,它们就放慢步伐,在附近区域进行集中的区域搜索,以找到更多的猎物。在搜寻一段时间没有找到猎物后,捕食动物将放弃这种集中的区域搜索,而继续在整个捕食空间寻找猎物。

根据动物的捕食行为,巴西学者 Alexandre Linhares 于 1998 年提出了一种用于解决组合优化问题的仿生计算方法,即捕食搜索(Predatory Search,PS)算法,该算法策略很好地协调了局部搜索和全局搜索之间的转换,目前已成功应用于组合优化领域的旅行商问题(Traveling Salesman Problem)和超大规模集成电路设计(Very Large Scale Integrated Layout)问题。

1. 捕食搜索算法的基本思想

捕食搜索算法是一种模拟动物捕食过程的搜索策略，该算法的原理如图 7-38 所示。

应用捕食搜索算法寻优时，先在整个搜索空间进行全局搜索，直到找到一个较优解；然后在较优解附近的区域（邻域）进行集中搜索，直到搜索很多次也找不到更优解，放弃局域搜索；然后再在整个搜索空间进行全局搜索。如此循环，直到找到最优解（或近似最优解）为止。在捕食搜索算法中，使用限制来表征较优解的邻域大小。通过改变限制条件，实现搜索空间的增大和减小，从而达到探索能力和开发能力的平衡。

捕食搜索算法不是一种具体的寻优计算方法，并没有指出在局域和全局具体如何进行搜索，其本质上是一种平衡局域搜索和全局搜索的策略。局域搜索和全局搜索、广度探索和深度开发、搜索速度和优化质量是困扰着所有算法的矛盾，而捕食搜索非常巧妙地平衡了这个矛盾。捕食搜索在较差的区域进行全局搜索以找到较好的区域，然后

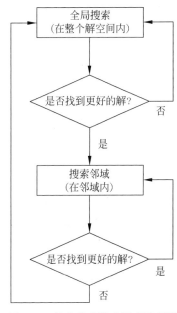

图 7-38　捕食搜索算法原理示意图

在较好的区域进行集中的局域搜索，以使解迅速得到改善。捕食搜索的全局搜索负责对解空间进行广度搜索，可以提高搜索的质量，使得搜索避免陷入局部最优点；捕食搜索的局部搜索负责对较好区域进行深度开发，由于该局域搜索只集中在一个相对很小的区域，所以搜索速度很快。

2. 捕食搜索算法在求解车辆路径问题中的应用

（1）车辆路径问题的描述。

车辆路径问题由 Dantzig 和 Ramser 于 1959 年提出。该问题的一般描述为：已知一组顾客和一个车队，设计一组开始和结束于一个中心的最小费用路径，每个顾客只能被服务一次，且一辆车服务的顾客数不能超过它的能力。

（2）算法的设计。

应用捕食搜索算法求解车辆路径问题的关键在于设计解的表达方式、邻域定义形式、目标值确定和搜索限制的选取等。尤其是搜索限制的选取，它是捕食搜索算法求解车辆路径问题的精华部分。

① 解的表达。

采用基于顾客直接排列的顺序编码，即对 L 个顾客，随机产生 L 个 $1\sim L$ 间不重复的整数排列，从而形成一个解对应的顺序编码。例如，有 6 个顾客，则编码为 6—2—3—4—5—1，然后根据顾客的编码顺序依次将其纳入一条车辆路径，直到超过该车的装载量限制时，产生一条新的车辆路径。以此类推得到该编码对应的多条车辆路径（车辆数），即为编码对应的解。

② 邻域定义。

采用逆转法实现邻域的操作,即随机选择解的两个位置将它们之间的编码进行逆转,得到当前解的一个邻域。

③ 目标值的确定。

目标值 $f(x)$ 由编码对应的解求得,算法对于没有直接最短线路的顾客求出一个解。另外,对超出最大车辆数的解给予一定惩罚,惩罚程度与其超出的车辆数成正比。

④ 限制的选取。

通过设置限制值的大小实现算法的局域和全局搜索,并在它们之间进行转换,这是捕食搜索的重点。下面采用 Linhares Alexandre 提出的目标函数值限制法,即通过多次搜索当前最优解的邻域,获得一组对应的目标值,选取其中较小的部分值作为局域搜索限制,较大的部分值作为全局搜索限制。

例如,设当前最优解为 x_{best},其对应的目标值为 $f(x_{\text{best}})$,通过邻域搜索得到最优解的一组(设 10 个为一组)邻域解 $(x_1, x_2, x_3, x_4, x_5, x_6, x_7, x_8, x_9, x_{10})$ 和其相应的目标值 $(f(x_1), f(x_2), f(x_3), f(x_4), f(x_5), f(x_6), f(x_7), f(x_8), f(x_9), f(x_{10}))$,然后将 $f(x_{\text{best}})$ 和该组邻域的目标值按照升序排列,假设排列顺序列表为:$(f(x_{\text{best}}), f(x_1), f(x_2), f(x_3), f(x_4), f(x_5), f(x_6), f(x_7), f(x_8), f(x_9), f(x_{10}))$,这时可以选取列表中较小的一部分目标值 $f(x_{\text{best}}), f(x_1), f(x_2)$ 作为局域搜索限制(在局域搜索限制中的搜索定义为局域搜索)。而选取较大的一部分值 $f(x_8), f(x_9), f(x_{10})$ 作为全局搜索限制(在全局搜索限制中的搜索定义为全局搜索)。显然,当算法从限制值 $f(x_2)$ 跳跃到 $f(x_8)$ 时,即实现了局域搜索到全局搜索的转换。

⑤ 算法中的参数说明。

S 为解附近邻域的搜索次数,LN 为设定限制值的总数,LL 为局域搜索限制级别的上限,GL 为全局搜索限制级别的下限,且三者之间满足 LN > GL > LL > 0;CM 为每个限制下最大循环次数。上述参数的设定目前尚无理论依据,都是针对求解问题本身而定的。本算法中的参数设置大致如下:S 取问题的规模数 L 的 $0.5 \sim 1$ 倍。LN 取问题的规模数 L;LL 的值向下取整 LN/t,t 视问题的规模而取值。GL 的值取 $\max\{\text{LN}-\text{LL}, \text{LL}+1\}$,CM 取问题规模数 L 的 $5 \sim 10$ 倍。

⑥ 算法流程。

步骤 1:随机产生一个初始解 x,令当前最优解 $x_{\min} = x$,限制级别 level = 0,循环次数 counter = 0。

步骤 2:如果 level ≤ LN,搜索 x 的邻域 S 次,并取其最小解 $x_{\text{n\_min}}$,然后转到步骤 3,否则结束,$x_{\min}$ 即为求得的最优解。

步骤 3:如果 $f(x_{\text{n\_min}}) \leq \text{Restriction(level)}$,则令 $x = x_{\text{n\_min}}$,然后转到步骤 4,否则转到步骤 5。

步骤 4:如果 $f(x) < f(x_{\min})$,则令 $x_{\min} = x$,level = 0,counter = 0,重新计算限制,然后转到步骤 2,否则转到步骤 5。

步骤 5：令 counter＝counter＋1,如果 counter＞CM,则令 level＝level＋1,counter＝0,然后转到步骤 6,否则转到步骤 2。

步骤 6：如果 level＝LL,则令 level＝GL(通过限制级别 level 的跳跃,实现从局域搜索到全局搜索的转换),并转到步骤 2,否则直接转到步骤 2。

⑦ 限制的计算。

每当解得到改善时(即获得了一个至今最好的解),执行以下操作得到新的限制：

- 搜索 LN 次当前最优解的邻域,得到 LN 个解的目标值。
- 把这 LN 个值与当前最优解的值按照升序排列。
- 把排列后的 LN＋1 个值依次赋给限制 Restriction(0),Restriction(1),…,Restriction(LN)。
- 取其中 Restriction(0),Restriction(1),…,Restriction(LL)部分作为算法的局域搜索限制,而 Restriction(GL),Restriction(GL＋1),…,Restriction(LN)部分作为算法的全局搜索限制。

(3) 算法的实验求解。

通过采用 Java 语言实现的捕食搜索算法在 Windows 平台上实现。算法参数设置为 $S＝4,LN＝8,LL＝2,GL＝6,CM＝80$,不可解的惩罚比例系数为 500。最终求得的最优值为 67.5,并将该算法与标准遗传算法的求解进行比较,结果表明捕食搜索算法具有明显的优势,其求得的最优值是令人满意的。

3. 捕食搜索算法的应用条件

不可否认,只有当猎物聚集时,捕食时采用这种策略效率才高,可以想象,当猎物分布很扩散而且没有规律时,捕食者进行局域搜索只能无功而返。同样,捕食搜索也只有在较好解聚集时才有效,特别当较好解聚集于全局最优点时,捕食搜索的搜索效率很高。

Linhares Alexandre 指出,捕食搜索算法对于局部最优解聚集于全局最优解附近的组合优化问题,如旅行商问题和二分图问题,其搜索效率很高,这与动物捕食的本质一致。

另外,Coventry 大学的 C. R. Reeves 求解了流水车间问题的 50 个局部最优解,然后分析了它们的函数值与已知全局最优解的距离之间的关系,得出了如下结论：流水车间问题的较好的局部最优解聚集于全部最优解,由此可见,捕食搜索算法也适合于求解流水车间问题。

本章习题

7-1　设计在 7.2 节图 7-24 所示的残余网络中寻找负费用圈 1—2—5—3—1 的过程。

7-2　餐巾计划问题。一个餐厅在相继的 N 天里,每天需用的餐巾数不尽相同。假设第 i 天需要 r_i 块餐巾($i＝1,2,…,N$)。餐厅可以购买新的餐巾,每块餐巾的费用为 p 元；或者把旧餐巾送到快洗部,洗一块需 m 天,其费用为 f 元；或者送到慢洗部,洗一块需 n 天($n＞m$),其费用为 $s(s＜f)$元。每天结束时,餐厅必须决定将多少块脏的餐巾送到快洗部,多少块餐巾送到慢洗部,以及多少块保存起来延期送洗。但是每天洗好的餐巾和购买的新餐巾数之和,要满足当天的需求量。试设计一个算法为餐厅合理地安排好 N 天中餐巾使用计划,使总的花费最小。

7-3　试题库问题。假设一个试题库中有 n 道试题。每道试题都标明了所属类别。同一道题可能有多个类别属性。现要从题库中抽取 m 道题组成试卷。并要求试卷包含指定类型的试题。试设计一个满足要求的组卷算法。

7-4　深海机器人。深海资源考察探险队的潜艇将到达深海的海底进行科学考察。潜艇内有多个深海机器人。潜艇到达深海海底后,深海机器人将离开潜艇向预定目标移动,在移动过程中还必须沿途采集海底生物标本。沿途生物标本由最先遇到它的深海机器人完成采集。每条预定路径上的生物标本的价值是已知的,且生物标本只能被采集一次。本题限定深海机器人只能从其出发位置沿着向北或向东的方向移动,且多个深海机器人可以在同一时间占据同一位置。

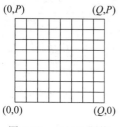

(0,P)　　　　(Q,P)

(0,0)　　　　(Q,0)

图 7-39　$P \times Q$ 网格

用一个 $P \times Q$ 网格表示深海机器人的可移动位置,如图 7-39 所示。西南角的坐标为 $(0,0)$,东北角的坐标为 (Q,P)。给定每个深海机器人的出发位置,以及每条网格边上生物标本的价值。计算深海机器人的最优移动方案,使深海机器人到达目的地后,采集到的生物标本的总价值最高。

7-5　太空机器人问题。W 教授正在为国家航天中心计划一系列的太空飞行。每次太空飞行可进行一系列商业性实验而获取利润。现已确定了一个可供选择的实验集合 $E = \{E_1, E_2, \cdots, E_m\}$ 和进行这些实验需要使用的全部仪器的集合 $I = \{I_1, I_2, \cdots, I_n\}$。实验 E_j 需要用到的仪器是 I 的子集 R_j。运送仪器 I_k 的费用为 c_k 元。实验 E_j 的赞助商已同意为该实验结果支付 p_j 元。W 教授的任务是找出一个有效算法,确定在一次太空飞行中要进行哪些实验并因此而配置哪些仪器才能使太空飞行的净收益最大。这里净收益是指进行实验所获得的全部收入与配置仪器的全部费用的差额。

7-6　圆桌问题。假设有来自 n 个不同单位的代表参加一次国际会议。每个单位的代表数分别为 $R_i (i=1,2,3,\cdots,n)$。会议餐厅共有 m 张餐桌,每张餐桌可容纳 $C_i (i=1,2,3,\cdots,m)$ 个代表就餐。为了使代表们充分交流,希望从同一个单位来的代表不在同一个餐桌就餐。试对该实例设计一个算法,给出满足要求的代表就餐方案。

第8章

NP 完全理论

学习目标

☑ 理解易解问题和难解问题；

☑ 理解 P 类与 NP 类的概念；

☑ 理解 NP 完全问题的概念；

☑ 理解近似算法的性能比及相对误差的概念；

☑ 通过实例理解 NP 完全问题的近似算法，能够针对 NP 完全问题设计近似算法，计算近似比。

NP Complete(NP 完全)一词是 20 世纪 70 年代初才开始出现的一个新术语。在短短的几十年间，它在数学、计算机科学和运筹学等领域广为流传，其蔓延之势至今有增无减。今天，NP Complete 一词已经成为算法设计者在求解规模大而又复杂困难的问题时所面临的某种难以逾越的深渊的象征。这是一个耗费了很多时间和精力也没有解决的终极问题，堪比物理学中的大统一和数学中的哥德巴赫猜想等问题。

2000 年初，美国克雷数学研究所的科学顾问委员会选定了 7 个"千年大奖问题"，该研究所的董事会决定建立 700 万美元的大奖基金，每个"千年大奖问题"的解决都可获得百万美元的奖励。克雷数学研究所"千年大奖问题"的选定，其目的不是为了形成新世纪数学发展的新方向，而是推动解决数学家们梦寐以求而期待解决的重大难题。NP 完全问题排在百万美元大奖的首位，足见它的显赫地位和无穷魅力。

现在，人们已经认识到，在科学和很多工程技术领域里，常常遇到的许多有重要意义而又没有得到很好解决的难题是 NP 完全问题。另外，由于人们的新发现，这类问题的数目不断增加。

因此，熟悉和了解 NP 完全问题的概念以及相关理论，对于所有关心上述各个领域中可计算性方面的人们和算法设计者来讲，是一件具有重要意义的事情。

8.1　易解问题和难解问题

无论是计算机专业人士还是计算机科学家，在研究问题的计算复杂性时，他们首先考虑的都是一个给定的问题是不是能够用某些算法在多项式时间内求解，即算法的时间复杂性

是不是 $O(n^k)$,其中,n 是问题规模,k 是一个非负整数。Ednonds 于 1965 年指出只有多项式时间算法才称得上是"好"算法,他还认为有的问题可能不存在求解它们的这种"好"算法。

其实,多项式时间复杂性并不一定就意味着较低的时间要求,例如:$10^{99}n^8$ 和 n^{100} 都是多项式函数,但它们的值却大得惊人。既然如此,为什么科学家还要用它作为标准去定义问题呢?原因可能有以下几个:

(1)这样做可以为有过多时间要求的那类问题提供一个很好的标准。

(2)多项式函数在加、乘运算下是自封闭的,且在那些可以作为有用的分析算法复杂性的函数类中,多项式函数是具有这种性质的最小函数类。

(3)多项式时间复杂性的分析结果,对于常用的各种计算机形式模型,具有不变性。

应该说明,对于能找到多项式时间算法的实际问题,它们的多项式时间复杂性函数,一般都不含有特大系数或较高幂指数的项。

通常,人们将存在多项式时间算法的问题称为易解问题,将需要在指数时间内解决的问题称为难解问题。

目前,已经得到证明的难解问题只有两类:不可判定问题和非决定的难处理问题。

(1)不可判定问题。

该类问题是不能解问题。它们太难了,以至于根本不存在能求解它们的任何算法。如著名的图灵机停机问题:给定一个计算机程序和一个特定的输入,判定该程序是进入死循环,还是可以停机。图灵于 1936 年证明了该问题是一个不可判定问题。以后,人们又相继证明了其他一些问题,如希尔伯特第十问题,即整数多项式方程的可解性问题也是不可判定问题。

(2)非决定的难处理问题。

这类问题是可判定的(即可解的)。但是,即使使用非决定的计算机也不能在多项式时间内求解它们。所谓的非决定的计算机,是指人们在研究可计算性理论时引入的一种假想计算机,这种计算机具有能同时处理无数个并行的、相互独立的计算序列的能力。而现实世界中的计算机都是决定的计算机,它们不可能有如此强大的功能,在每一时刻它们只能处理一个计算序列。

20 世纪 60 年代初和 70 年代初,分别由 Hartimanis 和 Meyer 等证明了某些"人造的"问题和"天然的"问题属于非决定的难处理问题。

值得注意的是,通常人们在实际中遇到的那些难解的且有重要实用意义的许多问题都是可判定的(即可求解),且都能用非决定的计算机在多项式时间内求解。不过,人们还不知道,是否能用决定的计算机在多项式时间内求解这些问题,这类问题正是 NP 完全性理论要研究的主要对象。

8.2 P 类问题和 NP 类问题

在讨论 NP 完全问题时,经常考虑的是仅仅要求回答"是"或"否"的判定问题,因为判定问题可以容易地表达为语言的识别问题,从而方便在图灵机上求解。需要注意的是,许多重要问题以它们最自然的形式出现时并不是判定问题,但可以化简为一系列更容易研究的判定问题。例如,图的 m 可着色优化问题是这样表述的:在对图的顶点着色时,最少需要几种颜色才能使任意有边相连的两个顶点不同色? 换一种问法就可以将其转换为判定问题:是否可以用不超过 m 种颜色对图的顶点着色,使得任意有边相连的两个顶点不同色? $m=$ $1,2,\cdots$。

严格意义上,P 类问题和 NP 类问题的定义是针对语言识别问题(该问题是一种特殊的判断问题)基于图灵机(Turing Machine)计算模型给出的。本节从算法的角度给出这两类问题的一种非形式化的简单解释。

8.2.1 P 类问题

定义 5 设 A 是问题 Π 的一个算法。如果在处理问题 Π 的实例时,在算法的执行过程中,每一步只有一个确定的选择,则称算法 A 是确定性算法。因此,确定性算法对于同样的输入实例一遍又一遍地执行,其输出从不改变。通常在写程序时,用到的都是一些确定性算法,比如说排序算法和查找算法等。

定义 6 如果对于某个判定问题 Π',存在一个非负整数 k,对于输入规模为 n 的实例,能够以 $O(n^k)$ 的时间运行一个确定性算法,得到"是"或"否"的答案,则该判定问题 Π' 是一个 P(polynomial)类问题。

从定义 6 可以看出,P 类问题是一类能够用确定性算法在多项式时间内求解的判断问题。事实上,所有易解问题都属于 P 类问题。例如,最短路径(Shortest Path)判定问题就属于 P 类问题,该问题的描述为:给定有向带权图 $G=(V,E)$,正整数 k 及两个顶点 $s,t\in V$,是否存在一条由 s 到 t,长度至多为 k 的路径。

8.2.2 NP 类问题

其实,绝大多数判定问题都存在一个公共特性:对于某问题,很难找到其多项式时间的算法(或许根本不存在),但是如果给了该问题的一个答案,则可以在多项式时间内判断或验证这个答案是否正确。比如哈密尔顿回路问题,很难找到其多项式时间的算法,但如果给出一个任意的回路,很容易判断它是否是哈密尔顿回路(只要看是不是所有的顶点都在回路中即可)。这种可以在多项式时间内验证一个解是否正确的问题称为 NP 问题。

简言之,虽然对问题的求解是困难的,但要验证一个待定解是否解决了该问题却是简单的,且这种验证可以在多项式时间内完成。为此,计算机科学家们给出了以下概念。

定义 7 设 A 是求解问题 Π 的一个算法,如果该算法以如下两阶段的方式工作,就称算法 A 是不确定算法。

猜测(非确定)阶段:对规模为 n 的输入实例 L,生成一个输出结果 S,把它作为给定实例 L 的一个候选解,该解可能是相应输入实例 L 的解,也可能不是,甚至完全不着边际。但是,它能够以多项式时间 $O(n^i)$ 来输出这个结果,其中 i 是一个非负整数。在很多问题中,这一阶段可在线性时间内完成。

验证(确定)阶段：在该阶段,需要采用一个确定性算法,把 L 和 S 都作为该算法的输入,如果 S 的确是 L 的一个解,算法停止且输出"是";否则,算法输出"否"或继续执行。

例如,考虑旅行商问题(TSP)的判断问题：给定 n 个城市、正常数 k 及城市之间的费用矩阵 C,判定是否存在一条经过所有城市一次且仅一次,最后返回住地城市且费用小于常数 k 的回路。假设 A 是求解 TSP 的算法。首先,A 用非确定的算法猜测存在这样一条回路是 TSP 的解。然后,用确定性算法验证这个回路是否正好经过每个城市一次,并返回住地城市。如果答案是"是",则继续验证这个回路的费用是否小于或等于 k,如果答案仍为"是",则算法 A 输出"是",否则算法输出"否"。因此,A 是求解 TSP 的不确定算法。显然,算法 A 输出"否",并不意味着不存在一条所要求的回路,因为算法的猜测可能是不正确的。另外,对所有的实例 L,算法 A 输出"是",当且仅当在实例 L 中,至少存在一条满足要求的回路。

通常,如果一个不确定算法能够以多项式时间 $O(n^j)$ 完成验证阶段,就说它是不确定多项式类型的。其中 j 是某个非负整数。

由于非确定算法的运行时间是猜测阶段和验证阶段的运行时间之和,所以如果存在一个确定性算法能够以多项式时间验证在猜测阶段所产生的答案,那么非确定算法的运行时间为 $O(n^i)+O(n^j)=O(n^k)$,$k=\max\{i,j\}$。这样,可以对 NP 类问题定义如下。

定义 8 如果对于某个判定问题 Π,存在一个非负整数 k,对于输入规模为 n 的实例,能够以 $O(n^k)$ 的时间运行一个不确定算法,得到"是"或"否"的答案,则该判定问题 Π 是一个NP(Nondeterministic Polynomial)类问题。

从定义 8 可以看出,NP 类问题是一类能够用不确定算法在多项式时间内求解的判定问题。对于 NP 类判定问题,重要的是它必须存在一个确定算法,能够以多项式时间来验证在猜测阶段所产生的答案。

如求解旅行商问题的算法 A,显然,A 可在猜测阶段用多项式时间猜测出一条回路,并假定它是问题的解;验证阶段在多项式时间内可对猜测阶段所做出的猜测进行验证。因此,旅行商问题是 NP 类问题。

NP 类问题是难解问题的一个子类,并不是任何一个在决定计算机上需要指数时间的问题都是 NP 类问题。例如,汉诺塔问题就不是 NP 问题,因为它对于 n 层汉诺塔需要 $O(2^n)$ 步打印出正确的移动集合,一个非确定算法不能在多项式时间猜测并验证一个答案。

由此可见,NP 类问题很有趣,它并不要求给出一个算法来求解问题本身,而只是要求给出一个确定性算法在多项式时间内验证它的解。

8.2.3　P 类问题和 NP 类问题的关系

如上所述,P 类问题和 NP 类问题的主要差别在于：

(1) P 类问题可以用多项式时间内的确定性算法进行判定或求解。

(2) NP 类问题可以用多项式时间内的不确定性算法进行判定或求解,关键是存在一个确定算法,能够以多项式的时间验证在猜测阶段所产生的答案。

微课视频

直观上看，P 类问题是在确定性计算模型下的易解问题，而 NP 类问题是非确定性计算模型下的易验证问题。因为确定性算法只是不确定算法的一种特例，显然有 $P \subseteq NP$。再者，通常认为，问题求解难于问题验证，故大多数研究者相信 NP 类是比 P 类要大得多的集合，即 $NP \not\subseteq P$，故 $P \neq NP$。可是，时至今日，还没有任何人能证明：在 NP 类中有哪个问题不属于 P 类。更有意思的是，目前也没有任何人能为 NP 类中的众多难题里面的哪怕是一个难题，找到一个多项式时间算法。$P = NP$？ 这至今仍然是一个悬而未决的问题，百万美金这个大奖还没有人拿到。

但是后来人们发现还有一系列的特殊 NP 类问题，这类问题的特殊性质使得大多数计算机科学家相信：$P \neq NP$，只不过现在还无法证明。这类特殊的 NP 问题就是 NP 完全问题。

8.3　NP 完全问题

NP 完全问题是 NP 类问题的一个子类，是更为复杂的问题。该类问题有一种奇特的性质：如果一个 NP 完全问题能在多项式时间内得到解决，那么 NP 类中的每个问题都可以在多项式时间内得到解决，即 $P = NP$ 成立。这是因为，任何一个 NP 问题均可以在多项式时间内变换成 NP 完全问题。

尽管已进行了多年的研究，但目前还没有求出一个 NP 完全问题有多项式时间算法。这些问题也许存在多项式时间算法，因为计算机科学是相对新生的科学，肯定还会有新的算法设计技术有待发现；这些问题也许不存在多项式时间算法，但目前缺乏足够的技术来证明这一点。

8.3.1　多项式变换技术

从 20 世纪 60 年代起，人们陆续实现了一些问题之间的相互转化实例。例如，1960 年，Dantzig 把一些组合优化问题，转化为一般的 0-1 整数线性规划问题。1966 年，Dantzig 与 Blattner、Bao 等一起实现了将旅行商问题转化为允许带负边长的"最短路径"问题。

这种问题之间相互变换的技术是十分有用的，因为它提供了一种重要的手段使得有可能利用求解某个问题的算法去求解另外一个问题。

如果问题 Q_1 的任何一个实例，都能在多项式时间内转化成问题 Q_2 的相应实例，从而使得问题 Q_1 的解可以在多项式时间内利用问题 Q_2 相应实例的解求出，则称问题 Q_1 是可多项式变换为问题 Q_2 的，记为 $Q_1 \propto_p Q_2$，其中 p 表示在多项式时间内完成输入和输出的转换。

多项式变换关系是可传递的，如果 $Q_1 \propto_p Q_2$ 并且 $Q_2 \propto_p Q_3$，那么有 $Q_1 \propto_p Q_3$。而如果 $Q_1 \propto_p Q_2$ 且 $Q_2 \in P$，则 $Q_1 \in P$（相应地，若 $Q_1 \notin P$，则 $Q_2 \notin P$）。

定义 9　令 Π 是一个判定问题，如果：

(1) $\Pi \in NP$，即问题 Π 属于 NP 类问题；

(2) 对 NP 中的所有问题 Π'，都有 $\Pi' \propto_p \Pi$，则称判定问题 Π 是一个 NP 完全问题（NP

Complete Problem),简记为 NPC。

8.3.2 典型的 NP 完全问题

NP 完全问题的定义要求 NP 中的所有问题,无论是已知的还是未知的,都能够在多项式时间内变换为 NP 完全问题。由于判定问题的类型多得令人不知所措,所以如果说有人已经找到了 NP 完全的一个特定例子,大家一定感到吃惊。然而,这个数学上的壮举已经由美国的 Stephen Cook 和苏联的 Leonid LeCin 分别独立完成了。Cook 在他 1971 年的论文中指出:所谓的合取范式可满足性问题就是 NP 完全问题。合取范式可满足性问题和布尔表达式有关,每一个布尔表达式都能表示成合取范式的形式,如

$$(x_1 \lor \bar{x}_2 \lor \bar{x}_3) \& (\bar{x}_1 \lor \bar{x}_2) \& (\bar{x}_1 \lor \bar{x}_2 \lor \bar{x}_3)$$

该表达式中包含了 3 个布尔变量 x_1, x_2, x_3 以及它们的非,分别标记为 $\bar{x}_1, \bar{x}_2, \bar{x}_3$。

合取范式可满足性问题是:是否可以把"真"或者"假"赋给一个给定的合取范式类型的布尔表达式中的变量,使得整个表达式的值为真。(容易看出,对于上面的式子,如果 $x_1 =$ 真,$x_2 =$ 真,$x_3 =$ 假,那么整个表达式为真)。

由于 Cook 和 LeCin 发现了第一个 NP 完全问题——合取范式可满足性问题。基于该问题,逐渐地生成一棵以它为树根的 NP 完全问题树,其中每个结点代表一个 NP 完全问题,该问题可在多项式时间内变换为其任意子结点表示的问题。目前,这棵树已有几千个结点,且在继续生长。

下面介绍这棵 NP 完全树中的几个典型的 NP 完全问题。

(1) 图着色问题(Coloring)。

给定无向连通图 $G = (V, E)$ 和一个正整数 m,判定是否可以用 m 种颜色对 G 中的顶点着色,使得任意有边相连的两个顶点的着色不同。

(2) 路径问题(Long-Path)。

给定一个带权图 $G = (V, E)$ 和正整数 k,对于图 G 中的任意两个顶点 u 和 v,判定是否存在从顶点 u 到顶点 v 的长度大于 k 的简单路径。

(3) 顶点覆盖问题(Vertex-Cover)。

给定一个无向图 $G = (V, E)$ 和一个正整数 k,判定是否存在 $V' \subseteq V, |V'| = k$,使得对于任意 $(u, v) \in E$,有 $u \in V'$ 或 $v \in V'$。如果存在这样的 V',则称 V' 为图 G 的一个大小为 k 的顶点覆盖。

(4) 子集和问题(Subset-Sum)。

给定整数集合 S 和一个整数 t,判定是否存在 S 的一个子集 $S' \subseteq S$,使得 S' 中整数的和为 t。

(5) 哈密尔顿回路问题(Hamiltonian-Cycle)。

给定一个无向图 $G = (V, E)$,判断其是否含有一条哈密尔顿回路。

(6) 旅行商问题(TSP)。

给定一个无向完全图 $G = (V, E)$ 以及定义在 $V \times V$ 上的费用函数 c 和一个整数 k,判

定图 G 是否存在经过 V 中所有顶点恰好一次的回路,使得该回路的费用不超过 k。

（7）装箱问题（Bin-Packing）。

给定大小为 w_1，w_2，$\cdots$，w_n 的物体,箱子的容量为 C,以及一个正整数 k,判定是否能够用 k 个箱子来装这 n 个物体。

最近几年来,证实为 NP 完全的问题愈来愈多,在 1979 年还只证明了三百多个,但至今已超过一千大关。这些问题互为多项式归约,即只要有一个问题求得多项式算法,则这数以千计的问题就全部有多项式算法。但是计算机科学家不能只盯着这些问题的多项式算法,因为也许有朝一日证实它们不可能有多项式时间算法,那岂不是白费精力。同时,很多问题具有实际意义,需要找出时间较快而又较好的解法。那么,究竟采取什么样的算法来求解 NP 完全问题呢?

8.4　NP 完全问题的近似算法

微课视频

对于 NP 完全问题,可采取的解题策略有只对问题的特殊实例求解,用动态规划算法或分支限界算法求解,用概率算法求解,用近似算法求解,用启发式算法求解等。本节主要讨论解决 NP 完全问题的近似算法。

一般来说,近似算法所适应的问题是最优化问题,即要求在满足约束条件的前提下,使某个目标函数值达到最大或者最小。对于一个规模为 n 的问题,近似算法应该满足下面两个基本的要求:

（1）算法的时间复杂性:要求算法能在 n 的多项式时间内完成。

（2）解的近似程度:算法的近似解应满足一定的精度。

通常,用来衡量精度的标准有近似比和相对误差。

（1）近似比。

假设一个最优化问题的最优值为 C,求解该问题的一个近似算法求得的近似值为 c。通常情况下,近似比是问题输入规模 n 的一个函数 $\rho(n)$。

如果最优化问题是最大化问题,则近似比 $\rho(n)$ 为:

$$\rho(n) = C/c$$

如果最优化问题是最小化问题,则近似比 $\rho(n)$ 为:

$$\rho(n) = c/C$$

通常情况下将该近似比记为:

$$\max\{C/c, c/C\} \leqslant \rho(n)$$

对于最大化问题,有 $c \leqslant C$,此时近似算法的近似比表示最优值 C 是近似值 c 的多少倍;

而对于一个最小化问题,有 $C \leqslant c$,此时近似算法的近似比表示近似值 c 是最优值 C 的多少倍。所以,近似算法的近似比 $\rho(n)$ 不会小于1,该近似比越大,它求出的近似解就越差。显然,近似算法的近似比越小,则算法的性能越好。如果一个近似算法能求得问题的最优解,其近似比为1。

（2）相对误差。

有时候用相对误差表示一个近似算法的精度会更方便。若一个最优化问题的最优值为 C，求解该问题的一个近似算法求得的近似值为 c，则该近似算法的相对误差 λ 定义为

$$\lambda = \left| \frac{c - C}{C} \right|$$

近似算法的相对误差总是非负的，它表示一个近似解与最优解相差的程度。若问题的输入规模为 n，则存在一个函数 $\varepsilon(n)$，使得

$$\left| \frac{c - C}{C} \right| \leqslant \varepsilon(n)$$

称 $\varepsilon(n)$ 为该近似算法的相对误差界。近似算法的近似比 $\rho(n)$ 与相对误差界 $\varepsilon(n)$ 之间显然有如下关系：

$$\varepsilon(n) \geqslant \rho(n) - 1$$

许多问题的近似算法具有固定的近似比或相对误差界，即其近似比 $\rho(n)$ 或相对误差界 $\varepsilon(n)$ 不随 n 的变化而变化。此时用 ρ 和 ε 来记近似比和相对误差界，表示它们不依赖于 n。当然，还有许多问题其近似比和相对误差界会随着输入规模 n 的增长而增大。

对于某些 NP 完全问题，可以找到这样的近似算法，其近似比可以通过增加计算量来改进。也就是说，在计算量和解的精确度之间取得一个折中：较少的计算量得到较粗糙的近似解，而较多的计算量可以获得较精确的近似解。

8.4.1　顶点覆盖问题

该问题已被证明是一个 NP 完全问题，因此，没有一个确定性的多项式时间算法来解它。所以要找到图 $G = (V, E)$ 的一个最小顶点覆盖是很困难的，但要找到一个近似最优的顶点覆盖却不太困难。

算法的设计思想为：以无向图 G 为输入，计算出 G 的近似最优顶点覆盖。用集合 Cset 来存储顶点覆盖中的各顶点。初始时 Cset 为空，边集 $E_1 = E$，然后不断从边集 E_1 中选取一条边 (u, v)，将边的端点 u 和 v 加入 Cset，并将 E_1 中与顶点 u 和 v 相邻接的所有边删去，直至 Cset 已覆盖 E_1 中所有边，即 E_1 为空时算法停止。显然，最后得到的顶点集 Cset 是无向图 G 的一个顶点覆盖，由于每次把尽量多的相邻边从边集 E_1 中删除，可以期望 Cset 中的顶点数尽量少，但不能保证 Cset 中的顶点数最少。

下面的近似算法以无向图 G 为输入，并计算出图 G 的近似最优顶点覆盖，可以保证计算出的近似最优顶点覆盖的大小不会超过最小顶点覆盖大小的 2 倍。

```cpp
struct POINT
{
    double x;                    //点的横坐标
    double y;                    //点的纵坐标
};
vector < int > vertex_cover(POINT E[], int n){
```

```
    vector < int > Cset;                    //初始化顶点覆盖
    vector < POINT > E1(E,E + n);           //用边集初始化容器
    while(!E1.empty()){
        POINT e = E1.front();               //取第一条边
        E1.erase(E1.begin());               //删除第一条边
        //把取下的第一条边的两个端点放入顶点覆盖集
        Cset.push_back(e.x);
        Cset.push_back(e.y);
        //遍历容器中的每条边
        vector < POINT >::iterator iter;
        for(iter = E1.begin();iter < E1.end();iter++)
        {
            if((( * iter).x == e.x) ||(( * iter).x == e.y)||(( * iter).y == e.x)||(( *
iter).y == e.y))
            {
                E1.erase(iter);             //删除其中有一个端点在 Cset 中的边
                iter -- ;                   //删除元素后,后面的元素前移,所以迭代器必须减1;
            }
        }
    }
    return Cset;
}
```

考查一下该近似算法的性能。若用 A 来记录算法循环中选取的边的集合,则 A 中任何两条边没有公共端点。因为算法选择了一条边,并在将其端顶点加入顶点覆盖集 Cset 后,就将 E_1 中与该边关联的所有边从 E_1 中删去。因此,下一次再选出的边就与该边没有公共顶点。由数学归纳法易知,A 中各边均没有公共端点。算法终止时有 $|\text{Cset}| = 2|A|$。另外,图 G 的任一顶点覆盖,一定包含 A 中各边的至少一个端顶点,G 的最小顶点覆盖也不例外。因此,若最小顶点覆盖为 Cset',则 $|\text{Cset}'| \geqslant |A|$。由此可得 $|\text{Cset}| \leqslant |\text{Cset}'|$。也就是说,顶点覆盖问题的近似算法的性能比为 2。

8.4.2　装箱问题

1. 问题的描述

设有 n 个物品 $w_1, w_2, \cdots, w_n$ 和若干体积均为 C 的箱子 $b_1, b_2, \cdots, b_k, \cdots$。$n$ 个物品的体积分别为 $s_1, s_2, \cdots, s_n$,且有 $s_i \leqslant C (1 \leqslant i \leqslant n)$。要求把所有物品分别装入箱子且物品不能分割,使得占用箱子数最少的装箱方案。

2. 算法设计方案

最优装箱方案可以通过把 n 个物品划分为若干子集,每个子集的体积和小于或等于 C,然后取子集个数最少的划分方案。但是,这种划分可能的方案数有 $(n/2)^{n/2}$ 种,在多项式时间内不能保证找到最优装箱方案。

这个问题可以用下面 4 种方法来解决,它们都是基于探索式的。

(1) 首次适宜法。

该方法把箱子按下标 $1, 2, \cdots, k, \cdots$ 标记,所有的箱子初始化为空;将物品按 $w_1, w_2, \cdots,$

w_n 的顺序装入箱子。装入过程如下：首先把第一个物品 w_1 装入第一个箱子 b_1，如果 b_1 还能容纳第二个物品，则继续把第二个物品 w_2 装入 b_1；否则，把 w_2 装入 b_2。一般地，为了装入物品 w_i，先找出能容 w_i 的下标最小的箱子 b_k，再把物品 w_i 装入箱子 b_k。重复这些步骤，直到把所有物品都装入箱子为止。

首次适宜法求解装箱问题的算法如下：

```
template < class Type > bool first_fit(int n, Type C, int box_count, Type b[ ], Type s[ ])
  {
    int i, j, k = 0;
    for(i = 1; i < = n; i++)
      b[i] = 0;                       //箱子初始化为空
    for(i = 1; i < = n; i++)          //物品按顺序装入箱子
    {
      j = 1;
      while(C − b[j]< s[i])          //查找能容纳物品 i 的下标最小的箱子 j
        j++;
      b[j] = b[j] + s[i];
      k = max(j, k);                  //已装入物品的箱子的最大下标
    }
    return k < = box_count;           //返回是否能有装入方案
  }
```

显然，该算法的基本语句是查找第 1 个能容纳物品 i 的箱子，其时间复杂性为 $O(n^2)$。算法的近似比估计如下：

假设 C 为一个单位的体积，即 $C=1$；显然 $s_i \leqslant 1$。令首次适宜法得到的近似解为 k，即使用的箱子数；m 为最优装入时所使用的箱子数。那么，在这个算法中，至多有一个非空的箱子所装的物品体积小于 $1/2$。否则，如果有两个以上的箱子所装的物品体积小于 $1/2$，假设这两个箱子是 b_i 和 b_j，且 $i<j$，那么装入 b_i 和 b_j 中物品的体积均小于 $1/2$。按照这个算法的思想，必须把 b_j 中的物品继续装入 b_i，而不会装入另外的箱子。

此时，令 C_i 为第 i 个箱子中装入的物品体积，X_i 为第 i 个箱子的空余体积，则

$$\sum_{i=1}^{k} C_i = \sum_{i=1}^{n} s_i$$

并有 $X_i < C_i, i=1,2,\cdots,k-1$。对第 k 个箱子，要么是 $X_k < C_k$，要么是 $X_k > C_k$。对后一种情况，有 $X_{k-1} < C_k, X_k < C_{k-1}$，所以 $X_{k-1} + X_k < C_{k-1} + C_k$。因此，对于这两种情况都有

$$\sum_{i=1}^{k} X_i < \sum_{i=1}^{k} C_i = \sum_{i=1}^{n} s_i$$

所以，

$$k = \sum_{i=1}^{k} C_i + \sum_{i=1}^{k} X_i < 2 \sum_{i=1}^{n} s_i$$

在最优装入时，m 个箱子恰好装入全部物品，即

$$m = \sum_{i=1}^{m} C_i = \sum_{i=1}^{n} s_i$$

从而有

$$k < 2m$$

得出首次适宜法的近似比为 $\dfrac{k}{m} < 2$。

（2）最适宜法。

该方法的物品装入过程与首次适宜法类似，不同的是，为了装入物品 w_i，首先检索能容纳 s_i，并且装入物品 w_i 后使得剩余容量最小的箱子 b_k，再把物品装入该箱子。重复这些步骤，直到把所有物品都装入箱子为止。

最适宜法求解装箱问题的算法如下：

```
template < class Type > bool best_fit(int n, Type C, int box_count, Type b[ ], Type s[ ])
    {
    int i, j, k = 0;
    for(i = 1; i < = n; i++)
       b[ i ] = 0;                              //箱子初始化为空

    for(i = 1; i < = n; i++)                     //物品按顺序装入箱子
    {
       Type min = C;
       int m = k + 1;
       for(j = 1; j < = n; j++)
       {
          Type temp = C - b[ j ] - s[ i ];       //查找能容纳物品 i 且剩余容量最小的箱子 j
             if(temp > 0&&temp < min)
             { min = temp; m = j; }
       }
       b[ m ] = b[ m ] + s[ i ];
       k = max(k, m);                           //已装入物品的箱子的最大下标
    }
    return k < = box_count;
 }
```

显然，最适宜法的时间复杂度也是 $O(n^2)$。其近似比与首次适宜法的近似比相同。

（3）首次适宜降序法和最适宜降序法。

首次适宜降序法的思想是：首先将物品按体积大小递减的顺序排序，然后用首次适宜法装入物品。

最适宜降序法的思想是：首先将物品按体积大小递减的顺序排序，然后用最适宜法装入物品。

这两个算法均需要对物品按其体积大小的递减顺序排序，需要 $O(n\log n)$ 时间，而又需要分别调用首次适宜法和最适宜法把物品装入箱子，需 $O(n^2)$ 时间，因此，这两个算法的时

间复杂性也是 $O(n^2)$。此外,这两个算法的近似比也相同,均优于首次适宜法和最适宜法。请读者参照首次适宜法自行分析。

3. C++实战

相关代码如下。

```cpp
#include<iostream>
#include<algorithm>
using namespace std;
template<class Type> bool first_fit(int n,Type C,int box_count,Type b[],Type s[])
    {
        int i,j,k=0;
        for(i=1;i<=n;i++)
            b[i]=0;                      //箱子初始化为空
        for(i=1;i<=n;i++)                //物品按顺序装入箱子
        {
            j=1;
            while(C-b[j]<s[i])           //查找能容纳物品 i 的下标最小的箱子 j
                j++;
            b[j]=b[j]+s[i];
            k=max(j,k);                  //已装入物品的箱子的最大下标
        }
        return k<=box_count;
    }

template<class Type> bool best_fit(int n,Type C,int box_count,Type b[],Type s[])
    {
        int i,j,k=0;
        for(i=1;i<=n;i++)
            b[i]=0;                      //箱子初始化为空

        for(i=1;i<=n;i++)                //物品按顺序装入箱子
        {
            Type min=C;
            int m=k+1;
            for(j=1;j<=n ;j++)
            {
                Type temp=C-b[j]-s[i];   //查找能容纳物品 i 且剩余容量最小的箱子 j
                    if(temp>0&&temp<min)
                    { min=temp; m=j; }
            }
            b[m]=b[m]+s[i];
            k=max(k,m);                  //已装入物品的箱子的最大下标
        }
        return k<=box_count;
    }
bool cmp1(double a,double b){
        return a>b;
    }
```

```cpp
template < class Type > bool first_fit_desc(int n, Type C, int box_count, Type b[ ], Type s[ ])
    {
        int i, j, k = 0;
        for( i = 1; i <= n; i++)
            b[ i] = 0;                         //箱子初始化为空
        sort(s, s + n, cmp1);
        for( i = 1; i <= n; i++)               //物品按顺序装入箱子
        {
            j = 1;
            while(C - b[ j] < s[ i])           //查找能容纳物品 i 的下标最小的箱子 j
                j++;
            b[ j] = b[ j] + s[ i];
            k = max(j, k);                     //已装入物品的箱子的最大下标
        }
        return k <= box_count;
    }


template < class Type > bool best_fit_desc(int n, Type C, int box_count, Type b[ ], Type s[ ])
    {
        int i, j, k = 0;
        for( i = 1; i <= n; i++)
            b[ i] = 0;                         //箱子初始化为空
        sort(s, s + n, cmp1);
        for( i = 1; i <= n; i++)               //物品按顺序装入箱子
        {
            Type min = C;
            int m = k + 1;
            for( j = 1; j <= n ; j++)
            {
                Type temp = C - b[ j] - s[ i]; //查找能容纳物品 i 且剩余容量最小的箱子 j
                    if( temp > 0&&temp < min)
                    { min = temp; m = j; }
            }
            b[ m] = b[ m] + s[ i];
            k = max(k, m);                     //已装入物品的箱子的最大下标
        }
        return k <= box_count;
    }

int main(){
    double C = 8;
    int n = 13;
    int box_counts = 5;
    double s[n] = {1, 1, 2, 3, 5, 1, 1, 3, 2, 2, 1, 1, 2};
    double * b = new double[n];
    double s_max = 0;
    double s_sum = 0;
    for( int i = 0; i < n; i++)
    {
        if (s_max > s[ i])
```

```
            s_max = s[i];
        s_sum += s[i];
    }
//如果存在某个物品的重量大于箱子的容量,则无方案
    if (s_max > C)
        cout <<"无方案"<< endl;
//如果物品的总重量大于箱子的总容量
    if(s_sum > box_counts * C)
        cout <<"无方案"<< endl;
    bool k1 = first_fit(n,C,box_counts,b,s);
    bool k2 = best_fit(n,C,box_counts,b,s);
    bool k3 = first_fit_desc(n,C,box_counts,b,s);
    bool k4 = best_fit_desc(n,C,box_counts,b,s);
    cout <<"k1 = "<< k1 << endl;
    cout <<"k2 = "<< k2 << endl;
    cout <<"k3 = "<< k3 << endl;
    cout <<"k4 = "<< k4 << endl;
}
```

8.4.3　旅行商问题

1. 问题描述

旅行商问题(TSP)的描述为:给定一个无向带权图 $G=(V,E)$,对每一个边 $(u,v)\in E$,都有一个非负的常数费用 $c(u,v)>0$,求 G 中费用最小的哈密尔顿回路。可以把旅行商问题分为两种类型:如果图 G 中的顶点在一个平面上,任意两个顶点之间的距离为欧几里得距离。那么,对于图中的任意 3 个顶点 u、v、$w\in V$,其费用函数具有三角不等式性质: $c(u,v)\leqslant c(u,w)+c(w,v)$。通常把具有这种性质的旅行商问题称为欧几里得旅行商问题,反之,把不具有这种性质的旅行商问题称为一般的旅行商问题。

可以证明,即使费用函数具有三角不等式性质,旅行商问题仍为 NP 完全问题。因此不太可能找到解此问题的多项式时间算法,但可以设计一个近似算法,其近似比为 2。而对于一般的旅行商问题,则不可能设计出具有常数近似比的近似算法,除非 $P=NP$。简单起见,本书只讨论欧几里得旅行商问题。

2. 欧几里得旅行商问题的近似算法设计

对于给定的无向图 G,可以利用找图 G 的最小生成树的算法,设计一个找近似最优的旅行商问题回路的算法。当费用函数满足三角不等式时,该算法找出的费用不会超过最优费用的 2 倍。

算法的设计思想为:在图中任选一个顶点 u,用 Prim 算法构造图 G 的以 u 为根的最小生成树 T,然后用深度优先搜索算法遍历最小生成树 T,取得按前序遍历顺序存放的顶点序列 L,则 L 中顺序存放的顶点号即为欧几里得旅行商问题的解。

下面考查算法的近似比,设 H^* 是满足三角不等式的无向图 G 的最小费用哈密尔顿回路,则 $c(H^*)$ 是 H^* 的费用;T 是由 Prim 算法求得的最小生成树,$c(T)$ 是 T 的费用;H

是由算法得到的近似解,也是图 G 的一个哈密尔顿回路,则 $c(H)$ 是 H 的费用。

因为从 H^* 中任意删去一条边,可得到图 G 的一个生成树,由于 T 是最小生成树,故有 $c(T){\leqslant}c(H^*)$。设算法深度优先前序遍历树 T 得到的路径为 R,由于对 T 所做的完全遍历经过 T 的每条边恰好两次,所以有 $c(R)=2c(T)$。然而 R 还不是一个旅行商问题的回路,它访问了图 G 中某些顶点多次。由费用函数三角不等式可知,可以在 R 的基础上,从中删去已访问过的顶点,而不会增加总费用。所以有 $c(H){\leqslant}c(R)$;从而得出 $c(H){\leqslant}2c(H^*)$。也就是说,算法的近似比为 2。

3. C++实战

相关代码如下。

```cpp
#include<iostream>
#include<cfloat>
#define INF DBL_MAX
using namespace std;
//定义边结构数据
double Prim(int n,int u0,double ** prim,double ** C)    //顶点个数 n、开始顶点 u0、带权邻
                                                        //接矩阵 C,最小生成树 prim
{   //如果 s[i]=true,说明顶点 i 已加入最小生成树的顶点集合 U; 否则顶点 i 属于集合 V-U
    bool s[n];
    int closest[n];
    double lowcost[n];
    double w = 0;
    s[u0] = 1;                          //初始时,集合 U 中只有一个元素,即顶点 u0
    for(int i = 0;i < n; i++)
        if(i!= u0){
            lowcost[i] = C[u0][i];
        closest[i] = u0;
        s[i] = false;
        }
    for (int i = 0;i < n; i++)          //在集合 V-U 中寻找距离集合 U 最近的顶点并且
                                        //更新 lowcost 和 closest
    {
        double temp = INF;
        int t = u0;
        for(int j = 0;j < n;j++)        //在集合 V-U 中寻找距离集合 U 最近的顶点 t
            if((!s[j])&&(lowcost[j]< temp)) {
                t = j;
                temp = lowcost[j];
            }
        if(t == u0)
            break;                      //找不到 t,跳出循环
        s[t] = true;                    //否则,将 t 加入集合 U
        prim[closest[t]][t] = C[t][closest[t]];
        prim[t][closest[t]] = C[t][closest[t]];
        w += C[t][closest[t]];
        for(int j = 0;j < n; j++)       //更新 lowcost 和 closest
```

```
            if((!s[j])&&(C[t][j]< lowcost[j])){
                    lowcost[j] = C[t][j];
                    closest[j] = t;
            }
        }
    return w;
}


//从顶点 k 出发进行深度优先搜索
template < class Type > void Dfsk( int n, int k, Type ** c, bool * visited)
{
    visited[k] = 1;                         //标记顶点 k 已被访问过
    for( int j = 0; j < n; j++)
        if(c[k][j] == 1 && visited[j] == 0)     //c[][]是图 G 对应的邻接矩阵
        {
            cout << j <<" ";
            Dfsk( n, j, c, visited);
        }
}
//深度优先搜索整个图 G
template < class Type > void Dfs( int n, Type ** c, bool * visited)
{
    for( int i = 0; i < n; i++)
        if(visited[ i] == 0){
            cout << i <<" ";
            Dfsk( n, i, c, visited);
        }
}
int main(){
    //double c[6][6] = {{INF, 6, 1, 5, INF, INF}, {6, INF, 5, INF, 3, INF}, {1, 5, INF, 5, 6, 4}, {5, INF, 5,
INF, INF, 2}, {INF, 3, 6, INF, INF, 6}, {INF, INF, 4, 2, 6, INF}};
    cout <<"请输入顶点个数 n:";
    int n;
    cin >> n;
    //标记图中顶点是否被访问过,顶点编号从 1 开始
    bool * visited = new bool[n];
    double ** C = new double * [n];
    double ** prim = new double * [n];
    for( int i = 0; i <= n; i++)
    {
        C[ i] = new double [n];
        prim[ i] = new double[n];
    }

    //输入图的邻接矩阵
    cout <<"请按行输入图的邻接矩阵: ";
    for( int i = 0; i <= n; i++){
        for( int j = 0; j <= n; j++)
        {
            cin >> C[ i][ j];
```

```
            prim[i][j] = INF;
        }
    }
    for(int i = 0;i < n;i++)
        visited[i] = 0;                    //用 0 表示顶点未被访问过
    Prim(n,0,prim,C);
    Dfs(n,prim,visited);
    delete []visited;
    for(int i = 0;i < n;i++)
    {
        delete []C[i];
        delete []prim[i];
    }
    delete []C;
    delete []prim;
}
```

8.4.4 集合覆盖问题

集合覆盖问题是一个最优化问题,也是一个 NP 完全问题,其原型是多资源选择问题。集合覆盖问题可以看作是图的顶点覆盖问题的推广。

1. 问题描述

集合覆盖问题的一个实例 (X,F) 由一个有限集 X 及 X 的一个子集族 F 组成。子集族 F 覆盖了有限集 X。也就是说,X 中每一元素至少属于 F 中的一个子集,即 $X = \bigcup_{S \in F} S$。对于 F 的一个子集 $C \subseteq F$,若 C 中的 X 的子集覆盖了 X,即 $X = \bigcup_{S \in C} S$,则称 C 覆盖了 X。集合覆盖问题就是要找出 F 中覆盖 X 的最小子集,使得 $|C'| = \min\{|C| | C \subseteq F \text{ 且 } C \text{ 覆盖 } X\}$。

集合覆盖问题是对许多常见的组合问题的抽象。例如,假设 X 表示解决某一问题所需的各种技巧的集合,且给定一个可用来解决该问题的人的集合,其中每个人掌握若干种技巧。希望从这些人的集合中选出尽可能少的人组成一个委员会,使得 X 中的每一种技巧,都可以在委员会中找到掌握该技巧的人。这个问题的实质就是一个集合覆盖问题。

2. 算法设计

对于集合覆盖问题,可以设计出一个简单的贪心算法,求出该问题的一个近似最优解。这个近似算法具有对数近似比。

令集合 U 存放每一阶段中尚未被覆盖的 X 中元素,集合 C 包含了当前已构造的覆盖。算法的求解步骤如下:

(1) 初始化,令 $U = X$,C 为空集。

(2) 首先选择子集族 F 中覆盖了尽可能多的未被覆盖元素的子集 S。

(3) 将 U 中被 S 覆盖的元素删去,并将 S 加入 C。

(4) 如果集合 U 不为空,重复步骤(2)和步骤(3)。否则,算法结束,此时 C 中包含了覆

盖 X 的 F 的一个子集族。

容易证明,该算法的近似比为 $\ln|X|+1$。感兴趣的读者可自行分析。

3. C++实战

相关代码如下。

```cpp
#include<iostream>
#include<set>
#include<algorithm>
using namespace std;
void set_cover(set<string> X,set<string> * F,int n,bool * flag){
    set<string> U;
    U.insert(X.begin(),X.end());            //用集合 X 初始化 U
    int k = 0;
    while(U.size()>0){
        int max_count = 0;
        for(int i = 0;i < n;i++)
        {
            if(!flag[i])
            {
                set<string> A;
                //求 U 与 F[i]交集
set_intersection(U.begin(),U.end(),F[i].begin(),F[i].end(),inserter(A,A.begin()));
                int count = A.size();
                //记录最大交集
                if(max_count < count)
                {
                    max_count = count;
                    k = i;              //k 记录覆盖 U 中最多元素的集合
                }
            }
        }
        flag[k] = true;
        set<string> B;
        //求集合 U 与 F[i]的差集,即去掉 F[i]覆盖的 U 中的元素
        set_difference(U.begin(),U.end(),F[k].begin(),F[k].end(),inserter(B,B.begin()));
        U.clear();                          //清空 U 集
        U.insert(B.begin(),B.end());    //去掉覆盖元素后的 U 集,即 U 中元素是未被覆盖的元素
    }
}
int main(){
    string x[8] = {"北京","上海","天津","广州","深圳","成都","杭州","大连"};
    set<string> X(x,x + 8);
    set<string> * F = new set<string>[5];
    F[0].insert("北京");
    F[0].insert("天津");
    F[0].insert("上海");
    F[1].insert("广州");
    F[1].insert("北京");
```

```
        F[1].insert("深圳");
        F[2].insert("成都");
        F[2].insert("上海");
        F[2].insert("杭州");
        F[3].insert("上海");
        F[3].insert("天津");
        F[4].insert("杭州");
        F[4].insert("大连");
        bool flag[5] = {false,false,false,false,false};
        set_cover(X,F,5,flag);
        for(int i = 0;i < 5;i++)
            if(flag[i])
                cout <<"集合簇 F 中的第"<< i <<"个集合为顶点覆盖集中的元素"<< endl;
    }
```

拓展知识：DNA 计算

DNA 可能是完成计算的最完美材料。DNA 计算的创始人是美国加州大学的 Adleman 教授,他于 1994 年利用 DNA 计算方法解决了一个著名的数学难题"七顶点哈密尔顿路径"。最近,科学家们开始利用 DNA 计算来创造生物计算机,将其放在人体或生物体内工作,其计算结果可通过荧光蛋白的活动读取。

DNA 计算是利用 DNA 双螺旋结构和碱基互补配对规律进行信息编码,将要运算的对象映射成 DNA 分子链,通过生物酶的作用,生成各种数据池,再按照一定的规则将原始问题的数据运算高度并行地映射成 DNA 分子链的可控的生化反应过程。最后,利用分子生物技术(如聚合链反应 PCR、超声波降解、亲和层析、克隆、诱变、分子纯化、电泳、磁珠分离等)检测求得的运算结果。

1. DNA 计算的研究现状

1946 年,世界上第一台数字电子计算机 ENIAC 在美国的宾夕法尼亚大学诞生。从此,电子计算机经历了从电子管(1946—1956)、晶体管(1957—1964)、集成电路(1965—1970)到超大规模集成电路(1971—)4 个发展阶段。但是,量子理论已经揭示出计算机芯片制造的物理极限尺寸——0.08μm。

然而,1994 年 Adleman 博士利用 DNA 分子序列计算 NP 完全问题的方法给发展新型计算机带来了曙光。Adleman 博士在 *Science* 杂志上发表了文章 *Molecular Computation of Solutions to Combinatorial Problems*,在这篇文章中,他首次通过具体的生化试验解决了具有 7 个顶点的有向哈密尔顿路径问题(简称 HPP),该方法的新颖性不在于算法和速度,而在于采用这种迄今为止还没有作为计算机硬件的生物工业技术来实现计算过程,并且首次开发了这种生化反应的并行性。

Adleman 的研究成果立刻在国际上引起了巨大的反响,一大批不同学科、不同领域的科学家,特别是计算机、分子生物、数学、物理、化学以及信息等领域内的科学家们相继加入该领域的研究。例如,美国、加拿大、英国、波兰、德国、以色列等国家的著名研究机构和大学都相继开展了这一领域的研究工作,我国在此方面的研究工作也已经展开,主要研究基地——华中科技大学许进教授领导的 DNA 计算和分子计算机研究所,主要进行 DNA 计算系统的探索和研究、基于 DNA 芯片的 DNA 计算研究探索和分子生物计算中的膜计算研究。此外,国内还有东华大学和其他一些研究人员从事这方面的研究,但是大部分的结果都是综述性的。

2. DNA 计算的编码问题

在 DNA 计算中,信息通过特定长度的 DNA 序列编码。由于这种基于生化反应的计算方式主要是由 DNA 分子间的特异性杂交完成的,而杂交反应的结果受 DNA 序列的编码及影响生化反应的各种因素(如反应物的浓度、温度以及溶液的 pH 值等)的影响。因此,编码问题的研究很早就引起了人们的注意。

最早研究编码问题的是 Baum,为了减小 DNA 分子间的非特异性杂交,他提出编码每个信息元的 DNA 分子间的最小相同子序列应该大于某一常数。Deaton 等将 DNA 序列的编码同影响生化反应的条件结合起来,并首次从信息论的角度对编码问题的可靠性进行了研究。此外,Deaton 还提出了一种基于 DNA 遗传算法的编码方法,当然,这种方法只是理论上的,目前还难以通过试验进行验证。为了更为准确地度量 DNA 编码间的相似性,Garzon 等提出了移位距离的概念。

目前,比较好的方法是 Frutos 等提出的模板映射策略(Template-Map Strategy),其可靠性已通过试验证明。此外,Arita 也提出了一个基于一个模板序列的模板编码方法。

3. DNA 计算的实现方式

目前,DNA 计算的实现主要有两种:

(1) 试管方式。

早期的 DNA 计算是在试管中进行的,DNA 计算依赖的生化反应在一个或多个试管的溶液里进行,反应时可以同时或分阶段加入所需的反应物,如各种 DNA 分子、引物、缓冲液、酶等。其最大优点是反应物可以在溶液中充分混合而进行生化反应。目前,大部分的 DNA 计算模型都是试管方式。

试管方式一般要使用聚合酶链式反应(PCR)、亲和性分离和凝胶电泳等技术。

① 聚合酶链式反应。在试管中加入 DNA 分子、启动子、聚合酶及合成 DNA 所需的原料,反复升高和降低试管中溶液的温度,即可进行聚合酶链式反应。较低温度下,DNA 聚合酶可以对结合了启动子的 DNA 单链进行复制,而较高的温度则使复制得到的 DNA 双螺旋结构分离,这样就可以对各个 DNA 片段再进行复制。

② 亲和性分离。这种技术用来使某种含有特定的一小段序列的 DNA 单链从含有各种混合 DNA 单链的溶液中分离出来。具体做法是,首先合成这一特定小段序列的互补序列,让其附着在一个磁球上。接着将磁球放在溶液中,那些含有特定序列的 DNA 单链将退火结合到磁球上。然后把磁球取出放入另一试管溶液并加热,DNA 单链就会与磁球分离,从而在试管中得到符合要求的 DNA 单链。

③ 凝胶电泳。将 DNA 序列放入凝胶溶液并在凝胶的两端施加电场。在电场的作用下,带负电的 DNA 序列将向阳极移动,而较短的 DNA 序列将比较长的 DNA 序列移动得快,因为长度小的分子链受到凝胶的阻力小。因此,可用此技术获取一定长度的 DNA 分子链,也可区分不同长度的 DNA 分子。使用特殊的化学物质和紫外光,可以看到各种不同长度的 DNA 序列停在凝胶溶液中形成的条带。

④ 其他技术。

提取:将含有特定 DNA 短链的分子提出来,这要通过将特定短链的互补链吸附在小磁珠上,然后用磁珠将小磁珠吸出来的过程。

复制:利用 PCR 技术,游离的碱基与作为模板的链配对连接形成双链,然后解成单链,继续这样的过程,于是目标链会以 2 的指数级增长。

延长:这一过程需要一条已知单链模板和一条已存在的、已与模板的一小段匹配的引物 DNA 序列,要延长的 DNA 序列根据模板给出的序列结构,在聚合酶的作用下由 $5'$ 到 $3'$ 的方向不断延伸。

连接:两个 DNA 分子在有连接酶存在的条件下,按 Watson-Crick 原则配对且将缝隙修补好,从而连接在一起。

缩短:通过核酸外切酶从 DNA 分子的末端去掉一个核苷酸而缩短 DNA 分子。

剪切:限制性内切酶在含有它能识别的序列处,将双链的 DNA 分子切为两段。

合成:使游离的碱基形成寡核苷酸。

混合:把两个试管中的溶液混合。

随着 DNA 计算研究的不断发展,现在已经能够利用表面方式来实现 DNA 计算。

(2) 表面方式。

该方式是将对应于问题解空间的 DNA 分子固定在一块经过特殊化学处理的固体表面(如胶片、塑料、玻璃、硅半导体等),然后对表面上的 DNA 分子重复进行标记、破坏、去标记等操作,最后获得运算结果;或是在其表面逐步生成解空间,最后获得运算结果。这种通过化学方法固定在载体表面上的 DNA 分子,能够承受在表面上进行的各种加热、清洗及其他生化反应的作用。表面计算的发源地和研究中心是美国 Wisconsin 大学的 Corn 领导的研究小组。

和试管方式相比,表面方式主要有如下优点:①操作简单,易于实现自动化操作;②减少了人为操作过程中造成的 DNA 分子的丢失及其他操作失误;③减少了分子在表面上的相互作用,同时增强了分子间的特异性结合;④信息存储密度大;⑤结果易于纯化。

4. DNA 计算模型

1994 年 Adleman 开拓性地应用 DNA 计算解决 NP 完全问题。随后,Lipton 在 Adleman 思想的启发下,利用简单的接触网络提出了可满足问题的 DNA 计算模型。1997 年,Ouyang 等提出了图的最大团问题的 DNA 计算模型,并对 6 个顶点的图进行了实验仿真。2000 年 Wisconsin 大学的 Liu 等一块在镀金的表面上通过实验解决了一个 4 个变量的可满足问题。表面计算方式将 DNA 计算的研究向前大大推进了一步。

随着生物芯片技术的发展,研制基于 DNA 的计算芯片已经不再遥远。2002 年,Adleman 的小组采用一种新的实验方法,在一台半自动化的装置上成功地解决了一个 20 变量的可满足问题,它们的研究成果将 DNA 计算解决问题的规模大大提高了一步。

通常,将上面几种模型定义为传统的 DNA 计算模型,其实质和 Adleman 当初的思想完全一样,即首先生成问题所有可能的解,然后通过各种生化技术过滤掉非解,将其称为生成过滤模型。这种模型遇到的最大障碍就是所谓的"指数爆炸"问题。

5. DNA 计算的优点

(1) 高度并行。原理上 10 亿个甚至 100 亿个 DNA 分子可同时发生化学反应,即计算是同时进行的。

(2) 能耗小。做同样的计算所耗能量仅为电子计算机的 1/109。

(3) 信息存储量大。DNA 分子存储同样多的数据占用的空间仅为电子计算机的 1/1012。

6. DNA 计算面临的困难

(1) 编码问题。

由于在 DNA 计算中信息是以特定的 DNA 序列表示的,如何将 DNA 计算中信息的特异性识别同影响生化反应的各种因素及序列组成综合起来,建立一个规范化的编码方法,选择鲁棒性强的编码集合来表示信息就成为一个迫切需要解决的问题。编码问题的研究已经越来越引起人们的重视,但是目前还没有一种通用的好方法解决。

(2) "指数爆炸"问题。

DNA 计算的优势是其具有强大的并行性。但是在解决组合优化中的 NP 完全问题时,传统的 DNA 计算模型面对指数级增长的解空间却显得无能为力。据估计对于 200 个顶点的 HPP 问题,按照 Adleman 的方法,所需的 DNA 分子将超过地球的质量。因此,DNA 计算要想取得突破性的进展,必须探索新的计算模型以解决 DNA 计算中的"指数爆炸"问题。

为了解决"指数爆炸"问题,目前主要有以下几种方法:

① 由日本 Tokyo 大学的 N. Morimoto 等提出的构造删除策略,其思想为:在表面上逐步构造问题的解空间,并随时删除显然是伪解的 DNA 分子。这样,最终生成的解空间将会大大减少。

② 由 Ogihara 等提出的将传统电子计算机中的启发式算法转化为 DNA 计算模型的思想。

③ 将 DNA 计算和遗传算法结合起来,建立 DNA 遗传算法的思想。

(3) 生物技术的限制。

首先,现有的 DNA 重组技术(如 DNA 分子的合成、PCR 扩增、连接反应、电泳及磁珠分离技术等)都不是完备的,均存在一定的误差;其次,参与各种生化反应的酶的效率为 80%～95%,随着循环次数的增加,这些因素形成的累计误差将不容忽视。最后,DNA 表面计算方式中的 DNA 分子的长度也是有限的,目前最长可达 10000bp,且随着长度的增加,单链 DNA 分子也容易断裂成小片段。上述这些因素将使 DNA 计算的效率及可靠性受到严重影响。

本章习题

8-1 谈谈对 P 类、NP 类问题的理解,并指出二者的不同之处。

8-2 给出 NP 完全问题的定义,该类问题有何性质?

8-3 列出几个典型的 NP 完全问题实例。

8-4 设计求解子集和问题的近似算法,并考查近似算法的近似比。

8-5 对于如图 8-1 所示的无向图,按照近似算法 approxCertexCover 求其所对应的最小顶点覆盖。

8-6 采用旅行商问题的近似算法思想构造如图 8-2 所示的问题的最优解。

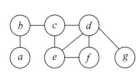

图 8-1 无向图

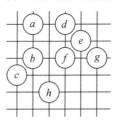

图 8-2 旅行商问题